Dialogsysteme

Reihe Informatik

Herausgegeben von Karl Heinz Böhling, Ulrich Kulisch, Hermann Maurer

Band 1: Maurer, Theoretische Grundlagen der Programmiersprachen – Theorie der Syntax
Band 2: Heinhold/Kulisch, Analogrechnen – Eine Einführung
Band 5: Brauer/Indermark, Algorithmen, rekursive Funktionen und formale Sprache (HTB 817)
Band 7: Kameda/Weihrauch, Codierungstheorie
Band 8: Reusch, Lineare Automaten (HTB 708)
Band 10: Böhling/Dittrich, Stochastische Automaten (HTB 766)
Band 11: Seegmüller, Einführung in die Systemprogrammierung
Band 12: Alefeld/Herzberger, Einführung in die Intervallrechnung
Band 13: Duske/Jürgensen, Codierungstheorie
Band 14: Böhling/v. Braunmühl, Komplexität bei Turing-Maschinen
Band 15: Peters, Einführung in mathematische Methoden der Informatik
Band 16: Wedekind, Datenbanksysteme I
Band 17: Holler/Drobnik, Rechnernetze
Band 18: Wedekind/Härder, Datenbanksysteme II
Band 19: Kulisch, Grundlagen des Numerischen Rechnens
Band 20: Zima, Betriebssysteme
Band 21: Mies/Schütt, Feldrechner
Band 22: Denert/Franck, Datenstrukturen
Band 23: Ecker, Organisation von parallelen Prozessen
Band 24: Kaucher/Klatte/Ullrich, Höhere Programmiersprachen ALGOL, FORTRAN, PASCAL
Band 25: Motsch, Halbleiterspeicher
Band 26: Görke, Mikrorechner
Band 27: Mayer, Syntaxanalyse
Band 28: Schrack, Grafische Datenverarbeitung
Band 29: Waller/Hilgers, Mikroprozessoren
Band 30: Reusch, Informationssysteme, Dokumentationssprachen, Data Dictionaries
Band 32: Koch, Maschinennahes Programmieren von Mikrocomputern
Band 33: Stetter, Softwaretechnologie
Band 34: Balzert, Die Entwicklung von Software-Systemen
Band 35: Hotz/Estenfeld, Formale Sprachen
Band 36: Zima, Compilerbau I
Band 37: Zima, Compilerbau II
Band 38: Albert/Ottmann, Automaten, Sprachen und Maschinen für Anwender
Band 39: Willmer/Balzert, Fallstudie einer industriellen Software-Entwicklung
Band 40: Schmitt, Dialogsysteme
Band 41: Bucher/Maurer, Theoretische Grundlagen der Programmiersprachen
Band 42: Reusch, Aufbau und Einsatz betrieblicher Informationssysteme
Band 43: Waldschmidt/Walter, Grundzüge der Informatik I

Dialogsysteme

Kommunikative Schnittstellen, Software-Ergonomie und Systemgestaltung

von
Prof. Dr. Alfred A. Schmitt
Universität Karlsruhe (TH)

Bibliographisches Institut Mannheim/Wien/Zürich
B.I.-Wissenschaftsverlag

CIP-Kurztitelaufnahme der Deutschen Bibliothek

Schmitt, Alfred:
Dialogsysteme: kommunikative Schnittstellen, Software-Ergonomie u. Systemgestaltung / von Alfred A. Schmitt. – Mannheim; Wien; Zürich: Bibliographisches Institut, 1983.
(Reihe Informatik; Bd. 40)
ISBN 3-411-01663-9
NE: GT

Unveränderter Nachdruck 1984
Druck und Bindearbeit: Hain-Druck GmbH, Meisenheim/Glan
Printed in Germany
ISBN 3-411-01663-9

VORWORT

Der Wunsch nach menschgerechten Dialogen mit Rechnern ist eine der wichtigsten technologischen Herausforderungen unserer Zeit. Wir wissen heute: Der schnellste und intelligenteste Computer nutzt oft nicht viel, wenn seine Ergebnisse nicht richtig faßbar, also verständlich sind, wenn er sich nicht sinnvoll mit dem Benutzer verständigen kann. Das gilt besonders für die vielen Arbeitsplatzrechner der Zukunft, die nicht primär auf Denkleistung gezüchtete "Elektronengehirne", sondern eher dienstbare Geister für den alltäglichen Umgang mit Information sein werden. Hier ist in besonderer Weise ein an den Menschen angepaßtes Kommunikations-Instrumentarium zu fordern, also entsprechend durchkonstruierte kommunikative Schnittstellen sowohl in der Hardware, als auch in der Software.

Der Begriff der kommunikativen Schnittstelle - in der hier verwendeten sehr allgemeinen Bedeutung eine Neuschöpfung - hat sich bei der fundierten Betrachtung von Dialogsystemen und besonders ihres inneren Aufbaues als sehr fruchtbar erwiesen, ganz ähnlich wie der gewöhnliche Schnittstellenbegriff bei der Programmierung und der Software-Konstruktion. Wer Dialogsysteme verstehen will, muß also ihre vielfältigen inneren und äußeren kommunikativen Schnittstellen verstehen. Kapitel 2 bringt demgemäß die eher hardware- und softwaretechnischen Schnittstellen, während Kapitel 3 ganz der Benutzerschnittstelle gewidmet ist. Hier geht es also um benutzerfreundliche Dialoggestaltung, trainierte und untrainierte Benutzer, Dialoghilfen wie Selbsterklärung, Maskenverfahren usw. Im vierten Kapitel werden dann einzelne Anwendungen wie Texteditieren, interaktives Programmieren, CAD und integrierte Bürosysteme näher analysiert - selbstverständlich auf der Basis der grundlegenden Erkenntnisse aus den Kapiteln zwei und drei.

Diese Stoffauswahl hat sich in fortgeschrittenen Vorlesungen für Informatik-Studenten bestens bewährt. Aber auch der Praktiker wird seinen Nutzen aus dem Text ziehen können - insbesondere wenn er ihn durcharbeitet, bevor er sein nächstes Dialogsystem konzipiert und implementiert... So bin ich ziemlich sicher, daß sich der eine oder andere Gedanke auch in der Praxis durchsetzen wird. Insbesondere möchte ich hier das Konzept der Selbsterklärung von Benutzerschnittstellen besonders erwähnen. Obwohl uns dieses Prinzip schon seit vielen Jahren bekannt ist - es entstand bei Forschungsarbeiten über rechnergestützten Unterricht - hat es bis heute noch keine nennenswerte Praxisverbreitung gefunden. Das wird sich ändern müssen, wenn Rechner-Systeme zum echten Partner des Menschen werden sollen.

Abschließend möchte ich es nicht versäumen, verschiedenen Damen und Herren für ihre Mithilfe zu danken: Herrn F.-P. Schmidt-Lademann sowie den ehemaligen Studenten G.A.T. Müller und J. Heker in frühen Phasen der inhaltlichen Gestaltung, den (früheren) Studenten P. Kursawe und G. Smolka für kritische Lektüre in der Endphase, Frau B. Schumacher und Frau W. Rebel für die rechnergestützte Textverarbeitung sowie Herrn R. Lindner für die Gestaltung der Zeichnungen. Besonderen Dank möchte ich auch Herrn Kollegen J. Nievergelt von der ETH Zürich aussprechen. Die vielen Gespräche mit ihm sowie sein stetiges Interesse an meiner Arbeit waren mir stets eine besondere Anregung.

Alfred Schmitt

Karlsruhe, im April 1983

INHALTSVERZEICHNIS

INHALTSVERZEICHNIS

1 EINFÜHRUNG UND ÜBERSICHT

Der Dialogbetrieb von Rechnern hat in den letzten 10 Jahren eine immer stärkere Bedeutung gewonnen. Nahezu alle Datenverarbeitungsleistungen werden heute vom Terminal aus gesteuert, angestoßen oder im Zwiegespräch mit dem Rechner erbracht. Buchungsvorgänge, Textbe- und verarbeitung, Software-Entwicklung, Auftrags- und allgemeine Datenverwaltung und viele spezielle Anwendungen sind heute eng an die Dialogstation gekoppelt.

Eine Definition des Begriffes Dialogbetrieb bringt zwar keine neuen Einsichten, sie kann aber klarstellen, wovon wir reden:

Der Dialogbetrieb (eines Rechners) ist durch folgende Merkmale gekennzeichnet: Die zu erbringende Datenverarbeitungsleistung ist in hinreichend kleine Teilaufgaben zerlegt und wird durch angemessene Kommunikationsvorgänge mit dem Benutzer abgewickelt. Die Antwortzeit des Rechensystems, also die Zeit zwischen Kommunikationsvorgängen, ist gemessen an den Leistungen, die der Rechner erbringt, so gering, daß der Benutzer ständig an der Dialogstation anwesend sein kann. Die Kommunikation mit dem Rechner ist näherungsweise (oder vollständig) an den natürlichen Arbeitsrhythmus des Benutzers angepaßt und erfolgt mit benutzerorientierter, transparenter und problemorientierter Informationsdarstellung und ebensolchen Kommunikationsmethoden.

Man kann es auch etwas einfacher ausdrücken: Dialogbetrieb liegt vor, wenn Benutzer über längere Zeit am Bildschirm-Terminal arbeiten.

In der täglichen DV-Praxis steht oft nur das intensive interaktive Arbeiten am Rechner im Vordergrund, wenn von Dialog die Rede ist. Einfache Dialoge mit befehlsorientierten Kommandosprachen können heute schnell und mit wenig Software-Aufwand realisiert werden. Dialoge mit einem syntaktisch und semantisch höheren Niveau begegnen uns bei Systemen mit Konversationsfähigkeiten (z.B. natürliche Sprache als Kommandosprache).

Zum Inhalt dieses Buches

Die vorliegende Abhandlung entstand aus Vorlesungen, die der Autor seit 1975 an der Universität Karlsruhe (TH) gehalten hat. Bei solchen Vorlesungen für bereits fortgeschrittene Informatiker geht es hauptsächlich um Konzepte und Prinzipien zur Detail- und Global-Gestaltung von Dialogsystemen. Es wird ein gewisses Grundverständnis von Informatik-Techniken vorausgesetzt, z.B. die Fähigkeit, in einer höheren Programmiersprache Algorithmen formulieren zu können. Auch etwas allgemeinere Softwarekenntnisse (Betriebssysteme, Sprachübersetzer, Prinzip der Assembler-Programmierung) sind wohl notwendig.

Der Anwender sieht von einem Dialogsystem konkret nur die Benutzerschnittstelle und die vom System selbst erbrachten Leistungen. Er weiß in der Regel nicht, wie die Leistungen zustande kommen und wie die Kommunikation im technischen Detail funktioniert. Der Experte kennt demgegenüber auch das Innenleben des Systems und weiß daher auch, wie das System funktioniert und warum ein System gewisse Mängel oder gewisse überlegene Kommunikationsleistungen aufweist. Er kann dies deshalb, weil er die vielfältigen äußeren und inneren Schnittstellen eines Systems überblickt. Nach längeren Analysen wurde klar, daß der Begriff der Schnittstelle bzw. die konkrete Gestaltung der Schnittstellen im Zentrum der Abhandlung stehen muß.

Das Kapitel 2 ist daher den technischen Grundlagen der Dialogsysteme gewidmet und enthält insbesondere eine umfangreiche Darstellung kommunikativer Schnittstellen. Insbesondere kommen Interrupt-Behandlung, Daten-Busse, V24-Schnittstelle, Zeichencodes und Leitungsprotokolle zur Sprache, wodurch geklärt wird, wie Dialogterminals mit dem eigentlichen Programm im Rechner kommunizieren.

Das Kapitel 3 behandelt sozusagen die "menschliche Seite" des Schnittstellen-Aspektes, nämlich die Benutzerschnittstelle bzw. die Kommunikation des Benutzers über die Kommandosprache. Wir halten es für gerechtfertigt, die für die Interaktion vorgesehene Benutzersprache einfach als Kommandosprache zu bezeichnen. Denn praktisch alle im echten Masseneinsatz befindlichen Dialogsysteme verfügen über eine befehlsorientierte und benutzerdominante Dialogsprache, und diese müssen als Kommandosprachen bezeichnet werden. In Zukunft wird es fast nur noch interaktiv nutzbare Kommandosprachen geben, so daß es nicht mehr sinnvoll erscheint, zwischen interaktiven und stapelorientierten Kommandosprachen (z.B. den klassischen JCL's, "job control languages") zu unterscheiden. Der Stoff von Kapitel 3 ist in den letzten Jahren für viele Software-Entwickler immer wichtiger geworden, weil das Bewußtsein über ergonomisch günstige Terminals und neuerdings auch ganzer Software-Systeme sich stark entwickelt hat. Die viel gewünschte und angestrebte Benutzerfreundlichkeit bezieht sich zuallererst auf Terminal-Hardware und Kommandosprache. Den Methoden zur Konstruktion benutzerfreundlicher Kommandoschnittstellen wurde daher ein ganzes Kapitel gewidmet, das unter anderem eine Benutzer-Klassifizierung sowie - der Wichtigkeit dieses Themas angemessen - die Prinzipien zur Gestaltung von befehlsorientierten Kommandosprachen bringt. Daneben werden auch formularorientierte Dialoge und Interaktion, graphische Dialoge, Formelsprachen und schließlich auch natürliche Sprache behandelt.

Im Kapitel 4 kommen schließlich einige (dem Autor besonders nahestehende) Anwendungsgebiete zur Sprache, denn eine erschöpfende Beschreibung aller bekanntgewordener Dialoganwendungen ist heute nicht mehr sinnvoll. Auch das interaktive Programmieren, das in früheren Jahren (man vergleiche z.B. Kupka und Wilsing (1975)) zumindest im akademischen Bereich breiten Raum einnahm, hat inzwischen eine deutliche Wandlung erfahren. Dieses Thema müßte heute eigentlich "interaktiv nutzbare Werkzeuge für die Software-Erstellung" heißen. Weitere ausgewählte Themen des 4. Kapitels sind Texteditoren, CAD-Systeme und integrierte Bürosysteme.

Ergänzend zum inhaltlichen Aufbau sei angemerkt, daß der Stoff des Buches in der Praxis in 2 Vorlesungen zu 3 ("Dialogsysteme") und 2 ("Kommandosprachen") Semesterwochenstunden abgehandelt wird. Dabei werden einige Themen mehr technischen Inhalts (z.B. Interpreter, Earleys Algorithmus, Kommunikationsprotokolle usw.) aber erheblich ausführlicher als in diesem Text behandelt.

Zentrale Motive des Dialogbetriebes

Wir wollen nun auseinandersetzen, welches die wirklichen Gründe für das Vordringen des Dialogbetriebes bei der Rechnernutzung sind. Zwar sind sicher auch psychologische Gründe wie z.B. "Die Arbeit an dem neuen Farbterminal XYZ macht mehr Spaß" oder "Der Computer ist nur eine Maschine und kann mich daher nicht so stark stressen wie die Kollegen" wirksam. Wir setzen jedoch voraus, daß die Dialogarbeit wie jede andere Arbeit auch wegen ihres direkt feststellbaren Nutzens und nicht als Mode oder aus Zeitvertreib betrieben wird.

Die Begründung dafür, daß bei dieser oder jener Aufgabenstellung der Dialogbetrieb günstiger bzw. weniger günstig als andere Betriebsarten (z.B. Stapelbetrieb) ist, kann von zwei grundsätzlich verschiedenen Gesichtspunkten (Motiven) her erfolgen:

- mit Dialogbetrieb kann die Aufgabe insgesamt ökonomischer gelöst werden,
- die Aufgabe kann überhaupt nur im Dialog gelöst werden, d.h. das Ergebnis kann nur im Dialog erzielt werden.

Bei ökonomischen Überlegungen muß z.B. der Zeitaufwand des Benutzers, die anteiligen Rechnerkosten, Materialverbrauch, Termindruck, Zufriedenheit des Benutzers usw. berücksichtigt werden. Im Laufe der Zeit verschieben sich durch technische Fortschritte die Relationen in der Aufwands-Struktur, so daß eine ehedem unökonomische Dialoganwendung ökonomisch werden kann.

Aufgaben, die überhaupt nur im Dialog gelöst werden können, finden wir z.B. bei Platzbuchungssystemen mit sofortiger Bestätigung. Bei der rechnergestützten Konstruktion von Maschinenteilen (CAD) ist die Mitwirkung des Ingenieurs am Entwurfsprozeß unverzichtbar, so daß nur ein Dialogsystem einen geeigneten Rahmen bieten kann.

In Analogie zum Motiv-Begriff der Psychologie (und Kriminalistik!) werden wir in Abschnitt 4.1 weitere feinere Motive analysieren, die den Dialogsystemen zugrunde liegen.

Das Problem der Antwortzeiten

Einer der wesentlichsten Parameter bei ökonomischen und psychologischen Überlegungen ist die Antwortzeit, die vom Benutzer eines Dialogsystems in Kauf genommen werden muß.

In erster Näherung versteht man darunter die Zeit, die zwischen der Übermittlung einer Teilaufgabe an den Rechner und dem Empfang einer eventuell noch unvollständigen Antwort vergeht. Eine genauere Aufschlüsselung geht aus dem folgenden Diagramm hervor (angelehnt an DIN 44300):

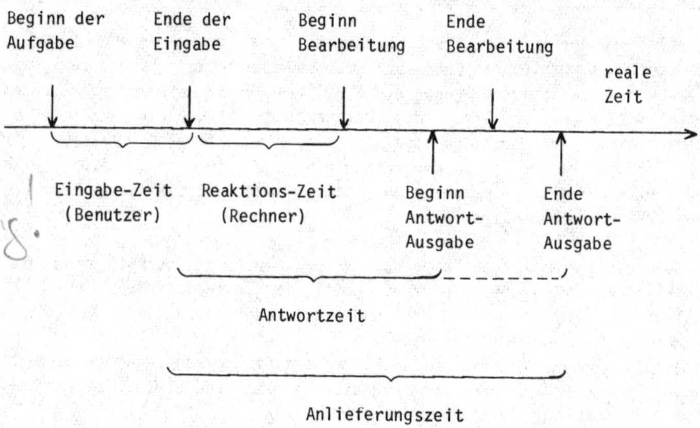

Unter der Voraussetzung, daß der Benutzer an der Dialogstation untätig warten muß, bis die Antwort eintrifft, verursachen lange Antwortzeiten und zu hohe Anlieferungszeiten ökonomische Verluste. Das kann dazu führen, daß bei gleichem Aufgabenprofil der Dialog bei einem System mit hohen (Dialog-) Antwortzeiten gegenüber einem System mit geringen Antwortzeiten unökonomisch ist. Es ist also wichtig, den Aufwand zur Lösung einer Aufgabe aufzugliedern in Zeitaufwand (vom Benutzer aufzubringen) und technische Aufwendungen (Kostenanteile für CPU-Belegung, Speicherbelegung, Terminal-Belegung). Der Dialogbetrieb führt bei günstigen Antwortzeiten des Systems zu einer wesentlichen Verringerung des Zeitaufwandes, den der Benutzer aufbringen muß, jedoch meist zu erhöhten technischen Aufwendungen, sofern man den Dialog mit dem Stapelbetrieb vergleicht. Eine zuverlässige ökonomische Analyse ist jedoch schwierig, da es unmöglich erscheint, alle wirksamen Einflüsse korrekt einzukalkulieren. Auf jeden Fall ist es nicht sinnvoll, ganz pauschal Antwortzeiten um eine Sekunde zu fordern, ohne auf die spezielle Anwendung und die ökonomischen Relationen einzugehen. Es konnte und kann auch weiterhin an vielen großen und kleinen Rechensystemen beobachtet werden, daß Benutzer durchaus bereit sind, Minuten und oft noch viel länger auf das Ergebnis einer Rechenaktivität zu warten, falls der Wert, der dem Ergebnis beigemessen wird, diese Wartezeiten rechtfertigt.

Konkret bedeutet dies, daß der Rechner triviale Leistungen (z.B. Darstellung des auf der Tastatur angetippten Zeichens auf dem Bildschirm) in weit weniger als 0.1 Sekunden bringen sollte, denn eine Verzögerung von 0.1 Sekunden wird bereits deutlich und störend wahrgenommen. Kommandobestätigungen sollten in weniger als 1 Sekunde geliefert werden. Die sonstigen Antwortzeiten eines Einbenutzer-Systems sind (aus Systemsicht gesehen) sehr gut, wenn die jeweils abzuwickelnden Operationen auch bei effizienter Programmierung auf der gegebenen Hardware nicht wesentlich (z.B. Faktor 3) verbessert werden können. Bei einem System mit n gleichberechtigten aktiven Benutzern ist die Antwortzeit aus Systemsicht sehr gut, wenn Kommandos mit dem effektiven Rechenzeitbedarf t (optimale Programmierung!) mit der Anlieferungszeit von höchstens $n \cdot t$ oder wenig mehr abgewickelt werden. Die CPU-Leistung muß also möglichst vollständig und völlig kontinuierlich an die n Benutzer abgegeben werden. Aus der (nicht an technischen Gegebenheiten orientierten) subjektiven Sicht des Benutzers können kaum verläßliche Aussagen über gute Antwortzeiten gewonnen werden. Der Leistungsanalyse interaktiver Systeme ist seit jeher viel Aufmerksamkeit geschenkt worden, siehe z.B. Bard (1977), Abrams und Treu (1977). Zum Problem der Antwortzeiten siehe auch Rohlfs (1977) und Martin (1972).

Ökonomisch optimale Antwortzeiten

Um einfache Aussagen über Antwortzeiten herzuleiten, gehen wir von der vereinfachenden Annahme aus, daß ein Benutzer den Dialogbetrieb genau dann als nützlich betrachtet, wenn die Ungleichung

$$\text{Kosten (Antwortzeit)} + \text{Kosten (technischer Aufwand)} \leq \text{Wertschätzung (Ergebnisse)}$$

gilt. Die Kosten, verursacht durch die Antwortzeit, entstehen dadurch, daß der Benutzer beim Dialog anwesend sein muß, also die Zeit opfern muß. Der technische Aufwand entsteht z.B. durch anteilige Rechnerkosten, Raumbedarf, Papierverbrauch usw. Das Ergebnis des Dialoges muß von einem rational vorgehenden Benutzer mit freier Entscheidungsfähigkeit mindestens so hoch wie die Summe der Kosten bewertet werden.

Wenn wir annehmen, daß der Parameter T = Antwortzeit (gemittelt) in die Kostenstruktur gemäß
Kosten (Anlieferungszeit) := $W_B \cdot T$ sowie
Kosten (techn. Aufwand) := $W_R \cdot 1/T$
eingeht, wobei W_B, W_R konstante Koeffizienten sein mögen, so ist die Summe der Kosten ein Minimum, wenn

$$W_B \cdot T + W_R \cdot 1/T \qquad (W_B>0,\ W_R>0,\ T>0)$$

minimal ist. Mit Differenzieren und Nullsetzen läßt sich der Wert T_{opt} leicht bestimmen, für den die Kostensumme minimal wird:

$$T_{opt} = \sqrt{W_R/W_B}$$

Dies ist die aus ökonomischer Sicht optimale Antwortzeit, bei der die Kostensumme den kleinsten Wert hat, also die Differenz zur Wertschätzung der Ergebnisse am größten ist. Der Verlauf der Kostenfunktion ist in Abbildung 1-1 angegeben.

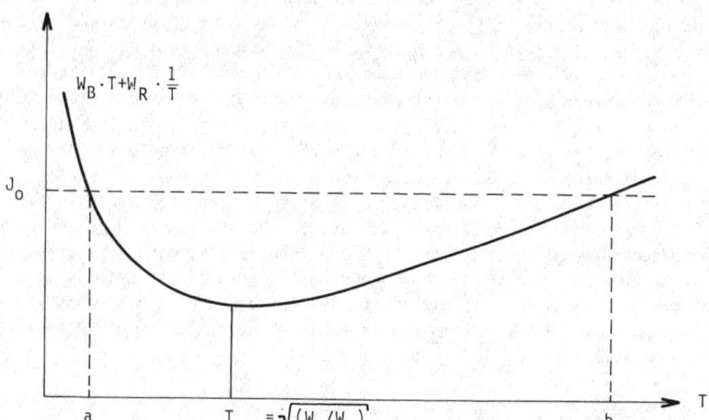

Abbildung 1-1:
Kostenfunktion $W_B \cdot T + W_R \cdot \frac{1}{T}$ des Dialogbetriebes. Wenn J_o das Wertschätzungsniveau für die betreffende Dialogaufgabe ist, so sind Antwortzeiten T zwischen a und b tolerierbar und T_{opt} ist die ökonomisch optimale Antwortzeit, denn sie führt insgesamt zu minimalen Kosten.

Die Gesetzmäßigkeit $W_R \cdot (1/T)$ = Kosten des technischen Aufwands erklärt sich aus folgenden Hypothesen: Es wird angenommen, daß z.B. eine Halbierung der Antwortzeiten mit einer Verdopplung der Rechnerkapazität (und damit der Kosten) erkauft werden muß. Die dabei sicher auch miterkaufte Durchsatz-Steigerung wird jedoch nicht mitberücksichtigt. Das ist bei Einbenutzer-Systemen völlig korrekt. Bei Mehrbenutzer-Systemen ergeben sich durch die intern geführten Warteschlangen komplizierte Abhängigkeiten. Auch bei ihnen muß jedoch nach aller Erfahrung ein Teil der Kapazität verschenkt werden, um kurze Antwortzeiten garantieren zu können.

Was kann aus der Formel

$$\text{Dialogkosten} \approx W_B \cdot T + W_R \cdot \frac{1}{T}$$

noch abgeleitet werden?

- Wenn durch technischen Fortschritt der Rechnerkostenkoeffizient W_R sinkt, wie z.B. durch die billigen hochintegrierten Rechnerbausteine, so sinken insgesamt die Dialogkosten und es kommen immer neue Anwendungen in den ökonomisch günstigen Bereich, d.h. die Dialogkosten sinken unter das Wertschätzungsniveau (in Abbildung 1-1 mit J_0 bezeichnet). In dieser Situation wird Dialogbetrieb zu einer wirtschaftlichen Notwendigkeit. Die Entwicklung der Datenverarbeitung in den letzten 10 Jahren bestätigt dies eindrucksvoll, denn parallel zu Preissenkungen im Rechnerbereich stiegen die Dialoganwendungen massiv an.

- Was geschieht wenn das Gehaltsniveau W_B des Anwenders steigt?
  Wenn der Kostenrahmen sich nicht verändern soll, so müssen die Antwortzeiten sinken. Dadurch steigen aber die Rechnerkosten. Manager mit hohem Einkommen werden also in der Regel einen Rechner mit kurzen Antwortzeiten verlangen. Außerdem muß das Wertschätzungsniveau über den beträchtlichen Gesamtkosten liegen, was allerdings nur durch hochwertige Dialogsoftware sicherzustellen ist. Vermutlich wird der Kontakt mit dem Rechner in dieser Situation ohnehin auf sehr kurze Zeiträume beschränkt sein.

Ergonomie von Dialogsystemen

Die Gesamtökonomie der Dialoganwendung hängt sicher auch von der arbeitstechnisch günstigen Gestaltung von Hardware, Software und Dialogschnittstellen ab. Es kann so nicht ausbleiben, daß auch die Arbeitswissenschaft im Zusammenhang mit interaktiv genutzten Computer-Systemen ein interessantes Betätigungsfeld findet. Aus der Sicht der Informatik ist dieser Fragenkomplex sicher eng mit dem wohleingeführten Begriff "Benutzerfreundlichkeit" verwandt. Nähere Erläuterungen siehe z.B. Griese (1982), allgemeines zur Ergonomie aus arbeitswissenschaftlicher Sicht bringen die Einzelbeiträge in Schmidtke (1982). Rasch wachsende Bedeutung hat insbesondere die Software-Ergonomie, also die arbeitstechnisch günstige Gestaltung der Mensch-Maschine-Schnittstellensoftware, siehe H. Balzert (Hsg.): "Software-Ergonomie", B.G. Teubner, Stuttgart 1983. Sie kommt in Kapitel 3 ausführlich zur Sprache.

Schutzfunktionen

Bei Dialogsystemen mit mehr als einem Benutzer ist nicht nur (wie bei allen Rechensystemen) das Datensicherungsproblem zu lösen, sondern auch die Zugangs- bzw. Zugriffsberechtigung. Konventionelle Schutzmechanismen wie Schlüsselausgabe, Code-Karten, überwachte Benutzerräume sind nur selten anwendbar und häufig kostenträchtig. Die Schutzfunktion wird durch Datenfernkommunikation und offene Kommunikationssysteme noch dringlicher, da unbefugte Datenzugriffe und Betriebseingriffe über große Entfernungen sehr erleichtert sind. In allen Mehrbenutzersystemen gehört die Zugriffskontrolle durch Benutzernummer und Passwort zur überall angewandten Methode. Allerdings sind die existierenden und zukünftigen Probleme der Zugriffskontrolle damit noch keineswegs endgültig gelöst, da einerseits auch untaugliche Passwort-Verfahren angewandt werden (man vergleiche z.B. Morris und Thompson (1979)) und da die Sicherheitsfrage insgesamt erheblich komplexer ist, als daß sie mit einer einfachen Zugriffskontrolle zu lösen wäre. Insbesondere müssen zu übertragende Daten gegen unbefugtes Mitlesen geschützt werden. Erfolgreichen Schutz versprechen letztendlich nur Methoden der Kryptographie, also die für Unbefugte auch nicht entzifferbare Vercodung von Daten. Anwendungen zur Sicherung von Rechnernetzen behandeln Needham und Schroeder (1978). Gute Einführungen in die Kryptographie (encryption) geben Bauer (1982) und Beth (1982). Neben einer ausführlichen Darstellung kryptographischer Verfahren in der Datenverarbeitung ganz allgemein bringen Ryska und Herda (1980) auch eine Einführung in das Identifikationsproblem (authentification problem). Eine hervorragende allgemeine Einführung in Schutzmechanismen geben Saltzer und Schroeder (1975).

Begriffe

Wie in sonstigen relativ neuen, für Wissenschaft und Anwendungen wichtigen, Gebieten besteht auch bei Dialogsystemen ein begriffstechnisches Defizit. Für viele Situationen und Eigenschaften fehlen allgemein anerkannte begriffliche Umschreibungen. Firmen und Wissenschaftler verwenden daher oft eigene Begriffsprägungen, die sich aber nur selten durchsetzen. Wir behelfen uns daher in der Regel mit bereits weithin gebräuchlichen Ausdrucksweisen und haben die Absicht, nur wenige neue Begriffe zu prägen. Der Hinweis auf DIN-Normen, insbesondere auf DIN 44300 "Informationsverarbeitung - Begriffe", auf DIN 44302 "Datenübertragung; Begriffe" sowie auf DIN 66200 "Betrieb von Rechensystemen; Begriffe" soll hier nicht fehlen, findet man in den älteren Fassungen und insbesonder in den geplanten Neufassungen doch viele gängige Begriffe festgelegt. Eine der umfassendsten auf begriffliche und sachlogische Zusammenhänge eingehende Arbeit ist Hoffmann (1977).

Für uns ist z.B. der Dialog der wechselseitige Austausch von Nachrichten zwischen einem Benutzer (manchmal End-Benutzer, engl. end user bezeichnet) und einem Dialogsystem gemäß vereinbarter Dialogsprache und Dialogformen zur Erbringung einer Datenverarbeitungsleistung.

Unter einem Dialogsystem (dialogue system) verstehen wir die Zusammenfassung von Dialogsprachen, Programmen und sonstigen Funktionseinheiten eines Rechensystems, die dazu dient, Dialoge zu ermöglichen. Synonyme für "Dialogsystem" sind z.B. interaktives System (interactive system), Gesprächssystem (conversational system). Sehr viele Dialogsysteme sind so eingerichtet, daß mehrere Benutzer gleichzeitig Dialoge führen können. Wir können daher unterscheiden zwischen Mehrbenutzer-Systemen (multi user system) und Einbenutzer-System (single user system).

Auf Mehrbenutzer-Betrieb deuten Begriffe hin wie Teilnehmer-Rechensystem (timesharing system), Teilhaber-System und Vielfachzugriffs-System (multi access system).

Die DIN-Norm 44300 definiert folgende weitere für den Dialog relevanten Begriffe:
Nachrichten sind Zeichen (Zeichenfolgen) oder kontinuierliche Funktionen, die zum Zweck der Weitergabe Information aufgrund bekannter oder unterstellter Abmachungen darstellen.
Eine Benutzerstation (user terminal) ist eine Funktionseinheit innerhalb eines Rechensystems, mit deren Hilfe einem Benutzer direkter Informationsaustausch mit dem Rechensystem möglich ist.
Ein Teilnehmer-Rechensystem (heute oft auch kurz Teinehmer-System genannt) ist ein digitales Rechensystem mit mehreren abgeschlossenen Benutzerstationen, von denen aus Aufgaben unabhängig voneinander abgewickelt werden können. Wie später im Zusammenhang mit interaktivem Programmieren erläutert wird, können wir aber erst dann von einem klassischen Teilnehmer-Rechensystem sprechen, wenn sämtliche Leistungen des Betriebssystems im Dialog verfügbar sind. Es genügt also nicht, daß überhaupt ein Dialogsystem wie z.B. ein APL-Programmiersystem zur Verfügung steht.

Wichtig ist noch die Unterscheidung in Stapelbetrieb (batch processing), bei dem Aufgaben vollständig gestellt sein müssen, bevor sie bearbeitet werden, und Dialogbetrieb. Beim Realzeitbetrieb (real time processing) wird die Bearbeitung und Beantwortung von Aufgaben in bestimmten (meist kurzen) Zeitabschnitten gefordert. Der Dialogbetrieb ist daher insbesondere auch Realzeitbetrieb.

Literatur

Gelegentlich kann es interessant sein, die Anfänge des Mensch-Maschine-Dialoges zu studieren. Empfehlenswerte Dokumente über das bis 1970 Erreichte sind z.B. Meadow (1970) mit wenig bekannten historischen Details sowie Wilkes (1970), Händler (1968) (dort insbesondere Weizenbaum (1968)) sowie Fano und Corbato (1966) über Teilnehmer-Rechensysteme. Das frühe interaktive Programmieren ist in dem Sammelband von Klerer und Reinfelds (1968) ausgezeichnet zusammengefaßt. Eine umfassende, aber etwas unsystematische Zusammenstellung älterer Interaktionstechniken bringt Martin (1972). Grundsätzliches zum Dialog sowie eine umfassende Abhandlung des interaktiven Programmierens findet man in Kupka und Wilsing (1975). Der Stand der Technik von 1970 ist in Händler und Weizenbaum (1971), derjenige von etwa 1976 ist in Blaser und Hackl (1977) in Form einzelner Beiträge dokumentiert.

Weitere, zumeist den Stoff vertiefende Zitate von Büchern und Einzelarbeiten wurden an den Stellen zitiert, wo auch der inhaltliche Zusammenhang gegeben ist. Im Vergleich zu der Fülle an verfügbarer Literatur konnten aber nur wenige Zitate aufgenommen werden. So mußte naturgemäß mancher lesenswerte Beitrag unerwähnt bleiben.

2. TECHNISCHE GRUNDLAGEN DER DIALOGSYSTEME

2.1 KOMMUNIKATIVE SCHNITTSTELLEN IN RECHENSYSTEMEN

2.1.1 Der Begriff "Kommunikative Schnittstelle"

Wie schon erläutert wurde, ist der Begriff "Schnittstelle" ein typischer Querschnittsbegriff, der in vielen Teilgebieten der Informatik eine große Bedeutung hat. Aus der großen Zahl möglicher Beispiele seien die Hardware-Schnittstellen genannt, ferner die Schnittstellen von Moduln und Prozeduren beim Programmieren, die manchmal so wichtigen Schnittstellen zwischen Betriebssystem und Programmen usw. Fast alle Schnittstellen beinhalten eine mehr oder weniger starke kommunikative Komponente, die sich besonders in dynamischen Vorgängen äußert. Typisch für Dialogsysteme sind Schnittstellen mit ausgeprägten kommunikativen Komponenten. Ein Dialog ist ohne Kommunikation nicht vorstellbar. Der Begriff Kommunikation, aufgefaßt als organisierte Nachrichten- und Datenübertragung, ist zweifellos allgemeiner als der Begriff des Dialoges. Die Fähigkeit zur wechselseitigen Kommunikation ist eine Voraussetzung des Dialoges.

Eine genauere Analyse zeigt, daß Kommunikation und Dialog eigentlich nur zwischen weitgehend unabhängigen Instanzen mit Eigendynamik stattfinden kann. Daher kommen aus der Sicht der Informatik als Kommunikationspartner eigentlich nur Prozesse in Betracht. Ohne hier näher auf die Bedeutung des ebenfalls zentralen Querschnittbegriffes "Prozeß" einzugehen, legen wir fest: Unter einer Prozeßbeschreibung verstehen wir einen Algorithmus, der Datenumformungen spezifiziert und dabei in der Regel mit einer Außenwelt kommuniziert, d.h. Information aus der Außenwelt aufnimmt sowie Information an die Außenwelt weitergibt.

Typische Beispiele für Prozeßbeschreibungen sind also Programme, abstrakte Automaten und Schaltwerke. Ein Prozeßablauf ergibt sich, wenn eine Prozeßbeschreibung ausgeführt wird. Ein solcher Prozeßablauf, gewöhnlich einfach Prozeß genannt, kann als Folge von durchlaufenden Zuständen oder als Folge von stattfindenden Einzelaktivitäten oder ähnlichem dargestellt werden. Eine Prozeßbeschreibung kann zu einer Vielzahl von Prozeßabläufen (=Prozessen) Anlaß geben. So können mehrere Abläufe der gleichen Prozeßbeschreibung zeitlich parallel laufen und wegen der ausdrücklich zulässigen Außenweltbeziehungen können vielfältige Beziehungen zwischen Abläufen bestehen. Auf der Basis eines allgemeinen Prozeßbegriffes kann man nun definieren: Unter einer kommunikativen Schnittstelle verstehen wir das System von Bedingungen, Regeln und Vereinbarungen, das einem wechselseitigen Informationsaustausch zweier oder mehrerer Prozesse zugrunde liegt.

Aus dieser ziemlich abstrakten Definition kann z.B. gefolgert werden, daß die Grundlagen der Prozeßsynchronisation gleichzeitig auch die Grundlagen des Dialoges - zumindest aus technischer Sicht - sind. Außerdem erfordert eine formalisierte Beschreibung und Analyse des Dialoges insbesondere auch ein formales Modell für Prozesse.

Voraussetzung für jeden Dialog ist eine geeignete kommunikative Schnittstelle. Eine auf den Prozeßbegriff aufgebaute Definition des Begriffes Dialog könnte etwa lauten:
Zwischen zwei (oder mehreren) Prozessen findet ein Dialog statt, wenn sie durch geeignete kommunikative Schnittstellen Nachrichten austauschen und dadurch Probleme lösen, die ohne das Zusammenwirken nicht ähnlich ökonomisch gelöst werden können.

Der recht positive Charakter des Begriffes Dialog in der heutigen Umgangssprache wird durch diese "technologische" Definition wohl im wesentlichen getroffen. Es sollte hier auch nicht unerwähnt bleiben, daß in der alten griechischen Philosophie (Sokrates, Plato) dem argumentativen Dialog eine wichtige Rolle bei der Erkenntnisfindung zugewiesen wurde.

2.1.2 Der Kommunikationsvertrag

Kommunikation kann selbst auf primitivster technischer Ebene nur dann stattfinden, wenn bestimmte Mindestregeln und -bedingungen eingehalten werden. Im Falle höher organisierter und strukturierter Schnittstellen gehören auch die syntaktischen und semantischen Eigenschaften und Vereinbarungen der Kommunikation zu der Schnittstellendefinition, insbesondere auch die globale Strategie der Kommunikation, wie sie unter anderem in den Protokollen zum Ausdruck kommt. Ein Dialog in natürlicher Sprache führt also zu einer außerordentlich komplexen kommunikativen Schnittstelle, da genau genommen auch Syntax und Semantik der natürlichen Sprache zu berücksichtigen sind.

Einzelne Prozesse entwickeln, auch wenn sie miteinander kommunizieren, ein ausgesprochenes Eigenleben. Direkte Abhängigkeiten in dem Sinne, daß ein Prozeß ein Befehlsgeber, der andere ein Befehlsempfänger ist, spielen nur eine geringe Rolle. Die Tatsache der Kommunikation zwischen zwei Prozessen läßt sich daher rein technisch oft nur durch die Existenz eines Vertragsverhältnisses, also einer Bindungserklärung zwischen beiden Prozessen, verstehen.

Der Kommunikationsvertrag definiert die Einzelheiten der physikalischen Darstellung (z.B. Ströme, Spannungen, Flankensteilheit, Frequenzen), der logischen Darstellung (Zeichencodierung, Zeichenkettenaufbau, Steuersignale und Koordinierung) und schließlich der inhaltlichen Darstellung (Semantik und Syntax) der Information. Streng genommen definiert der Vertrag so auch die kommunikative Schnittstelle. (Der englische Philosoph Hobbes hat mit seiner Theorie des Staatsvertrages eine uns als Vorbild dienende ähnliche Argumentationsbasis entwickelt.)

Halten sich die beiden beteiligten Prozesse an die aufgestellten Regeln, so ist die Kommunikation in dem Rahmen sichergestellt, den die Regeln zulassen. Wird der Kommunikationsvertrag von einer Seite nicht mehr vollständig eingehalten bzw. verletzt, so leidet darunter der Informationsaustausch, was zu kleineren Störungen bis hin zum vollständigen Erliegen der Kommunikation führen kann. Die vielfältigen Normungsaktivitäten auf allen Gebieten der Kommunikation - selbst die natürliche Sprache unterliegt ja einem ständigen Normungsdruck - können als Versuch gewertet werden, die Kommunikation auf der Basis von Rahmenverträgen zu regeln, an die sich dann der einzelne Prozeß halten kann. Normung bedeutet also Abkehr vom individuell ausgestalteten Kommunikationsvertrag zugunsten eines weithin gebräuchlichen Rahmenvertrages. (Allgemein anerkannte Umgangsformen könnten z.B. auch als Bestandteile eines solchen Rahmenvertrages gewertet werden, ebenso z.B. das diplomatische Protokoll. In natürlichen Sprachen und auch in wissenschaftlichen Fachsprachen werden immer wieder neue Begriffe und Redewendungen eingeführt und oft bereits nach kurzer Zeit allgemein akzeptiert, was ebenfalls als ein Ergebnis des Normungsdruckes gewertet werden kann.)

2.1.3 Spezifikation kommunikativer Schnittstellen als Problem

Wenn z.B. eigenständig ablaufende Programme in einem Rechnersystem miteinander kommunizieren, also durch eine kommunikative Schnittstelle miteinander verbunden sind, so dürfte es in den meisten Fällen nicht schwerfallen, die Schnittstelle genau zu charakterisieren: Die Beschreibung dürfte ziemlich vollständig sein, wenn folgende Eigenschaften spezifiziert sind:

- Datenspezifikation
  (Datenstrukturen, ihre Semantik und Codierung, Entstehung und Verarbeitung der Daten usw.)

- Synchronisations- und Datenübergabe-Mechanismus
  (Anhalten, Warten, Lesen, Schreiben, Fortsetzen der beteiligten Prozesse, Kommunikationsprotokoll, einzuhaltende Zeitbedingungen usw.)

- Einordnung der Kommunikation in die globalen Prozeßabläufe
  (Einflüsse auf den Prozeßfortschritt, Methode der Zusammenarbeit der beteiligten Prozesse, Simultanarbeit, Auftragsstau usw.)

Spätestens beim Programmieren ist ja ein Mindestmaß an formalen Festlegungen (Syntax und Semantik) notwendig. Allerdings treten auch manche wichtige Parameter leicht in den Hintergrund, z.B. wird man wohl kaum eine Programmiersprache finden, die es gestattet, den über der Zeitachse aufgetragenen Spannungsverlauf auf einer Datenleitung spezifizieren zu können (um so z.B. eine V24-Schnittstelle bis hin zu der physikalischen Gestalt der Signale zu beschreiben.) Formale Hilfsmittel für eine solche Spezifikation sind ebenfalls praktisch nicht gebräuchlich, sollten aber zur Verfügung stehen, um langfristig "Schnittstellenklarheit" zu erreichen. Die Schwierigkeit eindeutiger Schnittstellenspezifikationen im kommunikativen Bereich wird sofort voll sichtbar, wenn man einschlägige Norm-Dokumente betrachtet. Der Mangel an formalen und beschreibenden Hilfsmitteln ist jedoch nicht so wesentlich, wenn nur - wie in diesem Kapitel angestrebt - eine relativ allgemeine Analyse kommunikativer Schnittstellen bei Rechnersystemen beabsichtigt ist.

Eng mit der vollständigen Spezifikation ist auch die Frage der sachgerechten Funktionsweise der kommunikativen Schnittstelle verbunden. Leistet die Schnittstelle das Gewünschte? Wie sensibel ist sie gegen Störungen von der Gegenseite, welche Übertragungsraten werden erzielt, Zeitbedingungen?

2.1.4 Schnittstellen-Hierarchien und -Transformatoren

Bei kommunikativen Schnittstellen liegt in der Regel keine so starke hierarchische Gliederung vor wie man das häufig bei reinen Software-Systemen beobachtet. Beim normalen Sprechvorgang kann man z.B. zunächst nur 2 Ebenen unterscheiden:

- physikalische Ebene, akustische Signale erzeugen, übertragen und aufnehmen,

- sprachliche Ebene, Syntax und Semantik der verwendeten Sprache.

Die sprachliche Ebene baut hierarchisch auf der physikalischen Ebene auf.

Bei manchen auf Großrechnern realisierten Dialogsystemen ergibt sich eine kommunikative Hierarchie mit wesentlich stärkerer Stufung. Die z.B. beim Anschluß eines Dialog-Terminals an ein Dialogsystem unterscheidbaren, hierarchisch gegliederten Schnittstellen sind in Abbildung 2.1-1 zeichnerisch veranschaulicht. (Einige der erwähnten Schnittstellen wie z.B. V24, ASCII, Leitungsprozedur MSV2 werden in Abschnitt 2.4.4 näher behandelt.) Besonders reich gegliedert ist die Schnittstelle auf der Verbindungsleitung zum Rechner, wo z.B. 5 Stufen unterschieden werden. Tatsächlich bricht die Kommunikation auf einer solchen reich gegliederten Schnittstelle genau dann insgesamt zusammen, wenn auch nur eine der Ebenen nicht mehr funktioniert.

Die hierarchische Gliederung von kommunikativen Schnittstellen entsteht dadurch, daß bei der Definition einer höheren Schnittstellen-Ebene auf bereits definierte niedrigere Schnittstellen-Ebenen bausteinmäßig zurückgegriffen wird. Das führt letztlich zu baumförmigen Stufungen.

Die Transformation von Schnittstellen bewirkt, daß eine kommunikative Schnittstelle (z.B. Norm A) in eine andere Form (z.B. Norm B) umgesetzt wird. Formal haben wir dann auf beiden Seiten des Umformers unterschiedliche Schnittstellen vorliegen. In Abbildung 2.1-1 erkennt man solche Umformungen zwischen Dialogterminal und Benutzer sowie in Gestalt des Modems. Solche Umformungen sind auch auf höherer Ebene denkbar, ohne daß sich auf den niedrigeren Ebenen etwas ändert.

Die vollständige Spezifikation eines Dialogsystemes beinhaltet also insbesondere eine lückenlose Spezifikation sämtlicher kommunikativer Schnittstellen, wozu dann noch die Übertragungswege, die Umformer und die Subsysteme (Software-Systeme, Hardware-Systeme) kommen. Bei groben Darstellungen verzichtet man auf die Feingliederung des Schnittstellensystems.

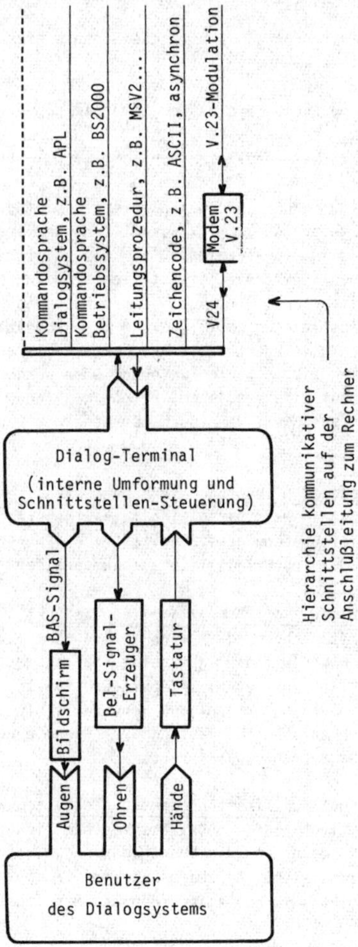

Abbildung 2.1-1:

Kommunikative Schnittstellen, Schnittstellen-Hierarchie und Schnittstellenumformer, siehe Abschnitt 2.1.4.

2.2 KOMMUNIKATION VON PROZESSOREN MIT DER AUSSENWELT

2.2.1 Problemstellung

Wir bezeichnen hier das zentrale Befehlsleitwerk zusammen mit den direkt für die Programmierung relevanten Registern und Verarbeitungseinheiten als Prozessor. Der Prozessor muß eine zentrale Rolle bei der Steuerung aller Kommunikationsvorgänge innerhalb des Rechners übernehmen. Die historische Entwicklung verlief so, daß man bei den ersten Rechnern für die Ein-Ausgabe von Informationen sehr einfache Methoden des Nachrichtenaustausches zwischen Prozessor und externen Geräten anwenden konnte. Mit den höheren Speicher- und Prozessor-Geschwindigkeiten wurde es aber notwendig, mit verfeinerten Methoden eine gesunde Balance zwischen Verarbeitungsleistung und Ein-Ausgabe-Leistungen zu erreichen. Die Fähigkeiten und Möglichkeiten der Kommunikation von Prozessoren sind gerade bei Dialogsystemen von entscheidender Bedeutung. Daher werden die zugehörigen kommunikativen Schnittstellen etwas ausführlicher vorgestellt und diskutiert.

Es geht dabei hauptsächlich um Programmunterbrechungen, also um Interrupts. Die Besonderheiten der maschinennahen E-A-Programme können jedoch ohne Beispielprogramme nicht befriedigend erläutert werden. Daher benutzen wir hier eine Erweiterung von Pascal, genannt Interrupt-Pascal, um wenigstens auf dem Niveau einer höheren Programmiersprache die Struktur maschinennaher E-A-Programme vorstellen zu können. Der Funktionsvorrat von Interrupt-Pascal ist nicht an einen spezifischen Prozessor angelehnt, sondern enthält die wesentlichen bei kleinen bis mittelgroßen Rechnern gängigen Befehle zur E-A-Abwicklung. Dadurch können die E/A-Probleme vollständig losgelöst von einer konkreten Prozessorstruktur studiert werden. Unser Interrupt-Pascal dient also rein didaktischen Zwecken.

2.2.2 Ein- und Ausgabe von Daten ohne Programmunterbrechung

Ein-Ausgabe mit Warten

Der Befehlsvorrat des Prozessors enthält im einfachsten Fall je einen unteilbaren Befehl für die Eingabe und Ausgabe. Wir formulieren diese

Befehle in Interrupt-Pascal durch zwei Standard-Prozeduren:

Procedure EingabeWarte(G:Gerät;Var X:Char);
Semantik: Einlesen eines Zeichens von Gerät G, Anhalten des Prozessors bis zum Abschluß des Einlesens.

Procedure AusgabeWarte(G:Gerät; X:Char);
Semantik: Ausgeben eines Zeichens auf Gerät G mit Warten, damit durch eine sofort folgende weitere Ausgabe keine Ausgabezeichen verlorengehen können.

Es fehlt jede Form der Statusmeldung. Auch kann ein externes Gerät nicht von sich aus auf den Prozessor einwirken. Dies kann nur über die eingelesene Information oder über Konsolschalter, die den Prozessor auf andere Weise beeinflussen, erfolgen.

Wird der Informationstransport zwischen Prozessor und Gerät mit einem geeigneten Verfahren (Handshaking, Quittungsverfahren) verdrahtet, so ist ein Informationsverlust nicht zu befürchten. Das setzt aber voraus, daß der Prozessor so lange wartet, bis das Gerät den Lese- bzw. Schreibvorgang vollständig abgewickelt hat. Langsame Geräte blockieren also den Prozessor, z.B. wenn ein Zeichen gelesen werden soll und der Leseprozess z.B. 100 mS dauert.

Es darf erwähnt werden, daß dieses einfache Verfahren der Ein-Ausgabe bei frühen Rechnern, z.B. bei der legendären Zuse Z22, angewandt wurde. Fast jedes unter bestimmten Bedingungen nachteilige Kommunikationsverfahren (hier: schneller Prozessor, langsames E/A-Gerät) ist unter geänderten Verhältnissen plötzlich sehr effizient:
Das Verfahren ist z.B. sehr gut geeignet für die Kommunikation zwischen Arbeitsspeicher und Prozessor, weil der Speicher einerseits sehr schnell ist und weil das Abwickeln anderer Aktivitäten während der sehr kurzen Wartezeiten nicht sinnvoll ist (da fast jede weitere Aktivität des Prozessors wiederum zu Speicherzugriffen führen würde).

Ein-Ausgabe mit Status-Abfrage

Wenn das Warten auf langsame E/A-Geräte allzu lästig ist, kann zur Ein-Ausgabe mit Status-Abfrage übergegangen werden. Zwischen Eingabe und Ausgabe entsteht jetzt ein struktureller Unterschied, denn es werden folgende Standard-Prozeduren ("Befehle") benötigt:

Eingabe:

Procedure	Aktiviere(G:Gerät);
Semantik:	Das Eingabe-Gerät soll das nächste Zeichen bereitstellen.
Function	Fertig(G:Gerät):Boolean;
Semantik:	Abfrage, ob das vorher mit Aktiviere angeforderte Zeichen schon bereitgestellt wurde.
Procedure	Eingabe(G:Gerät;Var X:Char);
Semantik:	Das bereitgestellte Zeichen wird (sehr schnell) eingelesen und nach X befördert.

Ausgabe:

Function	Fertig(G:Gerät):Boolean;
Semantik:	Ist das Ausgabegerät für das nächste Ausgabezeichen aufnahmefähig?
Procedure	Ausgabe(G:Gerät;X:Char);
Semantik:	Übergabe eines Zeichens an das Ausgabegerät.

Die Eingabe- und Ausgabe-Prozeduren werden nur aufgerufen, wenn das betreffende Gerät sich im Fertig-Status befindet und folglich kommunikationsbereit ist. Es sind Situationen denkbar, wo ein Gerät auch ohne Aktiviere-Befehl aktiv wird, z.B. bei Zeitimpulsen bzw. sogar bei Tastaturen. Wir wollen uns nicht eindeutig festlegen, ob Aktiviere-Aufrufe stets notwendig sind.

Die Standardprozedur "EingabeWarte" kann nun z.B. wie folgt programmiert werden:

```
Procedure EingabeWarte(G:Gerät;Var X:Char);
  Begin Aktiviere(G);
        While Not Fertig(G) Do Nichts;
        Eingabe(G,X);
  End;
```

Der Vorteil der Status-Abfrage wird besonders deutlich, wenn ein konkretes Problem gelöst werden soll. Dazu nehmen wir an, daß an einen kleinen Rechner folgende E/A-Geräte angeschlossen sind (siehe auch Abb. 2.2-1):

a) Tastatur, liefert einzelne Eingabe-Zeichen,
b) Drucker, Ausgabe einzelner Zeichen,
c) Ereignisquelle, sie liefert in unregelmäßigen Zeitabständen Zählimpulse, z.B. wenn ein Auto auf einer Straße vorbeifährt.

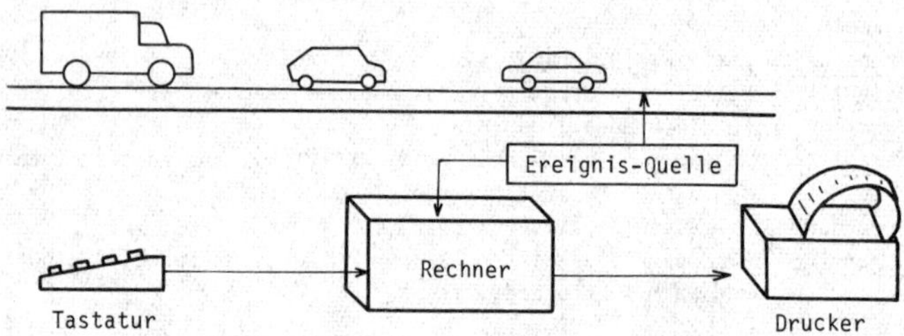

Abbildung 2.2-1:
Rechnerkonfiguration für Beispielprogramme

Aufgabenstellung

Es soll nun auf dem gegebenen Rechner ein Steuerprogramm mit folgenden Leistungen entwickelt werden: Jedes auf der Tastatur angeschlagene Zeichen soll von dem Steuerprogramm erfaßt und evtl. als Kommando entschlüsselt werden. Das Steuerprogramm soll auch sämtliche Zählimpulse von der Ereignis-Quelle auffangen und aufsummieren sowie verarbeiten. Ferner sollen unter anderem durch Tastatur-Kommandos Statistiken über die eingelaufenen Zählimpulse ausgegeben werden. Insbesondere sollen auch alle Tastatur-Eingaben sofort zur Kontrolle auf dem Drucker dargestellt werden. Wir nehmen an, daß Zählimpulse im Abstand von wenigen Mikro-Sekunden eintreffen können und daß der Anschlag einer Taste nach spätestens 0.1 Sekunden auf dem Drucker zur Kontrolle erscheinen soll.

Lösung ohne Status-Abfrage (praktisch unbrauchbar)

```
Program EAWarten;
Type Gerät=(Drucker,Tastatur,Ereignis);
Var X:Char; Anzahl:Integer;
Begin While True Do
     Begin EingabeWarte(Ereignis,X); Anzahl:=Anzahl+1;
           EingabeWarte(Tastatur,X);
           AusgabeWarte(Drucker,X);
           (*Kommando-Analyse und evtl. weitere Statistik-Ausgaben*)
     End;
End.
```

Offensichtlich kann das gestellte Problem mit den zur Verfügung stehenden Hilfsmitteln nicht befriedigend gelöst werden, da für jedes eintreffende Ereignis nur ein Zeichen auf der Tastatur eingegeben werden kann. Wird jedoch in der Ereignis-Quelle ein lokaler Zähler eingerichtet, der unabhängig von den eintreffenden Ereignissen gelesen werden kann, so würde sich eine einigermaßen funktionierende Lösung ergeben. Allerdings könnten trotzdem keine von der Tastatur schnell eintreffenden Zeichen zwischengepuffert werden, bis der eventuell langsame Drucker sie ausgegeben hat. Tastatur und Drucker können niemals gleichzeitig aktiv sein, Parallelarbeit externer Geräte ist also ausgeschlossen. Außerdem ist die gesamte E/A während der Laufzeit des Statistik-Programmteiles inaktiv.

<u>Lösung mit Status-Abfrage und Puffer</u> (bedingt funktionsfähig)

```
Program EAStatus;
  Type Gerät = (Drucker, Tastatur, Ereignis);
  Var X:Char; Tastaturaktiv:Boolean; Anzahl:Integer;

    Procedure Pufferein(X:Char);...    ┐
    Function  Pufferaus:Char;...       │ Hilfsprozeduren für das
    Function  Puffervoll:Boolean;...   } Zwischenspeichern von Zeichen
    Function  Pufferleer:Boolean;...   │
    Procedure Pufferinitial;           ┘

  Begin Pufferinitial;Tastaturaktiv:=False;
    While True Do
      Begin           EingabeWarte(Ereignis,Anzahl);
        If Not Tastaturaktiv And Not Puffervoll Then
          Begin Aktiviere(Tastatur); Tastaturaktiv:=True; End;
        If Fertig(Tastatur) Then
          Begin Eingabe(Tastatur,X); Pufferein(X);
                Tastaturaktiv:=False;
          End;
        If Fertig(Drucker) and Not Pufferleer Then
          Begin Ausgabe(Drucker,Pufferaus);
          (*Kommando-Analyse und evtl. Statistik-Ausgaben*)
          End;
      End;
  End.
```

Bei dieser Lösung wurde angenommen, daß die Zählimpulse in einem externen Zähler kontinuierlich erfaßt werden und daß der Zählerstand durch eine verhältnismäßig schnelle Operation "EingabeWarte(Ereignis,Anzahl)" jederzeit korrekt gelesen werden kann. Außerdem wird die Tastatureingabe zwischengespeichert (gepuffert), da der Drucker zu langsam ist. Nur ein Überlauf des Puffers führt zu einem Blockieren der Tastatur. Falls die zentrale While-Schleife mit hoher Frequenz ablaufen kann, also z.B. 50 Durchläufe pro Sekunde, so dürfte die Tastatur hinreichend gut bedient werden. Die

Probleme bei der Ereigniszählung sind durch zusätzliche externe Hardware-Einrichtungen, nämlich durch einen externen Ereigniszähler, gelöst.

Probleme verursachen jedoch die Kommando-Analyse und die statistischen Auswerteprogramme. Wenn sie den Prozessor z.B. für eine Zeitspanne von 1 Sekunde belegen, ist die Tastatur tot und der Drucker während dieser Zeit inaktiv. Dieses Problem könnte im Prinzip durch mühsames Verzahnen der While-Schleife mit den Auswerteprogrammen zum Teil behoben werden, was aber in jedem Fall zu völlig unbefriedigenden Software-Strukturen führen würde. Unbefriedigend an dieser Lösung ist auch, daß die Anzahl der Fertig-Abfragen wesentlich höher sein muß als die eigentlichen Transporte von Information und daß der Prozessor stets voll ausgelastet ist, auch wenn keine Information zu transportieren ist. Andererseits können die externen Geräte jedoch gleichzeitig aktiv sein, also parallel arbeiten.

Offensichtlich bringt die Status-Abfrage gewisse Vorteile. Dennoch ist das Verfahren für den Betriebssystem-Konstrukteur praktisch nicht brauchbar, denn wenn nur kleine Informationsblöcke (z.B. einzelne Maschinenworte) übertragen werden, müssen die Statusabfragen in kurzen Zeitabständen durchlaufen werden, um nennenswerte Übertragungsraten zwischen Prozessor und Gerät zu erreichen. Diese kurzen Abfragezyklen können aber spätestens dann nicht mehr garantiert werden, wenn daneben auch sonstige Programmteile ohne Statusabfragen ablaufen sollen. Durch die Status-Abfragen ergeben sich auch Blindleistungen, die den Prozessor einseitig belasten.

Unter speziellen Bedingungen kann jedoch das Verfahren bei geringem technischem Aufwand überlegene Kommunikationsleistungen ermöglichen, wie dies z.B. beim sogenannten Polling der Fall ist: Dabei überwacht ein kleiner Rechner eine große Anzahl von Endgeräten (z.B. Dialogstationen) dadurch, daß er die Geräte-Status-Register laufend zyklisch auf einen Kommunikationswunsch des Gerätes hin abfragt:

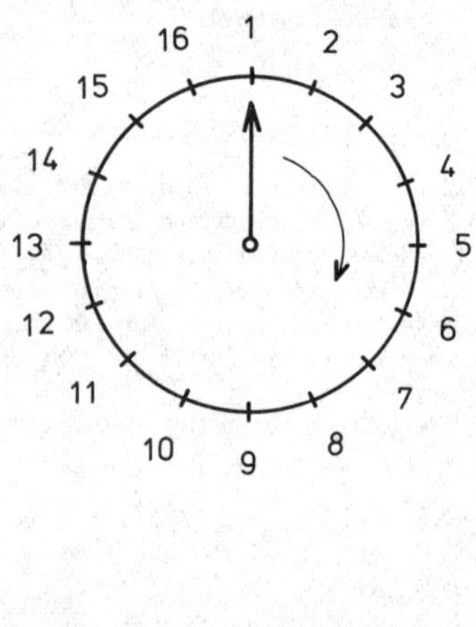

Abbildung 2.2-2:
Prinzip des Polling, die Geräte 1 - 16 werden zyklisch abgefragt (Status) und bei Kommunikationswunsch (Vorliegen von Daten) bedient.
(Das Verfahren wurde z.B. bei der Datenerfassung von einer großen Anzahl von Tastaturen verwendet.)

Es ist zu beachten, daß nur das Polling aller Geräte sicherstellen kann, daß kein Gerät zu lange warten muß. Das Polling ist deshalb günstig, weil bei relativ geringem Hardware-Aufwand (Programmunterbrechung ist erheblich aufwendiger, insbesondere bei einer großen Zahl von Geräten) eine überraschend hohe Kommunikationsleistung erreicht wird: Bei 300 angeschlossenen Tastaturen und Abfragezeiten von 3 µS für "kein Zeichen abzuholen" bzw. 50 µS für "Zeichen abzuholen" wird im Leerlauf ein gesamter Abfragezyklus in 900 µS durchgeführt. Wenn jede Tastatur ein Zeichen abliefert, dauert der (Voll-)Zyklus 15 mS. Die einzelne Tastatur könnte also pro Sekunde bis zu 66 Zeichen abschicken, ohne das System zu überlasten. Wenn diese maximale Rate bei der einzelnen Tastatur auf 10 Zeichen/Sekunde begrenzt ist, so könnten also 2000 Tastaturen angeschlossen werden! (Zur Theorie des Polling siehe z.B. Schwartz (1980).)

2.2.3 Einfache Programmunterbrechung

Die Programmunterbrechungs-Technik (interrupt) ermöglicht es den externen Geräten, die Initiative zu ergreifen und Befehlszähler und eventuell auch Befehlsregister des Prozessors von außen zu verändern. Dadurch können Einwirkungen auf den Prozessor vorgenommen werden, die im allgemeinen zu erheblich flexibleren kommunikativen Schnittstellen führen. Im einfachsten Fall stehen folgende Programmierhilfsmittel zur Verfügung:

Eingabe und Ausgabe

Der Programmierer muß in sein Programm eine sogenannte Interrupt-Service-Routine aufnehmen. Sie hat in Interrupt-Pascal die Gestalt

```
Procedure Interrupt Service;
  <lokale Vereinbarungen>
  Begin
    <Rumpf>
  End.
```

Solche Interrupt-Prozeduren müssen, da sie jederzeit funktionsbereit sind, im äußersten Block, also im Hauptprogramm, vereinbart sein. Sie werden in der Regel nicht vom Programm selbst, sondern nur von externen Geräten aus aufgerufen, und zwar durch die Unterbrechungsereignisse. Diese Unterbrechungsereignisse (interrupt signal) sind in der Regel Fertig-Meldungen der externen Geräte, gelegentlich aber auch Ereignis-Meldungen wie z.B. Zeitimpulse zur Realisierung des Zeitscheibenverfahrens (time slicing) beim

Mehrbenutzer-Betrieb.

Die Standard-Prozedur

<u>Procedure</u> Izuordnung1(<u>Procedure</u> S);

wird benutzt, um dem Prozessor die aktuell gültige Interrupt-Service-Prozedur mitzuteilen, die dann bei Interrupt-Ereignissen auszuführen ist. (In der Assembler-Programmierung wird die Anfangsadresse der Interrupt-Service-Prozedur an geeigneter Stelle abgelegt.) Da die Ein-Ausgabe auf Unterbrechungsbasis nicht korrekt programmiert werden kann, wenn die Unterbrechungen nicht auch vom Prozessor vorübergehend verboten werden können, werden noch zwei Operationen benötigt:

<u>Procedure</u> Iverbot;
<u>Semantik:</u> Verzögert bzw. verhindert bzw. blockiert Unterbrechungen von externen Geräten. Der Aufruf der Interrupt-Service-Routinen löst ebenfalls die Wirkung von Iverbot aus.
<u>Procedure</u> Ierlaubnis;
<u>Semantik:</u> Hebt die Wirkung von Iverbot auf.

Die <u>Eingabe</u> z.B. von einer Tastatur erfolgt nun in folgenden Schritten:

Aktiviere(Tastatur);
<Tastatur löst Interrupt-Ereignis aus, wenn Eingabe-Zeichen vorliegt.>
Eingabe(Tastatur);

Die <u>Ausgabe</u> hat die folgende Struktur:

Ausgabe(Drucker,X);
Aktiviere(Drucker);
<Drucker löst Interrupt-Ereignis aus, wenn fertig>

Der Vorteil der Programmunterbrechung besteht darin, daß durch die gezielten Rückmeldungen von den Geräten die lästigen Status-Abfragen vermieden und die Wartezeiten deutlich verringert werden können. Dadurch kann der Prozessor insgesamt mehr Verarbeitungsleistung abgeben. Streng genommen ist die Interrupt-Technik eine Art Quittungsverfahren (handshaking) auf Programmebene. Bei der tatsächlichen Abwicklung von Unterbrechungen im Rechner muß durch die Hardware sichergestellt werden, daß nicht zum Zuge gekommene Unterbrechungen wiederholt bzw. gespeichert bleiben und daß gleichzeitig eintreffende Interrupt-Signale sequentialisiert werden, wozu sogenannte Arbiter-Schaltungen dienen können.

Das vollständige Programm zur Lösung des in 2.2.2 formulierten Programmier-Problemes lautet:

```
Program EA_einfacher_Interrupt;
Type Gerät=(Drucker,Tastatur,Ereignis);
Var X:Char; Anzahl,I:Integer; Druckerfertig, Kommando:Boolean;
Procedure Interrupt Service;
  Begin
    If Fertig(Ereignis) Then Anzahl:=Anzahl+1 Else
      If Fertig(Drucker) Then Druckerfertig:=True Else
        If Fertig(Tastatur) Then Tast;
    Ierlaubnis;
  End;

Procedure Tast;
  Begin Eingabe(Tastatur,X);
    While Not Druckerfertig Do Warte;
    Druckerfertig:=False;
    Ausgabe(Drucker,X);
    Aktiviere(Drucker);
    Kommando:=True; (*Kommandos bestehen also aus einem Zeichen*)
  End;
Procedure Warte;
  Var I:Integer;
  Begin Ierlaubnis; I:=I; Iverbot; End;
Begin (*Hauptprogramm*)
  Druckerfertig:=True;Kommando:=False;
  Izuordnung1(Service);
  Aktiviere(Ereignis); Aktiviere(Tastatur);
  Ierlaubnis;
  While True Do
    Begin
      If Kommando Then
        Begin (*Kommando-Analyse und evtl. Statistik-Ausgaben*)
          Kommando:=False;
          Aktiviere(Tastatur)
        End;
    End;
End.
```

Gegenüber der Lösung aus 2.2.2 haben wir hier die von außen eintreffenden Ereignisströme der Tastatur und der Ereignis-Quelle vollständig entkoppelt, so daß sie sich praktisch nicht mehr gegenseitig beeinflussen. Der Prozessor verbucht auch die einzelnen Fertig-Situationen verhältnismäßig schnell, nur die sequentielle Analyse der Interrupt-Ursache in der Interrupt-Prozedur Service verursacht noch etwas Blindleistung. Diese ist aber nun proportional zur Nutzleistung, denn bei jedem Aufruf der Interrupt-Prozedur ist sichergestellt, daß auch eines der Geräte im Fertig-Zustand ist. Die Zähl-Ereignisse können bei einer Interrupt-Lösung so erfaßt werden, daß keine fortgesetzten Aktiviere-Aufrufe an die Ereignis-Quelle geliefert werden müssen, daher wurde der Aufruf Aktiviere(Ereignis) eingespart.

Die zusätzliche Hardware für einen externern Zähler ist also ebenfalls eingespart worden, wodurch sich jetzt die Frage erhebt, welchen zeitlichen Abstand zwei Ereignis-Impulse mindestens haben müssen, um noch korrekt aufgelöst und getrennt gezählt zu werden. Es ist grob gesagt diejenige Zeit, die im ungünstigsten Fall für die Abarbeitung der Prozedur Service (zusammen mit einem Tast-Aufruf) angesetzt werden muß. Eine Prozedur ähnlich wie Warte kommt praktisch in jedem Betriebssystem vor. Sie muß so gestaltet werden, daß von außen eintreffende Unterbrechungen ausgeführt werden können, daher die Verwendung von Ierlaubnis und Iverbot.

Die Lösung hat eine große Schwäche, weil die Tastatur nach einem eingegebenen Zeichen erst dann wieder aktiviert wird, wenn Kommando-Analyse und Statistik-Ausgaben abgeschlossen sind. Die Tastatur kann also längere Zeit "tot" sein. Dieses bei vielen Dialogsystemen auftretende Problem kann durch Zwischenpufferung der Eingabe ähnlich wie beim Programm EAStatus behoben werden. Es sollte noch angemerkt werden, daß ein sehr langsamer Drucker dazu führt, daß für Tast-Aufrufe viel Zeit verlorengeht, wodurch auch viele Zählereignisse wegen fehlender Interrupt-Bereitschaft verlorengehen.

Ein Prozessor mit den hier betrachteten Kommunikationsmöglichkeiten ist bereits hinreichend ausgestattet, um einfachere Formen des Mehrprogramm-Betriebes (Multi-Programming) zu realisieren. Dazu würde es z.B. genügen, die Interrupt-Programmierung durch Benutzerprogramme vollständig zu unterbinden und durch einen Zeitscheiben-Interrupt etwa alle 100 mS sicherzustellen, daß das Betriebssystem zusammen mit den Gerätetreibern und sonstigen Verwaltungsprozeduren nicht permanent vom Prozessor verdrängt werden kann.

2.2.4 Verzweigende Programmunterbrechung (vectored interrupt)

Falls der Prozessor eine größere Zahl von z.B. n externen Geräten bedienen soll, gestaltet sich die Service-Routine zunehmend schwieriger, denn bei jeder Unterbrechung müssen im Mittel n/2 Geräte abgefragt werden, um das fertige Gerät zu identifizieren. Bei m E/A-Ereignissen entsteht also ein Analysier-Aufwand von der Ordnung O(nm). Außerdem erhöht sich die Reaktionszeit mit der Ordnung O(n). Bei der verzweigenden Programmunterbrechung wird dieser Mangel dadurch behoben, daß jedes E/A-Gerät eine eigene Service -Routine erhält, so daß die Analyse der Interrupt-Ursache entfallen kann:

Procedure Izuordnung2(Procedure S;G:Gerät);
Semantik: Jedem E/A-Gerät G kann eine eigene Interrupt-Service-Routine zugeordnet werden.

Das Programm aus 2.2.3 ändert sich dadurch wie folgt:

```
Program EA_Vektor_Interrupt;
Type... Var...
Procedure Interrupt ServiceEreignis;
  Begin Anzahl:=Anzahl+1; Ierlaubnis; End;
Procedure Interrupt ServiceDrucker;
  Begin Druckerfrei:=True; Ierlaubnis; End;
Procedure Interrupt ServiceTastatur;
  Begin Eingabe(Tastatur,X); Aktiviere(Tastatur);
        While Not Druckerfrei Do Warte;
        Druckerfrei:=False; Ausgabe(Drucker,X);
        Aktiviere(Drucker);
        (*Kommando-Analyse und evtl. Statistik-Ausgabe*)
        Ierlaubnis;
  End;
Procedure Warte; ...
Begin (*Hauptprogramm*)
  Druckerfrei:=True;
  Izuordnung2(ServiceEreignis,Ereignis);
  Izuordnung2(ServiceDrucker,Drucker);
  Izuordnung2(ServiceTastatur,Tastatur);
  Aktiviere(Ereignis);
  Aktiviere(Tastatur);
  Ierlaubnis;
  While True Do I:=I;
End.
```

Durch die verzweigende Programmunterbrechung wird also erreicht, daß die Belegungszeit des Prozessors praktisch nur noch von der Ordnung O(m) ist, wobei m die Anzahl der Programmunterbrechungen bezeichnet. Nachteilig ist jetzt nur noch, daß der Prozessor nicht unterbrechungsbereit ist, wenn die umfangreichere Prozedur ServiceTastatur ausgeführt wird. Schnell aufeinander folgende Ereignis-Impulse können also nicht wesentlich besser als bei der einfachen Interrupt-Lösung aufgelöst werden. Man muß bei der Struktur von ServiceTastatur sogar von einem schweren Kunstfehler sprechen, denn während der möglicherweise umfangreichen Kommando-Analyse und Statistik-Ausgabe sind alle sonstigen Interrupts gesperrt!

2.2.5 Verzweigende Programmunterbrechung mit Prioritäten

Der Mangel der eventuell zu langen Reaktionszeiten bei der Ein-Ausgabe mit verzweigender Programmunterbrechung wird durch die Hinzunahme von Prioritäten, also unterschiedlicher Dringlichkeiten, behoben. Befriedigende Verhältnisse ergeben sich, wenn sowohl Interrupt-Service-Prozeduren einschließlich sonstiger Programmteile als auch Geräte mit einer Dringlichkeit ausgestattet werden. Der Prozessor läuft stets mit der Priorität des gerade ausgeführten Programmstückes. Ein Unterbrechungswunsch eines Gerätes kann nur in eine tatsächliche Unterbrechung des Prozessors umgesetzt werden, wenn das Gerät eine <u>höhere</u> Priorität als das gerade ausgeführte Programm (=Priorität des Prozessors) aufweist. Folgende Standard-Prozeduren erlauben die notwendigen Operationen:

<u>Procedure</u> Izuordnung3(<u>Procedure</u> S; G:Gerät; P:Priorität);
<u>Type</u> Priorität=0..MaxPrio;
<u>Semantik:</u> Der Parameter P spezifiert die Priorität des Gerätes.
<u>Procedure</u> Pzuordnung(Procedure S; P:Priorität);
<u>Semantik:</u> Spezifikation von Prioritäten für Programmstücke, insbesondere für Interrupt-Service-Routinen.
<u>Procedure</u> Setzepriorität(PN:Priorität; <u>Var</u> PA:Priorität);
<u>Semantik:</u> Das laufende Programm verändert seine Priorität. Der neue Wert ist PN, während die Variable PA den alten Wert der Priorität übernimmt.

Als Konsequenz aus diesem System ergibt sich z.B., daß die Wirkung von Iverbot auch durch den Prozeduraufruf Setzepriorität(MaxPrio,Alt); erreicht werden kann. Wenn mehrere Geräte mit Prioritäten belegt werden sollen, so sollten diejenigen Geräte eine hohe Priorität erhalten, deren Interrupts mit nur kurzen Verzögerungen abgearbeitet werden sollten. Das kann z.B. für gelegentlich in rascher Abfolge eintreffende Ereignissignale (z.B. Verkehrszählung schneller Fahrzeuge) notwendig sein, falls der Rechner den Ereignisstrom nicht beeinflussen kann. Ähnliches gilt z.B. auch für externe Geräte, die durch zu langsame Bedienung einen Engpaß (im Gesamtsystem) verursachen. Wichtig ist auch, daß die mit hohen Prioritäten ausgestatteten

Programmteile so kurz wie möglich sind, um den Prozessor nicht unnötig im Reaktionsvermögen zu beschneiden.

Im folgenden wird eine Lösung des Programmierproblems aus 2.2.2 mit folgenden Charakteristiken angegeben: Der Drucker arbeitet zeilenweise und nicht mehr zeichenweise. Die Tastatur hat Priorität 4, der Drucker 5 und die Ereignisquelle 6, denn letztere sollte gemäß unseren Annahmen jeweils am schnellsten bedient werden. Das Hauptprogramm läuft übrigens während der wichtigen Initialisierungen mit maximaler Priorität MaxPrio, während die Warteschleife auf Priorität 0 läuft.

```
Program EA_Vektor_Prio_Interrupt;
Type Gerät=...; Priorität=...; Zeil:Array[1..81]of Char;
Var Druckerfrei:Boolean; Anzahl,I,N:Integer;
    P:Priorität; X:Char; Zeile:Zeil;
Procedure Interrupt ServiceEreignis;
  Begin Anzahl:=Anzahl+1; End;
Procedure Interrupt ServiceDrucker;
  Begin Druckerfrei:=True; End;
Procedure Interrupt ServiceTastatur;
  Begin Eingabe(Tastatur,X); Aktiviere(Tastatur);
        N:=N+1; Zeile[N]:=X;
        If (N=80)Or(X=Creturn) Then (*Zeile voll*)
          Begin
            While Not Druckerfrei Do I:=I;
            Druckerfrei:=False;
            Ausgabe(Drucker,Zeile);
            Aktiviere(Drucker);
            N:=0;
            (*Kommando-Analyse und evtl. Statistik-Ausgabe*)
          End;
  End;

Begin (*Hauptprogramm*)
  Setzepriorität(MaxPrio,P);
  Druckerfrei:=True; N:=0; Anzahl:=0;
  Izuordnung3(ServiceEreignis,Ereignis,6);
    Pzuordnung(ServiceEreignis,6);
  Izuordnung3(ServiceDrucker,Drucker,5);
    Pzuordnung(ServiceDrucker,5);
  Izuordnung3(ServiceTastatur,Tastatur,4);
    Pzuordnung(ServiceTastatur,4);
  Aktiviere(Ereignis);Aktiviere(Tastatur);
  Setzepriorität(0,P);
```

```
  While True Do I:=I;
End.
```

Die gelegentlich etwas aufwendige Interrupt-Prozedur ServiceTastatur begrenzt hier keineswegs das Reaktionsvermögen des Rechners, da Unterbrechungen durch die Ereignisquelle bzw. durch den Drucker stets wegen höherer Priorität bevorzugt abgewickelt werden. Die höchste Reaktionsbereitschaft besteht für Interrupts durch Ereignisse, so daß jetzt zwei Impulse noch korrekt gezählt werden, wenn die Zeit dazwischen ausreicht, um Service - Ereignis auszuführen. (In der Praxis ist das eine Zeitspanne irgendwo zwischen 1 µS und 100 µS und hängt stark von der inneren Architektur des Rechners ab.) Ohne zusätzlichen Hardware-Aufwand zwecks Pufferung von Ereignissen kann die Zählfrequenz nicht mehr erhöht werden. Insgesamt ergibt sich in Extremfällen nochmals eine deutliche Verbesserung gegenüber der Lösung von 2.2.4. Auch der Wegfall der Operationen Ierlaubnis und Iverbot bringt eine Verkürzung des Programmes und beseitigt gewisse Fehlermöglichkeiten. Der Übergang zu einem zeilenorientierten Drucker deutet bereits das Kanal-Konzept an.

Von maskierbaren Interrupts spricht man, wenn einzelne Geräte oder Prioritäten vorübergehend für Unterbrechungen gesperrt werden können. Z.B. kann es in unserem Beispiel zweckmäßig sein, Unterbrechungen von der Ereignis-Quelle zu maskieren, um die Variable "Anzahl" korrekt zu lesen und wieder auf 0 zu setzen. Wenn es möglich ist, die Interrupt-Service-Routinen durch einen vom laufenden Programm ausgeführten Befehl zu aktivieren, so spricht man von einem Software-Interrupt. Software-ausgelöste Interrupts sind technisch gesehen zwar nicht notwendig, sollten aber zum Testen von Interrupt-Prozeduren unbedingt vorhanden sein.

Die verschiedenen Prinzipien der Unterbrechungsbehandlung können ohne Schwierigkeiten in einem Rechner nebeneinander realisiert werden. In der Regel verfügen heute bereits recht kleine Rechner über eine Unterbrechungsbehandlung mit Vorrangsteuerung und Verzweigungstechnik. So sind z.B. bei dem weit verbreiteten Mikroprozessor 6502 2 Interrupt-Eingänge eingeplant, wovon einer einen nicht verhinderbaren (non-maskable) Interrupt auslöst. Genau genommen entspricht dies einem verzweigenden Interrupt mit 2 fest vergebenen Prioritäten. Auch der Reset-Eingang wirkt ähnlich wie ein Interrupt. Unterbrechungen von den einzelnen Geräten können in den E/A-Bausteinen (PIA's) einzeln maskiert werden. Bei den Z80-Mikroprozessoren muß jedes Gerät im Normalfall einen 8-Bit-Adressanteil an den Prozessor liefern, um die Adresse der spezifischen Interrupt-Service-Routine aus einer Tabelle entnehmen zu können. Der Z80-Prozessor (und alle architektonisch verwandten Prozessoren) hat also einen vollwertigen verzweigenden Interrupt.

Der Rolle der Unterbrechungsbehandlung im Rahmen der Befehlsausführung eines Rechners kann in grober Näherung durch ein Ablaufdiagramm verdeutlicht werden; vergleiche Abb. 2.2-3. Die technische Realisierung kann so gestaltet werden, daß z.B. die Abfragen, ob Unterbrechungen zu beachten sind, gleichzeitig mit der Befehlsladephase stattfinden. Die normale Arbeitsgeschwindigkeit des Prozessors wird daher durch die Unterbrechungsbehandlung nicht verringert.

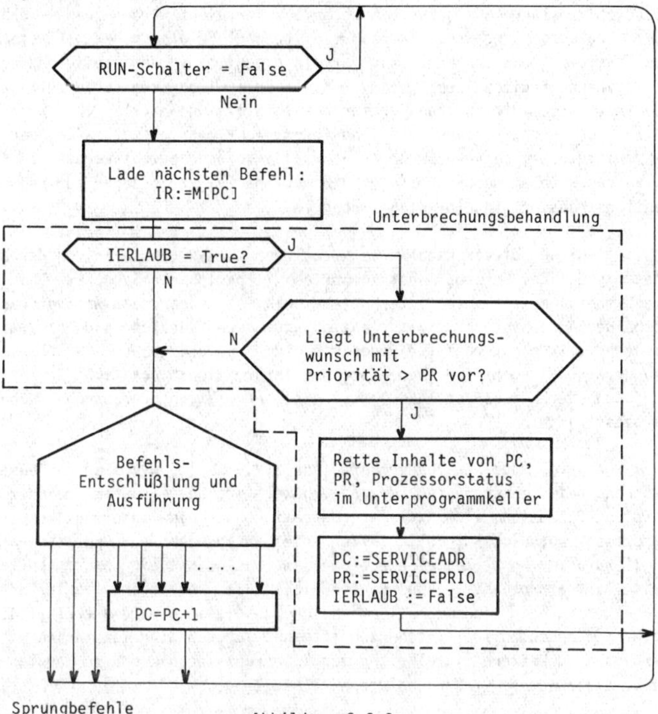

Abbildung 2.2-3:
Interrupts im Befehlsausführungsgeschehen eines Prozessors.

RUN-Schalter = manuell bedienter Schalter an der Prozessor-Konsole,
IR = Befehlsregister (instruction register),
PC = Befehlszähler (program counter),
M[O...n] = Speicher (memory),
IERLAUB = 1-Bit-Register für Unterbrechungssperre,
PR = Register mit aktueller Priorität des Prozessors (bzw. des aktuell abgearbeiteten Programmstückes),
SERVICEADR = vom unterbrechenden Gerät gelieferte Startadresse der Service-Routine,
SERVICEPRIO = vom unterbrechenden Gerät gelieferte Priorität der Service-Routine.

2.2.6 Grenzen der Interrupt-Technik

Selbst bei geschickter Codierung kann man davon ausgehen, daß eine einzelne Unterbrechungsverarbeitung zu mindestens 5 zusätzlich auszuführenden Befehlen führt. Wenn dabei jeweils ein Maschinenwort an Information transportiert wird, und der einzelne Befehl im Mittel 1 µS dauert, so kann keine höhere Transferrate als 200 000 Worte/Sek. erreicht werden. Dabei erbringt der Prozessor nur noch Transportleistungen. Um also höhere Transferraten zu erzielen und den Prozessor für die eigentlichen Verarbeitungsprogramme weitgehend freizuhalten, sind modifizierte Techniken erforderlich. Das gelingt, indem die zu transportierende Information nicht mehr durch den Prozessor durchgeschleust wird und indem nicht mehr einzelne Zeichen oder Maschinenworte, sondern größere Informationsblöcke bewegt werden. Technisch wird das Problem dadurch gelöst, daß man Spezial-Prozessoren für den Informationstransport in die Anlage integriert.

Es ist Aufgabe dieser Kanalwerke, den (oder die) Prozessoren von der Routinetätigkeit des Informationstransportes mit peripheren Speichern und Geräten freizuhalten. Die Interrupt-Technik ist jedoch nach wie vor das entscheidende Konzept der Kommunikation zwischen Kanälen und Prozessoren, jedoch fällt nicht mehr für jedes einzelne zu übergebende Maschinenwort, sondern nur noch für den einzelnen Informationsblock (z.B. Zeilen zu 80 Zeichen oder Blöcke von 1024 Bytes) eine Programmunterbrechung (Kanal an Prozessor) an.

Das Beispiel des Zeilendruckers aus 2.2.5 zeigt, wie sich das auswirkt: Während beim zeichenorientierten Drucker pro übergebenem Zeichen eine Ausgabe-Operation, eine Aktiviere-Operation und ein Interrupt durch den Prozessor abzuwickeln ist, fallen die entsprechenden Operationen beim Zeilendrucker pro Zeile nur einmal an. Das bringt eine enorme Entlastung des Zentralprozessors von Routine-Tätigkeit. Allerdings erfordert das Kanalkonzept in jedem Fall erhebliche zusätzliche Hardware-Einrichtungen z.B. für nebenläufige Speicherzugriffe und für den Signalaustausch mit dem Prozessor. Weitere Einzelheiten zur Interrupt-Technik und zu Kanälen siehe z.B. Dirlewanger, Hieber und Rzehak (1976).

Ein lesenswerter Aufsatz insbesondere über Beziehungen zwischen Interrupt-System und Software-Konstruktion stammt von Hunt (1980). Genaue Details der Interrupt-Handhabung müssen in der Regel den Befehlsbeschreibungen von Rechnern entnommen werden, gelegentlich bringen auch die Assembler-Programmieranleitungen Details der Unterbrechungsbehandlung.

Time-Slice-Interrupt für Multi-User-System

2.3 HÖHERE SYNCHRONISATIONS- UND KOMMUNIKATIONS-HILFSMITTEL

2.3.1 Prozeßverwaltung in Betriebssystemen

Die ökonomische Nutzung mittlerer und größerer Rechnersysteme ist nur in seltenen Fällen ohne Multi-Programmbetrieb möglich. Das hat zur Konsequenz, daß die Betriebssysteme in der Lage sein müssen, eine größere Zahl von rechenbereiten Benutzerprogrammen quasi gleichzeitig auszuführen. Komplexere Betriebssysteme verfügen daher stets über eine Prozeßverwaltung. Aus technischer Sicht kann diese Prozeßverwaltung (task management) als Kern des Betriebssystems aufgefaßt werden, denn alle anderen Aktivitäten des Betriebssystems sowie der Benutzer können als Einzelprozesse im Rahmen der Prozeßverwaltung abgewickelt werden.

Die verwaltungstechnische Erfassung solcher Prozesse geschieht durch strukturierte Datenobjekte, gelegentlich auch Prozeßleitblöcke genannt. Denn die konsistente Abwicklung des oft ziemlich komplexen Prozeßgeschehens in größeren Systemen - namentlich bei Mehrprozessor-Anlagen - erfordert eine genaue Buchführung über die existenten Prozesse und ihre Beziehungen zueinander. Der Prozeßleitblock enthält sämtliche Attribute, also Einzelmerkmale des Prozesses, die in dem jeweiligen Betriebssystem geführt werden bzw. für das System relevant sind. Beispielsweise könnte er wie folgt aufgebaut sein:

Prozeß muß man sich buchungstechnisch vorstellen (Buchungsvorgänge)

```
Type Prozeßleitblock =
     Record Bezeichnung                : Text;
            Nummer                     : Integer;
            Zustand                    : (Wartend,Rechenbereit,
                                          Rechnend,Beendet);
            Befehlscode                : ...
            Speicherbedarf             : ...
            Aktuelle_Speicherbelegung: ...
            Verbrauchte_CPU_Zeit       : Integer;
            Max_CPU_Zeit               : Integer;
            Prozeßart                  : (System,Benutzer,...);
            Starterprozeß_Nummer       : Integer;
            Benutzer_Nummer            : Text;
            usw. usf.
End;
```

Bei einer detailliert ausgebauten Prozeßverwaltung, z.B. für Großrechner, umfaßt der Prozeßleitblock oft 50 und mehr Einzelmerkmale. Bei sehr kleinen

Rechnern mit einer sehr einfachen Prozeßstruktur genügen bereits der aktuelle Befehlszähler, der Prozessor-Status sowie die Prozessor-Register, denn hier werden laufende Programme möglicherweise nur durch Interrupts unterbrochen und keinen sonstigen Verwaltungsoperationen (außer selbstverständlich Laden, Starten, Tilgen) unterzogen. Das Schicksal eines Prozesses in einem Mehrprozeßsystem verläuft demgegenüber meist viel abwechslungsreicher. Wesentlich sind dabei vor allem die Veränderungen des Prozeßzustandes. Ein für unsere Zwecke hinreichendes Zustandsübergangsdiagramm zusammen mit den Prozeßoperationen wird in Abb. 2.3-1 gegeben.

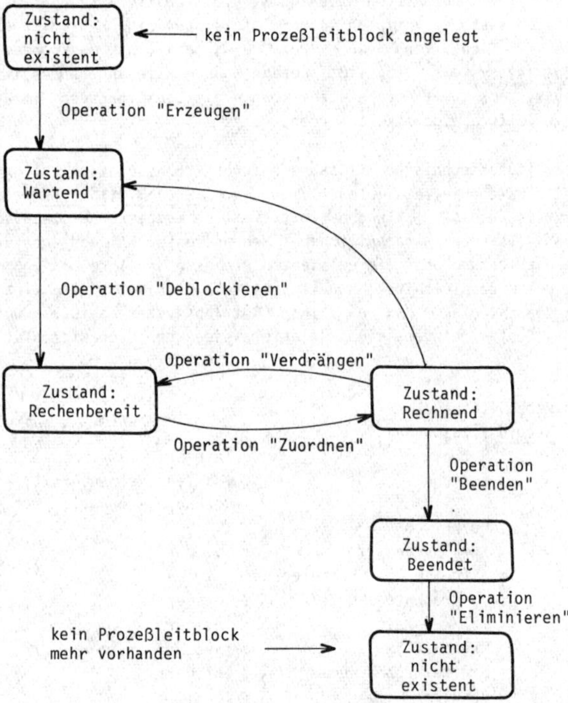

Abbildung 2.3-1:

Prozeßzustände und Operationen zur Zustandsüberführung von Prozessen. Der Zustand Wartend bedeutet, daß der Prozeß durch noch nicht eingetretene äußere Ereignisse angehalten wird, z.B. können Daten von einem langsamen Eingabe-Gerät noch nicht vorliegen. Rechenbereit sind die Prozesse, denen sofort ein Prozessor zugeteilt werden könnte, für die aber augenblicklich kein freier Prozessor zur Verfügung steht. Rechnend sind die Prozesse, deren Befehle zur Zeit in einem Prozessor abgewickelt werden.

2.3.2 Semaphor-Variable

Unkoordinierte Kommunikation zweier Prozesse, Zeitbedingungen

Wir betrachten einen Erzeuger-Prozeß und einen Verbraucher-Prozeß, die zwar über einen gemeinsamen Speicher Nachrichten austauschen können, aber ansonsten zunächst nicht synchronisiert sind, vergleiche Abb. 2.3-2.

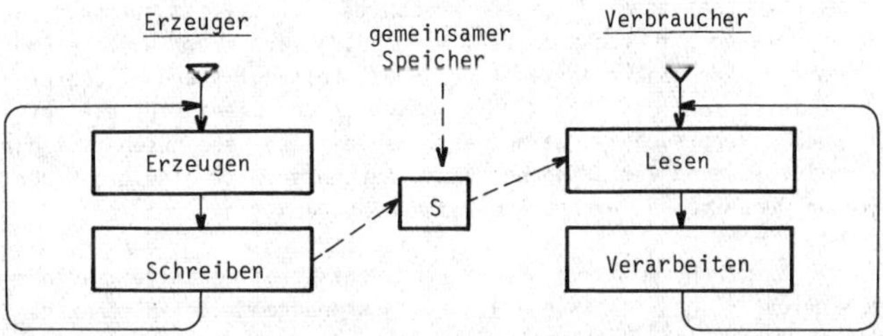

Abbildung 2.3-2:
Erzeuger-Verbraucher-Modell ohne Synchronisation

Der Erzeuger-Prozeß und der von ihm getrennte Verbraucher-Prozeß arbeiten völlig unabhängig voneinander. Der Erzeuger legt den erzeugten Datensatz in dem gemeinsamen Speicher S (ohne jegliche Leseaktivität) ab, während der Verbraucher nur aus diesem Speicher liest. Wenn tatsächlich keine weiteren Spezifikationen für eine Kommunikation existieren, muß mit folgenden Fehlfunktionen gerechnet werden: Gleichzeitiges Schreiben und Lesen führt in der Regel zu undefinierten Lese-Ergebnissen. Der Verbraucher kann nicht feststellen, ob er neue Information liest oder noch die alte, bereits verarbeitete Information. Der Erzeuger erzeugt evtl. schneller als der Verbraucher verarbeiten kann, was zur Nichtberücksichtigung eines Teiles der erzeugten Datensätze führen muß. Man könnte also annehmen, das Modell sei unbrauchbar. Eine Analyse der im täglichen Leben uns ständig begleitenden kommunikativen Prozesse zeigt jedoch, daß mit nur wenigen zusätzlichen Vereinbarungen recht brauchbare Kommunikation geschaffen werden kann.

Wenn keine Synchronisierung durch Rückmeldung möglich ist, so kann durch Zeitbedingungen dennoch ein Gleichlauf erreicht werden, z.B. so: Erzeuger und Verbraucher verfügen über genau gehende Uhren und haben vereinbart, zu welchen Zeiten der Erzeuger schreiben muß und zu welchen der Verbraucher liest. Wenn sichergestellt ist, daß der Verbraucher mindestens mit dem Tempo verarbeitet, mit dem der Erzeuger erzeugt, so kann ein vollständig durch Zeitbedingungen gesicherter Informationstransfer hergestellt werden.

Rückwirkungsfreie Kommunikation begegnet uns in den Rundfunk- und Fernsehsystemen sowie bei der Nachrichtenübertragung über größere Entfernungen (Telekommunikation). So kennen z.B. die Fernschreibnetze in der Regel keine Quittungssignale, durch die der Empfänger den Empfang von Nachrichten beim Sender bestätigt. Bei der asynchronen Übertragung von einzelnen Zeichen über die V24-Schnittstelle (siehe Abschnitt 2.4.4.2) ist zwischen Sender und Empfänger eine Bit-Frequenz (z.B. 9600 Baud) vereinbart und die Empfänger-Hardware muß den Spannungspegel der Datenleitung ständig überprüfen, um beim Eintreffen des Start-Bits sofort in den Lesezyklus eintreten zu können. Der "Verbraucher" garantiert also eine so hohe Lesebereitschaft, daß keine Information verlorengehen kann. Auch hier wird also die Nachrichtenübergabe durch genau vereinbarte Zeitbedingungen synchronisiert.

Bei der Prozeß-Programmierung wird Synchronisation durch Zeitbedingungen völlig vermieden, da insbesondere bei Mehrprogrammbetrieb (Anzahl der Prozessoren wesentlich kleiner als Anzahl der Benutzerprozesse) sowie durch nicht vorhersehbaren Zeitbedarf der Programme eine genaue Zeitplanung unmöglich ist.

Dijkstras Semaphor-Konzept

Um das Zusammenwirken unabhängiger Prozesse auf relativ abstrakter Ebene koordinieren zu können, führte Dijkstra (1968) Semaphor-Variable ein. Eine solche Variable besteht im Prinzip aus folgender Datenstruktur:

```
Type Semaphor=Record n:Integer;
               Warteschlange:↑Prozeßleitblock;
               End;
```

Beim Initialisieren einer Semaphor-Variablen wird n:=1 gesetzt und die Warteschlange ist leer. Im klassischen Fall werden 2 Operationen auf Semaphor-Variablen erklärt:

<u>P-Operation</u> (P=Puffere,P=Passeren)
P(X) hat für den ausführenden Prozeß folgende Wirkung:

```
  Procedure P(Var X: Semaphor);
  Begin X.n:=X.n-1;
    If X.n<0        Then
      Begin Füge Prozeß in X.Warteschlange ein;
            Blockiere Prozeß; (*Prozeßoperation!*)
      End
  End;
```

<u>V-Operation</u> (V=Verlasse,V=Vrijgeven)
Die Wirkung der V-Operation kann wie folgt beschrieben werden:

```
  Procedure V(Var X: Semaphor);
  Begin
    If X.n<0 Then Begin Entnehme einen der Prozesse aus
                        X.Warteschlange und deblockiere ihn;
                  End;
    X.n:=X.n+1;
  End;
```

Die für jede Semaphor-Variable getrennt zu führende Warteschlange enthält die blockierten bzw. auf Freigabe wartenden Prozesse, während der negative Zählerstand -X.n die Anzahl der wartenden Prozesse angibt. Der Sonderfall X.n=1 bedeutet: Kein Prozeß wartet und die Anzahl der P-Aufrufe ist genau gleich der bisher abgewickelten Anzahl von V-Aufrufen.

Eine konkrete Implementierung der Operationen P und V erfordert also die Prozeßoperationen "sich selbst blockieren und in Prozeßwarteschlange einfügen" sowie "einen anderen Prozeß deblockieren und in die Rechenbereit-Schlange überführen". Außerdem muß sichergestellt werden, daß sowohl P als auch V unteilbar und exklusiv ausgeführt werden. Diese unteilbare Ausführung kann in der Praxis dadurch erreicht werden, daß bei 1-Prozessor-Anlagen sämtliche Interrupts gesperrt werden. Denn nur die Interrupts können nicht vorhersehbare Unterbrechungen bei der Ausführung des P- und V-Codes verursachen. Bei Mehrprozessor-Anlagen müssen zusätzlich noch die Störungen durch andere Prozessoren wie z.B. gleichzeitiges Ausführen von P auf zwei Prozessoren verhindert werden. Das kann z.B. durch kurzzeitiges Anhalten der anderen Prozessoren geschehen. Zur Implementierung von P- und V-Operationen siehe auch Wettstein (1980) und Habermann (1976). Etwas allgemeiner als die P- und V-Operationen sind die Operationen "Wait" und "Signal", wie sie z.B. in Habermann (1972) eingeführt werden.

Semaphore sind zunächst hervorragend geeignet, um sogenannte <u>kritische Abschnitte</u> "sicher" zu programmieren. Kritische Abschnitte sind Mengen von

Codestücken, in denen sich zu jedem Zeitpunkt nur höchstens ein Prozeß aufhalten darf, wenn unerwünschte Nebenwirkungen (meist bezogen auf die Konsistenz der Daten) vermieden werden sollen. Ist z.B. der Kontostand eines Bankkontos auf einer Datei gespeichert, so ist die Befehlssequenz

```
Lese Kontostand von Datei;
Kontostand:=Kontostand+Veränderung;
Schreibe Kontostand zurück auf Datei;
```

praktisch immer ein kritischer Abschnitt. Denn wenn der Kontostand gleichzeitig von verschiedenen Buchungs-Prozessen verändert wird, wirkt sich nur die Änderung aus, die zuletzt auf die Datei zurückgeschrieben wird. Durch Einrichten einer Semaphor-Variablen Schutz_von_Buchungen kann der kritische Abschnitt gesichert werden:

```
P(Schutz_von_Buchungen);
   Lese Kontostand von Datei;
   Veränderung;
   Schreibe Kontostand zurück auf Datei;
V(Schutz_von_Buchungen);
```

Jetzt ist sichergestellt, daß höchstens ein Prozeß Buchungen durchführt. Voraussetzung für das korrekte Funktionieren ist dabei, daß sämtliche möglichen Prozesse, die Kontostände verändern, sich auf genau die eine Semaphor-Variable Schutz_von_Buchungen beziehen. (In der Praxis sollte eine größere Zahl von Semaphoren benutzt werden, um Buchungsvorgänge mit verschiedenen Konten weitgehend parallel abwickeln zu können.) Leider hat das letztlich zur Folge, daß Semaphor-Variable eine große Lebensdauer haben müssen und auch für sämtliche Prozesse eines Rechensystems ansprechbar sein sollten. Für fortschrittliche Betriebssysteme wird daher die Forderung erhoben, analog zu Datei-Katalogen auch langfristig geführte Semaphor-Verzeichnisse mit entsprechenden Verwaltungsoperationen zu unterstützen. Es darf noch erwähnt werden, daß das oben angesprochene Buchungsproblem technisch so schwerwiegend ist, daß manche Betriebssysteme spezielle Dateilesetechniken bereitstellen. Beim BS 2000 von Siemens kann z.B. ein Prozeß den Zugriff zu einzelnen Sätzen einer ISAM-Datei für andere Prozesse vorübergehend verhindern, was letztlich eine elegante Lösung des obigen Buchungsproblems ermöglicht.

Synchronisierte Erzeuger-Verbraucher-Situation

Mit Hilfe von zwei Semaphor-Variablen S1,S2 kann eine synchronisierte Erzeuger-Verbraucher-Situation hergestellt werden, vergleiche Abbildung 2.3-3.

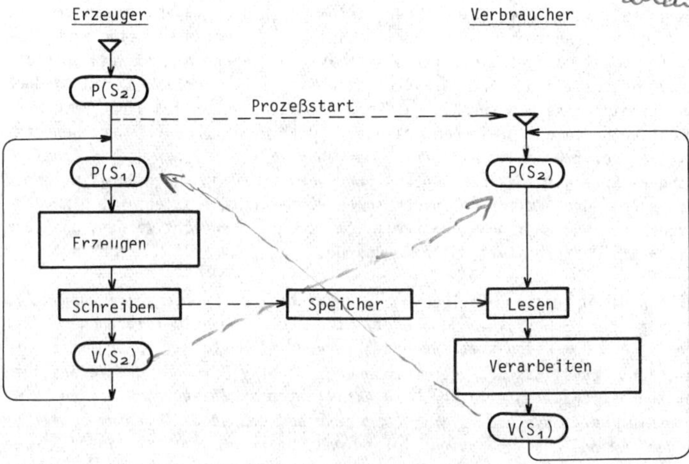

Abbildung 2.3-3:
Erzeuger-Verbraucher-Modell mit Synchronisierung, aber ohne Parallelarbeit.

Hierbei wird ausgenutzt, daß z.B. die Operationenfolge $P(S_2);P(S_2)$, die vom Erzeuger und im zweiten Schritt vom Verbraucher ausgeführt wird, denjenigen Prozeß blockiert, der die zweite P-Operation ausführt, also den Verbraucher. Anschließend kann jeder andere noch aktive Prozeß, in unserem Falle der Erzeuger, durch die Operation $V(S_2)$ den blockierten Prozeß wieder aktivieren.

Das vorgestellte Erzeuger-Verbraucher-Modell offenbart folgende Eigenschaften: Zu jedem Zeitpunkt ist nur einer der beiden Prozesse aktiv. Die Abfolge der wesentlichen Tätigkeiten erfolgt zeitlich nacheinander nach dem Schema

Erzeugen - Schreiben - Lesen - Verarbeiten - Erzeugen - Schreiben - usw.

Da gleichzeitiges Schreiben und Lesen in einem gemeinsamen Speicherbereich zu undefinierten Ergebnissen führen kann, ist dieses korrekterweise ausgeschlossen. Einem gleichzeitigen Erzeugen und Verarbeiten (einer vorangegangenen Information) steht jedoch nichts im Wege - dies ist in diesem Modell aber nicht realisiert.

Im Regelfall ist dieses Modell der Informationsübertragung unökonomisch, da sich hohe Wartezeiten ergeben. Erzeuger und Verbraucher sind im Mittel nur zu 50 % ausgelastet, falls wir davon ausgehen, daß sie etwa gleiche Bearbeitungszeiten pro Arbeitszyklus aufweisen. Das Verfahren ist jedoch interessanterweise in solchen Fällen ökonomisch, wo extrem große Geschwindigkeitsunterschiede zwischen Erzeuger und Verbraucher vorliegen. Benötigt z.B. der Verbraucher im Mittel 100 mal mehr Zeit für Lesen und Verarbeiten als der Erzeuger für Erzeugen und Schreiben, so kann durch Parallelarbeit oder auch durch Pufferung (beschränkte Puffergrößen) allenfalls eine Verkürzung der Gesamtbearbeitungszeit um ca. 1 % erreicht werden, da jeder beschränkte Puffer sofort vollaufen würde.

Wenn nun die Operation $P(S_1)$ beim Erzeuger statt vor dem Erzeugen unmittelbar vor dem Schreiben angeordnet wird und wenn beim Verbraucher $V(S_1)$ bereits nach dem Lesen statt nach dem Verarbeiten erfolgt, so erhalten wir ein recht günstiges Erzeuger-Verbraucher-Modell. Erzeugen und Verbrauchen kann nun gleichzeitig erfolgen. Die Aktivitäten Schreiben und Lesen sind weiterhin voll synchronisiert, und zwar so, daß jeder Schreibe-Operation zwingend eine Lese-Operation folgen muß, bevor wieder geschrieben werden kann. Falls also Erzeugen und Verarbeiten etwa gleichlang dauern und ebenso Lesen bzw. Schreiben, so kann das Gesamtsystem praktisch ohne Wartezeiten arbeiten.

Leser-Schreiber-Problem

Beim sogenannten Leser-Schreiber-Problem wird angenommen, daß n Leser-Prozesse auf eine gespeicherte Information zugreifen wollen und m Schreiber-Prozesse diese Information von Zeit zu Zeit aktualisieren müssen. Man denke z.B. an einen sich schnell verändernden, im Rechner gespeicherten Börsenkurs. Die Leser sollen statistisch unregelmäßig aktiv werden und sie sollen parallel - also gleichzeitig - lesen können. Die Schreiber können jedoch nicht parallel arbeiten. Überdies darf kein Leser aktiv sein, wenn ein Schreiber aktiv ist. Abb. 2.3-4 zeigt den sogenannten Ausschlußgraphen für dieses Problem:

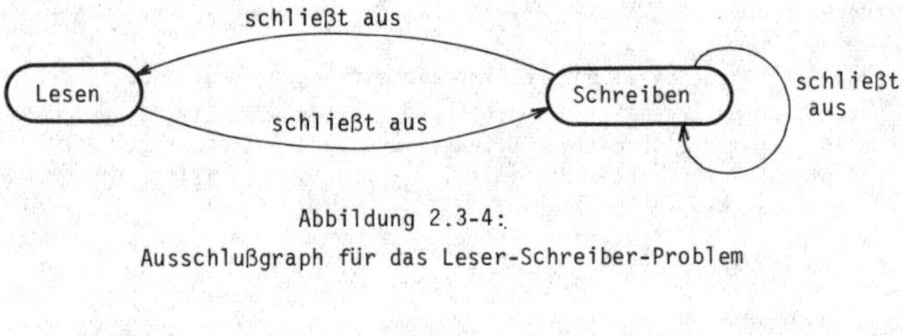

Abbildung 2.3-4:
Ausschlußgraph für das Leser-Schreiber-Problem

Das Leser-Schreiber-Problem tritt bei der Implementierung von Betriebssystemen und bei praktisch allen Mehrbenutzer-Systemen in vielen Varianten auf. Auch die bereits erwähnte Kontoführung ist in der Regel ein Leser-Schreiber-Problem. Aber auch beim Führen von Inhaltsverzeichnissen (directories) für Dateien, bei der Freispeicherverwaltung usw. treten Leser-Schreiber-Probleme auf.

Eine erste Lösung des Leser-Schreiber-Problems ergibt sich wie folgt (vergleiche Courtois, Heymans und Parnas (1971)):

Globale Variable für alle Leser und Schreiber:

```
Var Mutex,Writing:Semaphor; Readercount:Integer;

Procedure Reader;
  Begin  P(Mutex);
         Readercount:=Readercount+1;
         If Readercount=1 Then P(Writing);
         V(Mutex);
         .
         .
         .
          Hier wird gelesen, evtl. mehrere Leser gleichzeitig...
         .
         .
         .
         P(Mutex);
         Readercount:=Readercount-1;
         If Readercount=0 Then V(Writing);
         V(Mutex);
  End;
Procedure Writer;
  Begin  P(Writing);
         .
         .
         .
          Hier wird geschrieben, genau ein Schreiber...
         .
         .
         .
         V(Writing);
  End);
```

Bei dieser Lösung sind die Schreiber durch P(Writing) blockiert, wenn Readercount>0 gilt, wenn also noch mindestens ein Leser aktiv ist. Das Semaphor Mutex ("mutual exclusion") dient nur dazu, die Anweisungen zur Veränderung und Inspektion von Readercount als kritischen Abschnitt zu schützen. Offensichtlich kann bei dieser Lösung durch zu häufige Reader-Aktivitäten der Fall eintreten, daß Readercount über lange Zeiträume größer als 0 ist. Dadurch werden alle Schreiber blockiert, wodurch eventuell dringend erforderliche Änderungen der Information unterbleiben.

Bei der zweiten Lösung zum Leser-Schreiber-Problem wird deshalb festgelegt, daß die Anmeldung zum Schreiben (durch einen Writer) dazu führt, daß keine Leser mehr zugelassen werden, bis alle Schreiber fertig sind:

```
Var Mutex1, Mutex2, Mutex3, Readr, Writing:Semaphor;
    Readercount, Writercount:Integer;

Procedure Reader;
  Begin
    P(Mutex3);P(Readr);P(Mutex1);
      Readercount:=Readercount+1;
      If Readercount=1 Then P(Writing);
    V(Mutex1);V(Readr);V(Mutex3);
    .
    .
    .
     Lesen, eventuell mehrere Leser gleichzeitig...
    .
    .
    .
    P(Mutex1);Readercount:=Readercount-1;
    If Readercount=0 Then V(Writing);
    V(Mutex1);
  End;

Procedure Writer;
  Begin
    P(Mutex2);Writercount:=Writercount+1;
              If Writercount=1 Then P(Readr);
    V(Mutex2);
    P(Writing);
    .
    .
    .
     Schreiben, höchstens ein Schreiber ...
```

```
    .
    .
    .
    V(Writing);
    P(Mutex2);Writercount:=Writercount-1;
            If Writercount=0 Then V(Readr);
    V(Mutex2);
  End;
```

Die Aufgaben der einzelnen Semaphor-Variablen sind:

Mutex1: Schutz der Readercount-Manipulation,
Mutex2: Schutz der Writercount-Manipulation,
Readr: Anhalten der Reader, wenn Writer angemeldet sind,
Writing: Schreibkontrolle,
Mutex3: Verhindert, daß Readr mehr als einen Prozeß blockiert. (Sonst könnten durch die P(Readr)-Operation im Writer gewisse Writer für längere Zeit blockiert werden.)

Auch diese zweite Lösung hat einen gravierenden Nachteil, wenn sie in der Praxis eingesetzt wird: Wenn die Schreiberaktivitäten stark zunehmen, werden die Leser vollständig vom Lesen verdrängt, was praktisch einem Systemzusammenbruch gleichkommt. Durch Gliederung der Information in mehrere Schutzbereiche (statt eines großen Bereiches) und evtl. durch zusätzliche Planungsmaßnahmen (Scheduling), z.B. regelmäßiges Wechseln zwischen Leser- und Schreiberzyklen, kann dieses Problem entschärft werden.

Zugriff mehrer Prozesse auf Engpaß-Betriebsmittel

Bei der gewöhnlichen Definition der V-Operation wird bewußt darauf verzichtet, irgendeine Strategie für die Auswahl des zu entblockierenden Prozesses aus der Warteschlange vorzugeben. Das verursacht gelegentlich etwas umständliche Lösungen, wenn Prozesse sicher vor einem Steckenbleiben in solchen Warteschlangen bewahrt werden sollen. So kann z.B. bei zu intensivem Schreiber-Betrieb ein einzelner Schreiber-Prozeß zufällig das traurige Schicksal erleiden, daß er in der Warteschlange des Semaphores Writing gefangen bleibt, während andere Writer aus der Schlange laufend zum Zuge kommen. Wenn z.B. n verschiedene Prozesse Informationen auf einem Terminal ausgeben wollen, so kann das Problem zunächst mit einem Semaphor Mutex gelöst werden:

```
Procedure N_Schreiber;
Begin...P(Mutex);Schreiben;V(Mutex);...End;
```

Diese Lösung erlaubt also keine betriebsstrategischen Aussagen, falls das Betriebsmittel "Terminal" zu einem Engpaß wird.

Bei vielen Entwurfsaufgaben wird es daher sinnvoll sein, über die Warteschlangen-Strategie der Operationen P und V zusätzliche Annahmen zu machen, z.B.

FIFOV( ): entblockiert den Prozeß aus der Warteschlange, der am längsten blockiert ist,
PRIOV( ): entblockiert den Prozeß mit höchster Priorität.

Grundsätzlich können bei solchen strategischen Entscheidungen alle vorhandenen Prozeßattribute wie z.B. Speicherbedarf, verbrauchte CPU-Zeit usw. in die Waagschale geworfen werden. Bei Festlegung auf die FIFO-Strategie würde die Lösung des N-Schreiber-Problems einfach lauten:

```
Global Var Mutex:Semaphor;
Procedure N_Schreiber;
Begin...P(Mutex);Schreiben...;FIFOV(Mutex);...End;
```

2.3.3 Event-Variable

Event-Variable sind in mancher Beziehung vergleichbar mit Semaphor-Variablen. Als Datenstruktur ist vereinbart:

```
Type Event = Record Happened:Boolean;
                    Waitlist:↑Prozeßleitblock;
             End;
```

Dazu kommen folgende exklusiv und unteilbar (also als kurze kritische Abschnitte) auszuführende Operationen:

```
Procedure Cause(Var E:Event);
  Begin E.Happened:=True;
        Alle in E.Waitlist enthaltenen blockierten Prozesse werden
        deblockiert und aus der Waitlist entfernt.
  End;
Procedure Reset(Var E:Event);
  Begin E.Happened:=False; End;
Procedure Wait(Var E:Event);
  Begin If E.Happened=False Then
```

```
      Begin Blockiere den das Wait ausführenden Prozeß und füge ihn
            in E.Waitlist ein;
      End;
  End;
Procedure Waitreset(Var E:Event);
  Begin Wait(E); Reset(E); End;
```

nicht unbedingt notwendig!

In Abb. 2.3-5 ist eine Lösung für das Erzeuger-Verbraucher-Problem mit weitgehender Parallelarbeit angegeben. Man erkennt eine gewisse Analogie zu der entsprechenden Lösung mit Semaphoren, vergleiche 2.3.2.

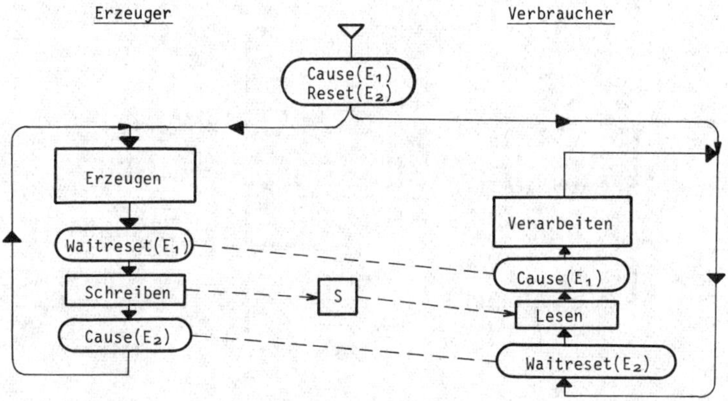

Abbildung 2.3-5:

Erzeuger-Verbraucher-Modell mit Parallel-Arbeit, synchronisiert mit 2 globalen Event-Variablen, E_1 und E_2.

Bei Verwendung des Event-Konzepts können durch geringe Ergänzungen Programmstrukturen ähnlich wie bei der Interrupt-Mechanik erzeugt werden. Auch in einem anderen Zusammenhang sind die Events von Bedeutung, nämlich bei der Formulierung sogenannter Koroutinen. Zwei an sich eigenständig arbeitende sequentielle Prozesse werden als Koroutinen bezeichnet, wenn die Prozesse sich gegenseitig aktivieren und blockieren in einer solchen Weise, daß zu keinem Zeitpunkt mehr als einer der Prozesse aktiv ist. Wichtig ist dabei die (bis zum Wait(Selbst) unteilbar auszuführende) Operation Continue(E):

```
Procedure Continue(Var Selbst,Partner:Event);
  Begin Cause(Partner); Waitreset(Selbst);
  End;
```

Wenn nun für zwei Prozesse A und B die Event-Variablen EA und EB bereitstehen, so kann z.B. programmiert werden:

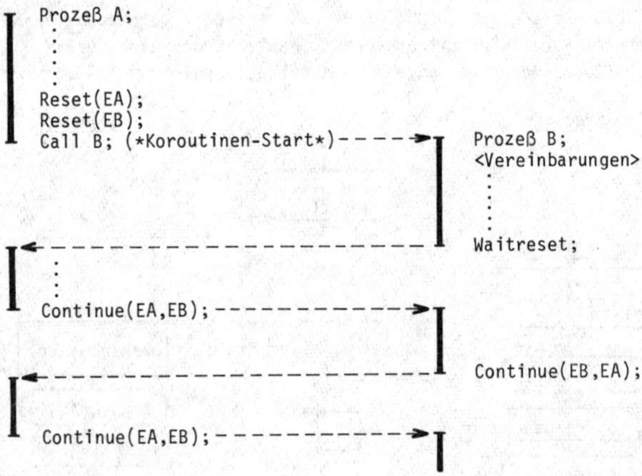

Koroutinen sind z.B. bei sehr flexiblen Dialogsystemen als Strukturierungshilfsmittel sehr wertvoll, da bei manchen Dialogen der Benutzer nicht nur mit einem einzigen Prozeß kommunizieren will, sondern mehrere als Koroutinen ablaufende Prozesse benötigt. Dieser von F.-P. Schmidt-Lademann (1975) erstmals klar formulierte Gedanke wird z.B. einsichtig, wenn z.B. neben einem gewöhnlichen interaktiven Anwendungsprogramm noch ein Tischrechner betrieben werden soll, der Variablen-Werte und sonstige vom Benutzer definierte Rechenfunktionen nicht vergißt, auch wenn das Anwendungsprogramm zwischenzeitlich wieder betrieben wird. Das Continue-Kommando hätte dabei die Aufgabe, das gerade aktive Dialogsystem vorübergehend zu verdrängen und ein anderes, früher verdrängtes System wieder zu reaktivieren. Die Bedeutung von Prozessen als Objekte des Dialogs wird auch in Nagler (1980) und Persson (1982) hervorgehoben.

Es darf noch angemerkt werden, daß Koroutinen selbstverständlich auch ohne Prozeßoperationen, also nur innerhalb eines sequentiellen Prozesses, modelliert werden können (z.B. in SIMULA), da zu keinem Zeitpunkt echte Parallelarbeit vorgesehen ist. Allerdings ist für jede Koroutine ein eigener Variablenkeller zu führen, wofür nur wenige Programmiersysteme eingerichtet sind (siehe aber z.B. UCSD-Pascal Version 4).

2.3.4 Nachrichten-Warteschlangen

Die bisher besprochenen Synchronisier-Hilfsmittel sind im Grundsatz geeignet, auch die Kommunikation zwischen Prozessen ordnungsgemäß zu modellieren - Lösungen für das Erzeuger-Verbraucher-Problem zeigen dies. Jedoch sind die resultierenden Programme ziemlich unstrukturiert und unübersichtlich, insbesondere wenn nur Semaphor-Variable zur Verfügung stehen. Außerdem ist es bei komplexeren Betriebssystemen stets mit zusätzlichen Schwierigkeiten verbunden, gemeinsam zu benutzende Speicherbereiche auszuweisen und an die kommunikationswilligen Prozesse zu verteilen sowie konsistent zu verwalten, man denke z.B. an Systeme mit virtueller Adressierung.

Alle genannten Probleme sind durch Nachrichten-Warteschlangen im wohlstrukturierter Form zu lösen und praktisch alle Multiprogramming-Betriebssysteme verfügen über entsprechende Einrichtungen, damit Prozesse problemlos miteinander Nachrichten und auch größere Informationsmengen austauschen können. Zunächst sind zwei Datenstrukturen zu unterscheiden:

```
Type Message = Record Link:↑Message;
                      Text:Array[1..n] of Char;
               End;
```

Die Nachricht selbst wird in dem Feld Text Zeichen für Zeichen codiert, der Empfänger-Prozeß muß natürlich wissen, wie er diesen Text interpretieren soll.

```
Type Queue = Record Mutex:Semaphor;
                    Signal:Event;
                    Next,Last:↑Message;
                    N:Integer;
             End;
```

Ein konkretes Objekt der Art Queue (=Nachrichten-Warteschlange) kann man sich wie in Abb. 2.3-6 vorstellen.

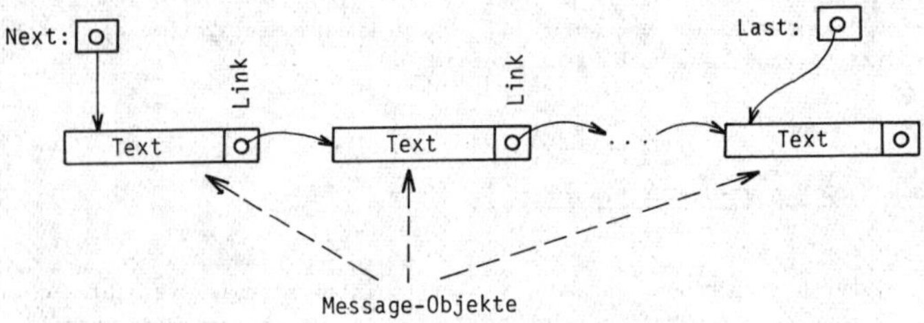

Abbildung 2.3-6:

Struktur einer Nachrichten-Warteschlange.
Nicht dargestellt sind die Semaphor- sowie die Event-Variable.

Die Semantik der wichtigsten Operationen für die Datentypen Message und Queue kann wie folgt präzisiert werden:

Einfügen einer Nachricht in eine Warteschlange

```
Prozedure Insert(M:↑Message;Var Q:Queue);
  Begin P(Q.Mutex); M.Link:=Nil;
    If Q.N>0 Then Q.Last.Link:=M Else Q.Next:=M;
    Q.Last:=M; Q.N:=Q.N+1; Cause(Q.Signal);
    V(Q.Mutex);
  End;
```

Die Nachricht M (Message) wird also in der Nachrichtenschlange Q eingefügt, und zwar am Ende von Q. Die Insert-Funktion kann von mehreren Prozessen gleichzeitig ausgeführt werden, ist deshalb - für ein einzelnes Queue-Objekt betrachtet - ein kritischer Abschnitt und muß folglich durch das Semaphor Q.Mutex des Queue-Objektes geschützt werden.

Auslesen einer Nachricht aus einer Warteschlange

```
Procedure Readmessage(Var Q:Queue;Var M:↑Message; Var Erfolg:Boolean);
Begin P(Q.Mutex);
  If Q.N>0 Then Begin M:=Q.Next; Q.Next:=Q.Next.Link;
                      M.Link:=Nil; Q.N:=Q.N-1;
                      If Q.N=0 Then Reset(Q.Signal);
                      Erfolg:=True;
                End
```

```
          Else Erfolg:=False;
V(Q.Mutex);
End.
```

Wir unterstellen, daß die Verweise Q.Next und Q.Last ungültig sind, wenn Q.N=0 gilt.

Warten auf Eintreffen von Nachrichten

```
Procedure Hold(Var Q:Queue);
  Begin Wait(Q.Signal); End;
```

Prüfen der aktuellen Länge einer Nachrichten-Warteschlange

```
Function Length(Q:Queue):Integer;
  Begin P(Q.Mutex); Length:=Q.N; V(Q.Mutex); End;
```

Bei praktischen Realisierungen innerhalb eines Betriebssystems sind meist noch weitere Attribute wie z.B. Prioritäten von Messages sowie eine größere Zahl von Operationen erforderlich. Bei der Implementierung ist zu beachten, daß die tatsächliche Speicherung von Queues und Messages nicht im Speicherbereich einzelner Prozesse, sondern in einem zentral geführten Queue- und Nachrichten-Speicher erfolgt, den das Betriebssystem verwaltet und kontrolliert. Ähnlich wie bei anderen Prozeßverwaltungs- und Prozeßsynchronisier-Hilfsmitteln sind viele Fragen zu Lebensdauer, Identifikation, Gültigkeitsbereich, Prozeßanbindung und Abkopplung usw. zu bewältigen.

Wie segensreich die Nachrichten-Warteschlangen in der Praxis sind, erkennt man z.B. an der folgenden extrem einfachen und dennoch sehr leistungsfähigen Lösung für das Erzeuger-Verbraucher-Problem:

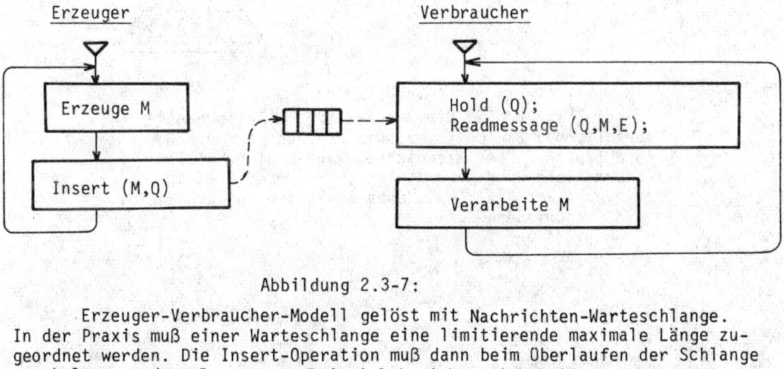

Abbildung 2.3-7:

Erzeuger-Verbraucher-Modell gelöst mit Nachrichten-Warteschlange. In der Praxis muß einer Warteschlange eine limitierende maximale Länge zugeordnet werden. Die Insert-Operation muß dann beim Überlaufen der Schlange angehalten werden. In unserem Beispiel beziehen sich beide Prozesse auf eine global vereinbarte Queue-Variable Q.

Weitere Einzelheiten über Nachrichten-Warteschlangen findet man in Habermann (1976). Mit den Nachrichten-Warteschlangen, die auch "message queue", Botschaften-Kanäle, Botschaften-Warteschlangen, Telegramm-Warteschlangen, pipes (z.B. Unix) usw. bezeichnet werden, lassen sich leicht eine größere Zahl kommunizierender Prozesse modellieren. Die Abbildung 2.3-8 zeigt ein mögliches komplexeres System.

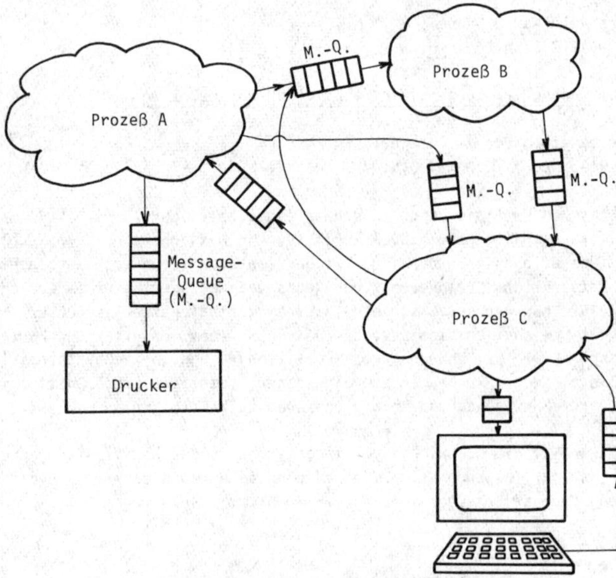

Abbildung 2.3-8:

Beispiel für ein in drei kooperierende Teilprozesse zerfallendes Dialogsystem. Die Prozesse und die Geräte tauschen über Nachrichten-Warteschlangen die Informationen und Nachrichten aus. Prozeß C liest aus insgesamt 3 verschiedenen Schlangen und schreibt in 3 verschiedene Schlangen.

Simulation Semaphorvar. durch Msgq:

P: If |MQ| = ∅ then Hold (MQ);
Read m (M, MQ, E);
If not E then
Erfolg

V: Insert (M,Q);

2.3.5 Prozeßsynchronisierung und Kommunikation in höheren Programmiersprachen

Selbstverständlich haben Vereinbarungen und Anweisungen zur Prozeßsynchronisierung und Kommunikation seit längerem auch Eingang in höhere, maschinenunabhängige Programmiersprachen gefunden. Das gilt insbesondere für solche Sprachen, die für technische Meß-, Regel- und Steuerungsaufgaben konzipiert sind wie z.B. PEARL, Prozeß-BASIC und Prozeß-FORTRAN.

Wenn eine Sprache die Programmierung eines nichtsequentiellen Prozeßsystems zuläßt, so sind in der Regel auch Anweisungen für die Beeinflussung von Prozessen und deren Synchronisation vorgesehen. Sofern es sich dabei um Semaphore, Events und Message-Warteschlangen im Sinne der Abschnitte 2.3.1 bis 2.3.4 bzw. um ähnliche Hilfsmittel handelt, spricht man heute eher von elementaren Synchronisier-Hilfsmitteln, weil inzwischen auch einige weitergehende Konzepte bekannt sind.

Beispiel: Prozesse in Extended ALGOL und DC-ALGOL

Die auf Großrechnern von Burroughs implementierten höheren Programmiersprachen E-ALGOL (E=Extended) und DC-ALGOL (DC=Data Communications) sind repräsentativ für Sprachen mit reichhaltigen Möglichkeiten der Prozeßsteuerung, allerdings auf elementarem Niveau:

- Variable des Typs Task nehmen Prozeßleitblöcke mit jeweils mehr als 20 Prozeßattributen auf und repräsentieren unabhängig ablaufende Prozesse, die Prozeßattribute sind zum Teil zugreifbar und veränderbar.

- Jede Prozedur kann mit der PROCESS-Anweisung als unabhängig ablaufender Prozeß gestartet werden, falls dies sinnvoll erscheint.

- Solche Prozesse können durch globale Variable mit dem Vater-Prozeß und mit OWN-Variablen untereinander Daten austauschen.

- Für Synchronisationszwecke stehen sogenannte Event-Variable zur Verfügung und ein umfangreicher Satz von Operationen.

- Jede Event-Variable enthält eine Semaphor-Variable wie in 2.3.2 beschrieben, eine Event-Variable wie in 2.3.3 beschrieben sowie eine an Events angekoppelte Liste von Interrupt-Prozeduren, die durch Auslösen des Events (Cause-Function) aktiviert werden und die jeweiligen Vater-Prozesse (in denen die Interrupt-Prozeduren untergebracht sind) unterbrechen.

- Jeder neu gestartete Prozeß wird als Einzelprozeß auf Betriebssystemebene geführt und erhält demgemäß eine neue, unverwechselbare Task-Nummer.

Die genannten Konzepte von E-ALGOL werden bei DC-ALGOL noch um Message-Queues erweitert, wobei aber unsere Nachrichten-Warteschlangen aus Abschnitt 2.3.4 durch verschiedene Zusätze wie z.B. das Vorrang-Attribut (Prioritäten) für Messages an die Erfordernisse kommunikationsstarker Großrechnersysteme angepaßt werden. Innerhalb des Betriebssystems MCP von Burroughs spielen die Message-Queues auch eine zentrale Rolle für alle Aufgaben der Kommunikation zwischen Prozessen und auch zwischen Einzelprozeß und Betriebssystem. Für die Handhabung von Koroutinen stehen in E-ALGOL ebenfalls verschiedene Operationen zur Verfügung, sie werden mit der CALL-Anweisung gestartet.

Das Monitor-Konzept

Wenn komplexere Prozeßsysteme nur mit P-V-Operationen auf Semaphor-Basis strukturiert werden müssen, entstehen in der Regel unübersichtliche und schwer zu durchschauende Programme. Daher erscheint es sinnvoll, nicht nur Standard-Prozeduren, sondern syntaktische Struktur in die Programmiersprachen aufzunehmen, um Prozeßbeziehungen transparenter und besser überprüfbar zu machen. Ein Schritt in diese Richtung stellt das Monitor-Konzept dar, welches von Brinch-Hansen (1977) und Hoare (1974) entwickelt und in Concurrent Pascal implementiert wurde.

Eine Lösung des ersten Leser-Schreiber-Problems (vergleiche Abschnitt 2.3.2) kann in Anlehnung an Concurrent Pascal wie folgt gegeben werden:

```
  READERS: Begin Startread;(*reading*) Endread; End;
  WRITERS: Begin Writing; End;

Monitor Var Readercount:Integer;
            Writerqueue:Queue;
Entry Proc Startread; Readercount:=Readercount+1;
Entry Proc Endread;
  Begin Readercount:=Readercount-1;
        If Readercount=0 Then Continue(Writerqueue);
  End;
Entry Proc Writing;
  Begin If Readercount>0 Then Delay(Writerqueue);
        (*...Writing...*)
        Continue(Writerqueue);
  End;
Readercount:=0; (*Initialisierung*)
End (*Monitor*).
```

Der Monitor definiert einen kritischen Abschnitt, in dem sich stets höchstens ein aktiver Prozeß aufhalten kann. Nur die Entry-Prozeduren sind von außen aufrufbar, auch die lokalen Variablen des Monitors - es handelt sich um OWN-Variable - können nur innerhalb des Monitors zugegriffen und verändert werden. Objekte der Art Queue sind Warteschlangen für Prozesse. Mit der Prozeßoperation Delay(S) inaktiviert sich der ausführende Prozeß und wird in die Schlange S (üblicherweise FIFO-verwaltet) abgelegt. Ein Continue(S) bewirkt die Reaktivierung des am längsten in S abgelegten Prozesses bzw. bewirkt bei leerer Schlange S gar nichts. Die Prozeßsynchronisation kann also ohne die manchmal unübersichtlichen Semaphor-Variablen programmiert werden. Das Monitor-Konzept wurde insbesondere auch durch Concurrent Pascal und das Solo-Betriebssystem von Brinch-Hansen (1976) bekannt. (In Concurrent Pascal vermag eine Queue-Variable nur höchstens einen Prozeß zu puffern.)

Das Rendez-Vous von Ada

Da die lokalen Variablen eines Monitors als Own-Variable implementiert werden müssen, liegt der Gedanke nahe, den Monitor als eigenständigen Prozeß aufzufassen. Dieser Gedanke wird in Ada weiterentwickelt, indem jeder Prozeß (Task) Monitor-Eigenschaften entwickeln kann. Die Entry-Prozeduren von Concurrent Pascal werden in der syntaktischen Gestalt

```
Accept Startread Do
  Readercount:=Readercount+1
End
```

definiert und als zusammengesetzte Anweisung aufgefaßt. Die Aufrufe der Accept-Anweisungen, die von äußeren Prozessen ausgehen, können in verschiedener Weise vom Empfängerprozeß (Monitor) ausgewählt werden, wozu hauptsächlich die Select-Anweisung dient. Beim Ada-Rendezvous muß also der Monitor-Prozeß stets auch seine Bereitschaft feststellen, die von außen kommenden Aufrufe der Accept-Anweisungen anzunehmen, was interessante zusätzliche Kontrollmöglichkeiten ergibt. Die zur vorhergehenden Monitor-Lösung äquivalente Lösung des ersten Reader-Writer-Problems in Ada (siehe Ada (1982)) lautet z.B. wie folgt:

```
task Monitor is
    entry Startread;
        entry Endread;
        entry Writing;
      end;
      task body Monitor is
        Readercount:Integer:=0;
```

```
begin
  loop
    select
      accept Startread Do Readercount:=Readercount+1;
      end;
    or
      accept Endread Do Readercount:=Readercount-1;
      end;
    or
      when Readercount=0 =>
      accept Writing Do - - Write here
      end;
    end select;
  end loop;
end Monitor;

- - Leser:
    Monitor.Startread; - - Lesen
    Monitor.Endread;

- - Schreiber:
    Monitor.Writing;
```

Man erkennt bei dieser Lösung als wichtigsten Fortschritt, daß die Prozeßwarteschlange nicht mehr explizite in Erscheinung tritt. Komplizierte Zugriffsbedingungen zu entry-Prozeduren (=accept-Anweisungen) können durch die when-Bedingungen für accept-Anweisungen erledigt werden. Damit kann die Handhabung von Prozessen ganz ohne explizite Prozeß-Objekte, Warteschlangen, Semaphore usw. erfolgen, womit auch die Möglichkeiten für die Programm-Verifikation deutlich verbessert werden. Man darf dabei aber nicht übersehen, daß interne Prozeßhandhabungsmechanismen wie Queues, Semaphore usw. selbstverständlich bei der Code-Erzeugung für Ada erforderlich sind und in einigen Situationen sicher Probleme aufwerfen werden.

Die meisten Lehrbücher über Betriebssysteme enthalten heute auch recht ausführliche Abhandlungen über die Prozeßsynchronisation und Kommunikation, man vergleiche z.B. Habermann (1976), Brinch-Hansen (1977) und Wettstein (1980). Eine vergleichende Übersicht gibt auch Andler (1979). Die Prozeßsynchronisation bei höheren Programmiersprachen wird auch von Schneider (1981) und Winkler (1979) behandelt. Bryant und Dennis (1979) bringen Programmbeispiele mit verschiedenen primitiven Synchronisationsoperationen.

2.4 DATENÜBERTRAGUNG

2.4.1 Allgemeine Eigenschaften von Datenübertragungssystemen

Kommunikative Schnittstellen mit ausgeprägter Transparenz begegnen uns vor allem bei Datenübertragungseinrichtungen. Hier stehen die kommunikativen Aspekte ganz stark im Vordergrund, während die Verarbeitung der Daten meist von der Kommunikation losgelöst erfolgt.

Bevor einige in der Praxis häufig benutzte Schnittstellen für die Datenübertragung näher beschrieben werden, sollen die wichtigsten Parameter und Charakteristiken von Datenübertragungssystemen zusammengestellt werden.

Verhältnisse zwischen Sender- und Empfänger-Stationen

Wir können zunächst zwischen Sender-, Empfangs- und Sender-Empfänger-Stationen unterscheiden. Als nächster sehr wichtiger Parameter ist die Gesamtzahl der innerhalb eines Kommunikationssystems beteiligten bzw. aktiven Stationen zu nennen. Im Falle eines logisch starren Systems ist diese Gesamtzahl fixiert, bei dynamischen Systemen kann sich die Zahl der augenblicklich beteiligten Stationen dauernd ändern, z.B. bei Wähl-Verkehr zwischen den Stationen. Abgesehen von gewissen Sonderanwendungen und Verwaltungstätigkeiten, bei denen z.B. die Netzsteuereinheit simultan an alle Teilnehmer Befehle ausschicken muß, wird logisch meist eine Punkt-zu-Punkt-Verbindung hergestellt. Das bedeutet, daß ein aktiver Sender die Information an genau einen aktiven Empfänger schickt. Hierbei unterscheidet man zwischen Simplex-, Halbduplex- und Vollduplex-Betrieb. Beim Simplex-Betrieb kann der Sender nur senden und der Empfänger nur empfangen, die Rollen dürfen also nicht getauscht werden. Beim Halbduplex-Betrieb hat zu jedem Zeitpunkt genau einer der beiden Teilnehmer das Senderecht und darf senden. Beim Vollduplex-Betrieb dürfen beide Stationen simultan an die Gegenseite Information abschicken. (Das in Abschnitt 2.3 mehrfach betrachtete Erzeuger-Verbraucher-Modell realisiert eine mögliche Form des Simplex-Betriebes.)

Leitungs-Topologie

Die Leitungs-Topologie beschreibt die zwischen den möglichen Stationen bestehenden - nicht notwendigerweise betriebenen - Übertragungswege. Insbesondere bei Bus-Systemen findet man viele Varianten, z.B. die lineare Topologie, die Ring-Topologie und die Stern-Topologie. Netze mit dynamisch sich ändernder Teilnehmerzahl haben ähnlich wie das Telefon-System meist eine Multi-Stern-Topologie, siehe Abbildung 2.4-0.

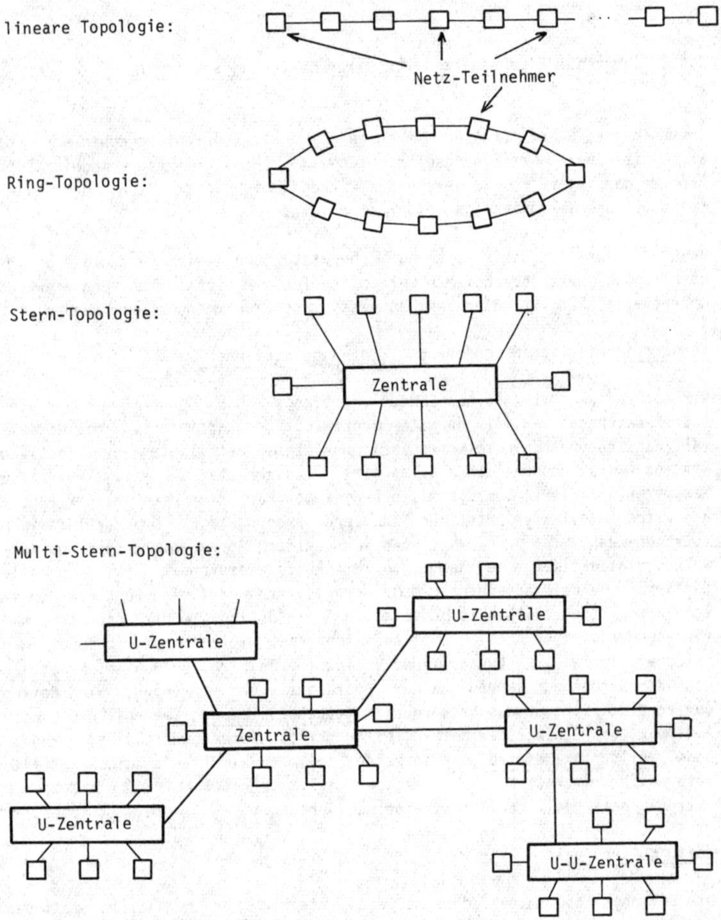

Abbildung 2.4-0:

Typische topologische Anordnungen von Übertragungswegen in einem Kommunikationsnetz. Die jeweils gewählte Topologie hat Einfluß auf die Übertragungskapazitäten, auf die Betriebsführung und auf die Leistungseinschränkungen beim Ausfall einzelner Systemteile.

Datenraten

Die Übertragungsrate zwischen einem Sender-Empfänger-Paar wird gewöhnlich in bit/s = Bits pro Sekunde angegeben. Geringe Datenraten bis 300 bit/s findet man im Fernschreibverkehr und bei langsamen Druckwerken, mittlere Datenraten von 600 bis 9600 bit/s z.B. bei Sichtschirm-Terminals. Schnellere Datenfernübertragung reicht bis etwa 50 kbit/s. Höhere Datenraten haben in der Praxis nur bei Spezialanforderungen (z.B. innerhalb des Datex-P-Netzes) eine Bedeutung, während im Nahbereich z.B. bei Parallel-Schnittstellen und Bus-Systemen, hier oft auch über größere Entfernungen, Datenraten jenseits von 10 Millionen bit/s oft vorkommen.

Dringlichkeiten

Die Dringlichkeit einer zu übertragenden Nachricht kann in erster Näherung durch die Zeit τ gemessen werden, für die Nachrichten verzögert werden dürfen, ohne das Gesamtsystem wesentlich zu beeinträchtigen. Bei schnellen Bus-Systemen im Nahbereich können sehr kleine Werte wie z.B. $\tau \approx 0.1\ \mu s$ vorkommen, beim Fernschreibverkehr wird oft $\tau \approx 60$ Sek. angemessen sein und beim Terminal-Dialog auf Zeilenbasis sollte eine Verzögerungszeit von einer Sekunde stets unterschritten werden, wobei dieser Wert nicht mit der Anwortzeit des Dialogsystems verwechselt werden darf.

Informationscodierung

Im Nahbereich kann ein einzelnes Bit z.B. durch eine elektrische Spannung (z.B. TTL-Niveau) auf einer Kupfer-Ader codiert werden, weil bei kurzen Leitungslängen die Treiberschaltung den Spannungspegel auf der Leitung hinreichend schnell verändern und stabilisieren kann. Der Wegfall aufwendiger Signalumformer (Modulatoren, Demodulatoren usw.) erlaubt auch die Bit-parallele Arbeitsweise (z.B. 8 Bit parallel, 32 Bit parallel). Bei der Bit-seriellen Übertragung wird ein Bit nach dem anderen auf die Übertragungsleitung gegeben, was gegenüber einer äquivalenten Bit-parallelen Anordnung zu einer Verringerung der Datenraten führt. Wenn die Codierung der Bits durch Spannungspegel wegen zu großer Entfernungen oder anderer Leitungseigenschaften (Transformatoren, Zwischenverstärker) nicht mehr funktioniert, muß mit Modulationsmethoden, also evtl. Umcodierung der Bits gearbeitet werden. Über große Entfernungen muß ohnehin versucht werden, die Daten auf ein einziges elektrisches Signal zu codieren, weil aus Kostengründen oft nur noch eine Kupferader bzw. ein Lichtleiter bzw. ein Signalpegel etc. zur Verfügung steht. Auf größeren Entfernungen wird also praktisch immer Bit-seriell übertragen.

Synchronisation und Quittungsverfahren

Die Synchronisation zwischen Sender und Empfänger muß sicherstellen, daß gesendete Information auch tatsächlich korrekt empfangen wird. Dabei unterscheidet man zwischen Synchronisation durch Zeitbedingungen und Synchronisation durch Quittung (Handshaking, Acknowledge etc.). Zeitbedingungen liegen z.B. vor, wenn Sender und Empfänger definierte Bit-Raten und Frequenzen vereinbart haben und einhalten müssen. Dies ist immer dann der Fall, wenn rücklaufende Quittungssignale zu langsam wären, also insbesondere beim Datenverkehr über mittlere und große Entfernungen. Dennoch wendet man Quittierung an, allerdings meist auf Protokoll-Ebene und so selten, daß die rücklaufende Information die Nutz-Übertragungsrate nicht wesentlich vermindert. Hingegen ist die total asynchrone Datenübertragung dadurch gekennzeichnet, daß der Empfang jedes einzelnen Bits durch ein Quittungssignal (Handshaking) bestätigt wird, so daß an der Schnittstelle keinerlei Zeitbedingungen zu beachten sind. (In Abschnitt 2.4.2 wird eine Schnittstelle mit elementarem Handshaking beschrieben.) Der Sender muß dabei auf Bit-Ebene einen Start-Stop-Betrieb durchführen. Letztlich kann man also feststellen, daß die Größe des zu quittierenden Blocks von einem Bit bis zu mehreren tausend Zeichen (bei Quittungen auf Protokollebene) ansteigen kann.

Fehlerrate, Fehlererkennung und Fehlerkorrektur

Bedingt durch unvermeidliche Störsignale kann die Informationsübertragung bei größeren Entfernungen nie völlig fehlerfrei gestaltet werden. Die technisch gegebene Fehlerrate wird mit dem Erwartungswert der Anzahl korrekt übertragener Bits bis zum nächsten Fehler spezifiziert, also z.B. 1 Fehlerbit auf 10^8 übertragene Bits. Durch redundante Kodierung zusammen mit einem Quittungssystem kann die Fehlerrate praktisch beliebig vermindert werden (Shannons Informationstheorie), allerdings auf Kosten von größeren Verzögerungen bei der Decodierung der Information. Shannons Hauptsatz der Informationstheorie besagt, daß die Kanalkapazität auch dann zu nahezu 100 % ausgenutzt werden kann, wenn auf dem (gestörten) Kanal mit sehr geringer Fehlerrate übertragen werden soll. Das ist aber nur möglich mit Codes von sehr großer Codewortlänge, was die direkte Anwendbarkeit von Shannons berühmtem Resultat sehr erschwert. In der Praxis werden daher die wohlbekannten, auf Hamming zurückgehenden fehlererkennenden und fehlerkorrigierenden Codes eingesetzt, insbesondere auch Blockparitäts-Bits und Block-Quersummen.

Kostenstruktur

Im Bereich der privaten, nichtöffentlichen Systeme ergibt sich die Kostenstruktur ganz ähnlich wie bei gewöhnlichen Investitionen, eine Gebühren-Struktur liegt meist nicht vor. Bei öffentlichen Netzen liegt eine Gebührenstruktur vor, so daß aus der gewünschten Anwendung erst die günstigste Datenübertragungslösung ermittelt werden muß. Wichtige Einflußparameter sind z.B.: Zeitdauer der Leitungsbelegung, Anschlußgebühren, Festleitungsgebühren, Menge der übertragenen Information usw.

Technische Realisierung der Datenübertragung

Die Übertragung von Daten zwischen Rechnern ist auf mancherlei Wegen möglich. In den folgenden Abschnitten kommen die am häufigsten vorkommenden Schnittstellen zur Sprache. Eine Übersicht bieten Anderson und Jensen (1975), Holler und Drobnik (1975) sowie mehr theoretisch ausgerichtet Thurber und Masson (1979). Aus unserer Sicht können die gängigen Techniken im wesentlichen in die beiden folgenden Haupt-Kategorien eingeteilt werden:

- Rechner-Rechner-Datenübertragung mit passivem Übertragungssystem, z.B. Bit-serielle Schnittstellen, Bit-parallele Schnittstellen, Rechner-Bus-orientierte Schnittstellen mit direkter Leitungskopplung und ohne bzw. mit Zwischenmodulation (Modem-Einsatz), Wählnetze.
- Rechner-Rechner-Datenübertragung durch eigenaktives Übertragungssystem, z.B. Kommunikations-Busse, Datenübertragungssysteme mit Zwischenspeicherung der übertragenen Information, Paket-Übertragungsnetze.

2.4.2 Eine einfache Parallel-Schnittstelle

Parallel-Schnittstellen geringer Komplexität findet man heute in großer Zahl bei kleinen Systemen auf Mikrorechner-Basis. Eine sehr einfache 8-Bit-Parallelschnittstelle kann wie folgt spezifiziert werden:
Die Schnittstelle besteht aus 11 voneinander isolierten elektrischen Leitungen wie in Abbildung 2.4-1 dargestellt und bezeichnet.

Das Bit 0 wird durch eine elektrische Spannung nahe 0 Volt und das Bit 1 durch eine Spannung nahe +5 Volt codiert, also mit den heute praktisch zum Standard gehörenden TTL-Potentialen L=Low ≈ 0 Volt und H=High ≈ 2.4..5 Volt. Das gilt insbesondere für die 8 Datenleitungen. Die beiden Steuerleitungen $\overline{\text{DataReady}}$ und $\overline{\text{DataAcknowledge}}$ befinden sich in Ruhezustand auf Potential H. Die Parallelübertragung eines Satzes von 8 Bit erfolgt durch ein Quittungssignal. Der Spannungsverlauf bei Übertragung des Bytes 01001111 ist in Abbildung 2.4-2 dargestellt, wobei verschiedene Phasen unterschieden werden.

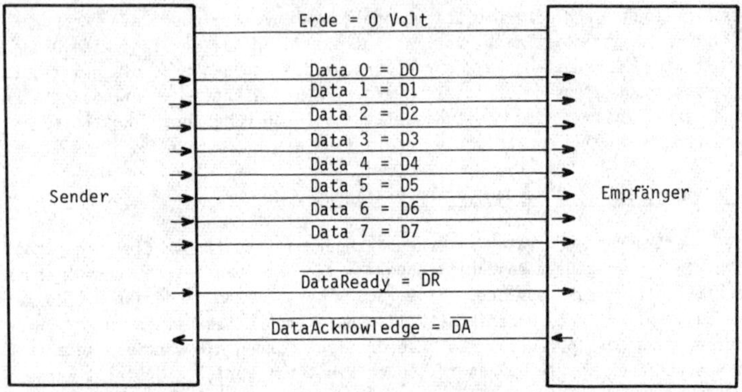

Abbildung 2.4-1:
Leitungen einer Parallel-Schnittstelle für Simplex-Datenübertragung

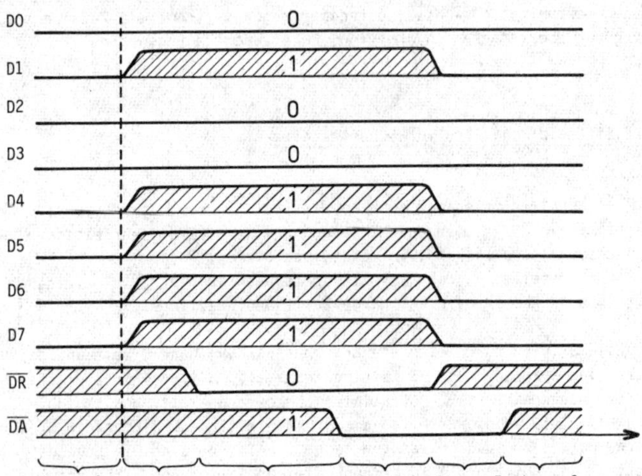

Abbildung 2.4-2:
Spannungsverlauf auf den Leitungen der Parallel-Schnittstelle bei Übertragung des Bytes 01001111, abgetragen über der Zeit.

Phase 1 und 6 kennzeichnen den Ruhezustand, in dem der Sender berechtigt ist, die Initiative für eine Byte-Übertragung zu ergreifen.

Phase 2: Sender aktiv, Informationsbits auf Datenleitungen bringen und stabilisieren, Fertigmeldung vom Sender an den Empfänger durch $\overline{DR}$->Low.

Phase 3: Empfänger aktiv, Abtasten und Übernahme der Informationsbits, nach Abschluß Fertigmeldung mit $\overline{DA}$->Low.

Phase 4: Sender aktiv, setzt Pegel $\overline{DR}$->High und gibt die Datenleitungen frei.

Phase 5: Empfänger aktiv, setzt Pegel $\overline{DA}$->High.

Dieses Zusammenspiel zwischen Sender und Empfänger ist an keine Zeitbedingungen geknüpft und stellt ein klassisches Quittungsverfahren auf Bit-Ebene (englisch handshaking) dar. Falls der Empfänger z.B. für längere Zeit nicht mehr empfangsbereit ist, so kann er Phase 3 oder auch Phase 5 beliebig ausdehnen. Andererseits hängt die schnellstmögliche Datenübertragung nur davon ab, wie schnell die Treibergatter die Leitungen auf unterschiedlichen Spannungspegel zu bringen vermögen. Es sind pro übertragenes Byte genau 5 Potentialänderungen nacheinander abzuwickeln, was z.B. bei 10 Nano-Sekunden für einen Potentialwechsel etwa 50 nS für das übertragene Byte ergibt. Eine solche Schnittstelle könnte also bis zu 160 Millionen bit/s übertragen. Wird jedoch das Verbindungskabel zwischen Sender und Empfänger verlängert, so müssen Signallaufzeiten und Einschwingverhalten berücksichtigt werden. Bei einer Leitungslänge von 1km muß mit einer realen Laufzeit von 5 µs gerechnet werden, was die maximal erzielbare Daten-Rate auf 320 bit/s begrenzt. Handshaking auf Bit-Basis bringt also nur im Nahbereich gute bis sehr gute Übertragungsleistungen.

In der angegebenen Gestalt ist die Parallelschnittstelle nur für wenige Aufgaben brauchbar, weil der Sender nur das $\overline{DA}$-Signal vom Empfänger erhält, was aber keinen Informationsrückfluß vom Empfänger an den Sender zuläßt. Wenn z.B. ein Drucker mit einer solchen Parallel-Schnittstelle angesteuert werden würde, so könnten keine Fehlermeldungen vom Drucker wie z.B. "Papier aus", "Übertragungsfehler, Bit-Parität" usw. zurückgemeldet werden. In der Praxis enthalten Parallel-Schnittstellen daher neben den Handshaking-Leitungen noch weitere Signal- und Steuerleitungen.

2.4.3 Bus-Systeme

Das funktionsgerechte Zusammenschalten von Prozessoren, Arbeitsspeicher, externen Speichern wie Platten und Bandeinheiten und sonstigen externen Geräten zu einem Rechnersystem erfordert die Realisierung einer größeren Anzahl von kommunikativen Schnittstellen zwischen den Geräten. Dabei interessieren insbesondere solche Lösungen, bei denen jedes Gerät praktisch über die gleiche Schnittstelle verfügt (einfaches Anhängen, Abtrennen und Auswechseln unterschiedlicher Geräte mit einer einheitlichen Steckverbindung) und jedes Gerät mit jedem anderen im Prinzip Nachrichten austauschen kann. Eine in der Praxis weit verbreitete Lösung des Problems bietet das Bus-Konzept. Eine gute allgemeine Einführung liefern Thurber und Masson (1979).

Bus-Schnittstellen unterscheiden sich von gewöhnlichen Parallel-Schnittstellen dadurch, daß keine festgeschriebene, sondern eine dynamisch sich ändernde Sender-Empfänger-Beziehung realisiert wird. Eine Vielzahl von Teilnehmern kann dabei über meist gemeinsam benutzte Datenleitungen miteinander Informationen austauschen, und zwar mit verhältnismäßig hohen Datenraten und zum Teil kurzen bis sehr kurzen Einzelnachrichten. Das hat zur Folge, daß die Bus-Steuerung und die Kommunikationsprotokolle meist recht komplex und wenig durchsichtig sind. Wegen der oft angestrebten hohen Übertragungsraten wird zumindest bei rechnerinternen Bussen die Bit-parallele Informationscodierung mit Handshaking gewählt. Bei Bussen für lokal verteilte Systeme (ohne Einschaltung öffentlicher Kommunikationsnetze) müssen auch etwas größere Entfernungen überbrückt werden können. Konsequenz: Modulation der Daten auf ein oder zwei Signale, Zeitbedingungen erlauben das korrekte Decodieren, Quittungen werden nur noch für größere Datenblöcke gegeben. Das bekannte Ethernet-Kommunikations-System ist gemäß diesen Regeln aufgebaut.

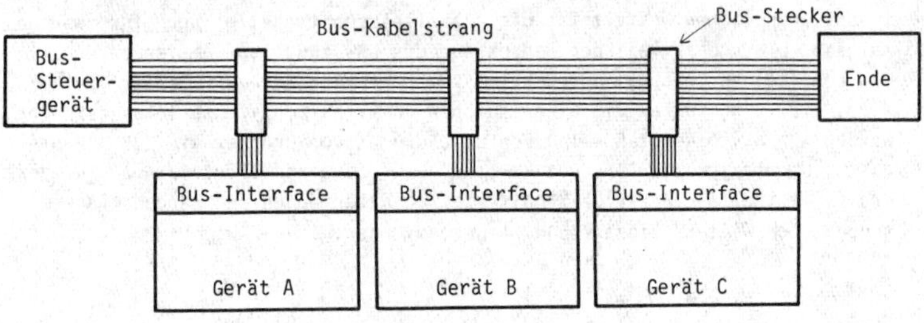

Abbildung 2.4-3:
Das Bus-Prinzip (lineare Bus-Topologie)

Der wichtigste Vorteil des Bus-Konzeptes besteht darin, daß mit mäßigem Hardware-Aufwand bereits hohe Übertragungsleistungen erreichbar sind und daß mit genormten Steckverbindungen willkürlich Geräte dazugeschaltet oder weggenommen werden können (Baukastensystem, nur ein einziger Steckertyp).

Beispiel: Der IEC-Bus

Als konkretes Beispiel für eine Bus-Schnittstelle beschreiben wir den auch international im Normungsprozeß befindlichen IEC-Bus, siehe DIN IEC 66.22 (1976). Er wurde im April 1975 vom Institute of Electrical and Electronic Engineers (IEEE) veröffentlicht. Mit einer endgültigen internationalen Normung ist zu rechnen. Der IEC-Bus ist relativ weit verbreitet, insbesondere auf dem Meßgeräte-Sektor und bei Mikroprozessor-Systemen. Der Bus besitzt zur Datenübergabe 8 Daten-Leitungen; 5 Leitungen für Steuerfunktionen und 3 Leitungen für das Quittungsverfahren (Abbildung 2.4-4). Alle Teilnehmer dieses Busses sind zunächst gleichberechtigt.

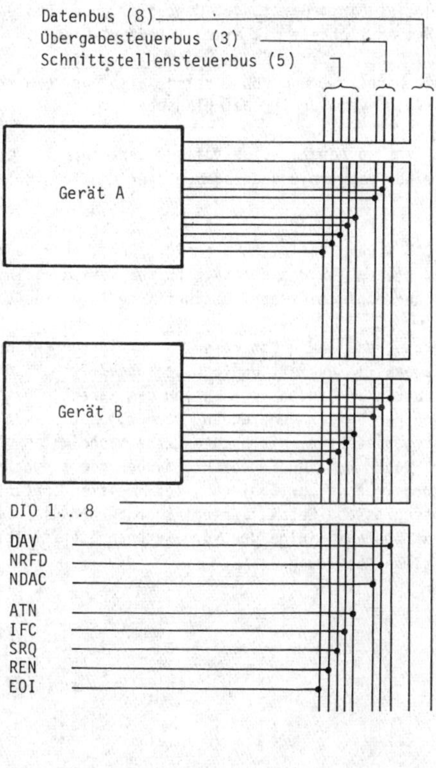

Abbildung 2.4-4:

Schematischer Überblick über den IEC-Bus.

Einer der Teilnehmer muß jedoch die sogenannte Controler-Funktion ausüben, wozu in der Regel wohl nur ein angeschlossener Rechner in Frage kommt. Der Controler hat die Fähigkeit, Geräteadressen, Universalbefehle und adressierte Befehle über den Bus an andere Geräte zu senden. Wenn mehr als ein Gerät im Bus über diese Fähigkeiten verfügt, darf nur jeweils eines die Steuerfunktion auch ausüben, weil sonst Konflikte unvermeidlich wären.

Fünf Adern des Leitungsbündels stehen für die Bus-Steuerung zur Verfügung:

ATN: Attention wird vom Controler verwendet, um anzugeben, wie die Daten auf den Datenleitungen DIO1...DIO8 auszuwerten sind, d.h., welche Befehle damit verbunden sind.

IFC: Interface Clear auf 1-Zustand gesetzt überführt alle Geräte in den Grundzustand.

SRQ: Service Request ermöglicht es einem Gerät, dem Controler den Bedienwunsch mitzuteilen und hat Ähnlichkeit mit einem Interrupt-Signal.

REN: Remote Enable erlaubt die Fernsteuerung von Geräten, also das vorübergehende Abkoppeln von Geräten vom Bus als Befehlsgeber.

EOI: End or Identify wird vom augenblicklich tätigen Sprecher (Talker) verwendet, um das Ende einer Übertragung anzugeben oder vom Controler um Abfragen durchzuführen.

Drei weitere Adern, nämlich DAV = Data Valid, NRFD = Not Ready For Data und NDAC = Not Data Accepted stehen für das Handshaking zur Verfügung, was hier etwas anders als bei einer einfachen Parallelschnittstelle verläuft.

Der Bus arbeitet in der Regel so, daß der Controler durch Steuerbefehle ein Gerät zum Sprecher (Speaker) erklärt und gewisse andere Geräte die Hörer-Funktion (Listener) ausüben. Danach können von dem Sprecher Byte-Sequenzen ausgeschickt und von den Hörern empfangen werden. Der relativ große Vorrat von ca. 50 Steuerbefehlen, die auch externe Nachrichten genannt werden, ergibt sich dadurch, daß die Datenleitungen nicht nur für Geräte-Adressen und Daten, sondern auch zur Codierung der meisten Befehle mitbenutzt werden. Jedes angeschlossene Gerät verfügt darüberhinaus über eine interne Steuerung, die wenigstens einige der vorgesehenen Schnittstellenfunktionen ausüben kann, siehe Abbildung 2.4-5.

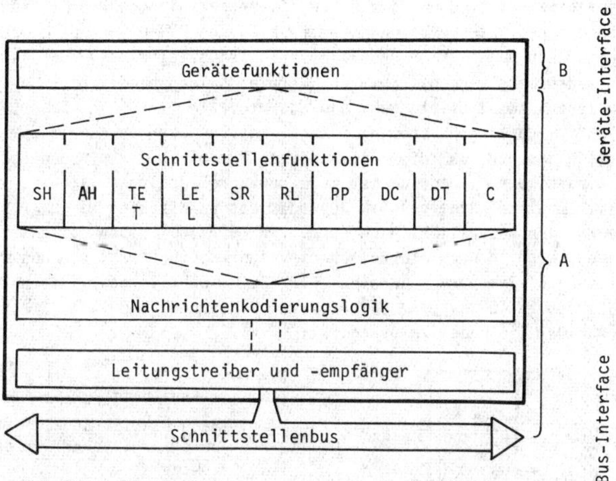

Schnittstellenfunktion	Abkürzung
Handshakequelle (Sender) (source handshake)	SH
Handshakesenke (Empfänger) (acceptor handshake)	AH
Sprecher oder erweiterter Sprecher (talker, extended talker)	T TE
Hörer oder erweiterter Hörer (listener, extended listener)	L LE
Bedienungsruf (service request)	SR
Fern/Eigenumschaltung (remote/local)	RL
Parallelabfrage (parallel poll)	PP
Gerät rücksetzen (device clear)	DC
Gerät auslösen (device trigger)	DT
Steuereinheit (controller)	C

Abbildung 2.4-5:

Ankopplung von Geräten an den Bus und Schnittstellenfunktionen. Ein Gerät braucht nur über wenige dieser Schnittstellenfunktionen zu verfügen.

Es ist selbstverständlich, daß auch die elektrischen Kennwerte für den Bus genau spezifiziert sind - und z.B. an TTL-Verhältnisse angepaßt sind. Auch die mechanischen Steckverbindungen (Abbildung 2.4-6) sind genauestens festgelegt, denn nur so kann das Hauptenwicklungsziel dieses Busses einigermaßen erreicht werden, nämlich Geräte unterschiedlicher Hersteller (insbesondere automatisierte Meß- und Steuergeräte für die Labortechnik) problemlos zu großen Systemen integrieren zu können. Gewisse Vorteile ergeben sich dadurch, daß die Leitungen des Busses ohne Zwischenelektronik verlegt werden können. Dadurch ist jede denkbare Topologie (linear, Stern, Ring usw.) möglich. Andererseits begrenzt das Handshaking die überbrückbaren Entfernungen wesentlich. Noch größeren Einfluß haben offensichtlich die Treiber, denn je nach elektrischer Ausführung überträgt ein Bus mit 10 angeschlossenen Teilnehmer-Geräten und 20 m Kabellänge zwischen 250 000 byte/s bis nahezu 10^6 byte/s. Bemerkenswert ist noch, daß von Stecker zu Stecker maximal 4 m Kabel zulässig ist.

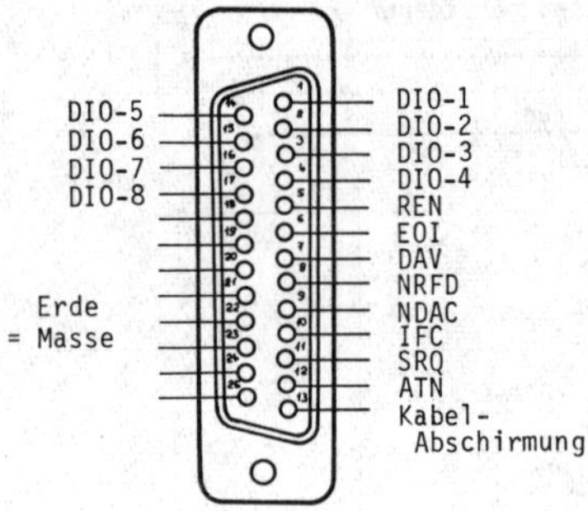

Abbildung 2.4-6:

Nach DIN IEC 66.22 festgelegter Stecker für den IEC-Bus.

2.4.4 Anschluß von Dialog-Terminals an Rechner

2.4.4.1 Hierarchie der Schnittstellen, Übersicht

Bei kommunikativen Systemen beobachtet man wie bei vielen anderen Systemen eine ausgeprägte Hierarchie der Schnittstellen. Diese Hierarchie soll hier für Terminal-Anschlüsse an Rechner erläutert werden, vergleiche auch Abbildung 2.1-1. Wenn eine kommunikative Schnittstelle in ein hierarchisches System eingefügt ist, bedeutet dies:

- Die darunterliegende (kommunikative) Schnittstellenebene stellt Grundfunktionen zur Verfügung, auf denen weiter aufgebaut werden kann.

- Die Schnittstelle selbst definiert mit Hilfe der Grundfunktionen und anderer, z.B. algorithmischer Hilfsmittel komplexere bzw. abstraktere Funktionen mit transparenteren Nutzmöglichkeiten.

- Die so definierten Funktionen definieren die aktuell erreichte Schnittstellenebene und werden an die nächsthöhere Ebene weitergereicht.

Im Falle des Terminal-Anschlusses an Dialogsysteme können mindestens folgende Schnittstellen (Betrachtungsebenen) identifiziert werden:

(1) Physikalischer Informationstransport auf Bit-Ebene

Wie wird ein einzelnes Bit codiert, transportiert, korrekt synchronisiert über Leitungen übertragen? Eine mögliche Lösung stellt die V24-Schnittstelle dar, vergleiche Abschnitt 2.4.4.2.

(2) Zusammenfassung von Bits zu Zeichen, Zeichencodes

Wie werden aus Bits Zeichen, insbesondere Steuerzeichen zusammengesetzt? Welcher Nachrichtenvorrat auf Zeichenebene existiert? Eine mögliche Lösung stellt der ISO-7-Bit-Code (äquivalent zu ASCII) dar, vergleiche Abschnitt 2.4.4.3. (Bei serieller Übertragung von Zeichen sind auch Start- und Stopsowie Paritäts-Bits erforderlich, die eine "Verpackung" des übertragenen Zeichens darstellen.

(3) Zusammenfassung von Zeichen, Übergabe von Zeichenketten

Wie verständigen sich Sender und Empfänger durch Steuerzeichen, um einen ordnungsgemäßen Austausch von Zeichenketten zu gewährleisten? Dieses Problem wird durch Protokoll-Vereinbarungen, auch Leitungsprozeduren genannt, gelöst. Eine mögliche Lösung stellen die Basic Mode Protokolle dar, vergleiche Abschnitt 2.4.4.4.

(4) Bedienungs-Verfahren für das Terminal

Die Bedienung von Terminals ist oft unterschiedlich, selbst bei gleicher Kommandosprache des betriebenen Anwendungs-Systems.

(5) Kommandosprache für das Dialogsystem

Hier sind Syntax und Semantik der interaktiv anzuwendenden Befehlssprachen, also Kommandosprachen oder Dialogsprachen, als Schnittstelle zu betrachten, aus der Sicht des Dialogteilnehmers zusammen mit (4) die am stärksten sichtbare und quasi umkämpfte Schnittstelle. Hierzu vergleiche Kapitel 3.

2.4.4.2 Datenübertragung mit der V24-Schnittstelle

Die V24-Schnittstellen-Norm ist eine der heute am häufigsten benutzten Konventionen zur Übertragung von Bit-Sequenzen. Sie ist international als CCITT-Empfehlung V.24 bekannt. Für Deutschland ist diese Empfehlung durch die DIN-Norm 66020 spezifiziert, für die USA durch die Norm RS232. In der Praxis wird oft nur noch von "serieller" Schnittstelle gesprochen.

In der deutschen Norm wird davon ausgegangen, daß eine Datenendeinrichtung mit einer Datenübertragungseinrichtung verbunden ist, um Nachrichten bitseriell über eine größere Entfernung austauschen zu können, z.B. auch über das Telefonnetz oder sonstige öffentliche oder private Netze. Im Prinzip liegt die Systemgliederung von Abbildung 2.4-7 vor.

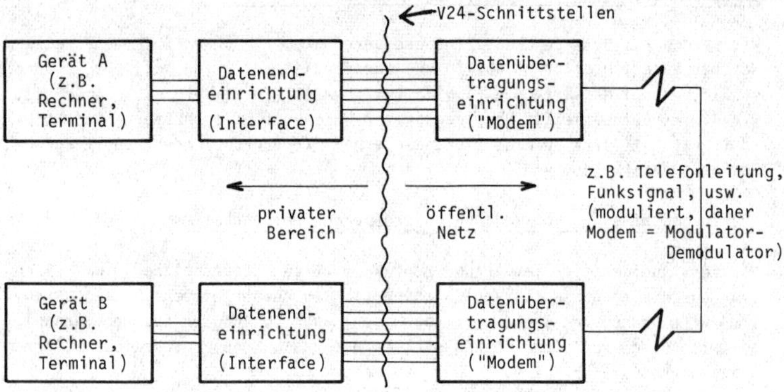

Abbildung 2.4-7:
Systemgliederung bei V24-Schnittstelle mit Modems

Die V24-Schnittstelle regelt also den Signalaustausch zwischen Datenendeinrichtung und Datenübertragungseinrichtung, da die Datenübertragungseinrichtung bei größeren Netzen ebenfalls genormt sein sollte. Soll eine Verbindung über kurze Entfernungen hergestellt werden, z.B. Anschluß von Terminals an nahestehende Rechner, so können die Datenendeinrichtungen auch direkt mit einem mehradrigen Kabel verbunden werden. So ergibt sich die Systemgliederung gemäß Abbildung 2.4-8. Die Norm fordert in solchen Fällen, daß eine Kabellänge von bis zu 30 Meter keine Übertragungsprobleme aufwerfen darf. Tatsächlich ist die Übertragung oft auch bei Kabellängen von mehreren Kilometern problemlos, da Bit-Raten relativ gering sind und kein Handshaking, sondern Zeitbedingungen für die Synchronisierung sorgen.

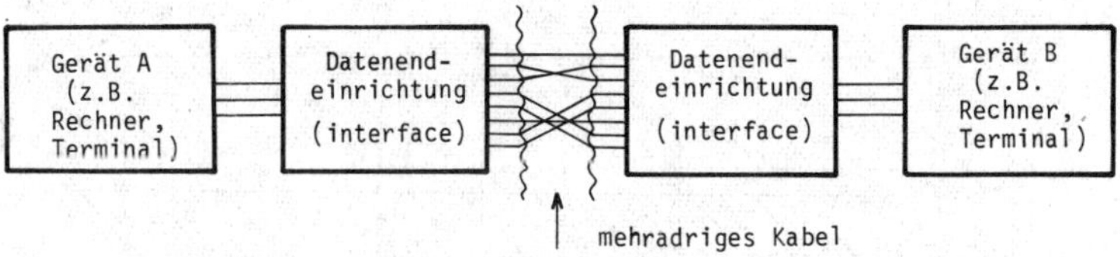

Abbildung 2.4-8:

Systemgliederung bei direkter Verbindung von Geräten und Rechnern mit V24-Schnittstelle ohne Modems.

Im einzelnen regelt die Norm:
- die elektrischen Eigenschaften von Leitungen und Signalen, mit den sich daraus ergebenden Anforderungen an Signalerzeugung und -auswertung,
- die Anzahl, Art und Funktion der Schnittstellenleitungen und
- die Übergabestelle, d.h. den Steckverbinder und seine Stiftbelegung (ISO 2110).

<u>Eigenschaften der Schnittstellenleitungen und der Signale</u>

Die Schnittstellenleitungen bestehen aus gegeneinander isolierten Stromleitern, die mit Ausnahme der Erdleitungen an einem Ende mit einer Schaltung zur Signalerzeugung und am anderen Ende mit einer Schaltung zur Signalauswertung verbunden ist, geeignet für eine Datenübertragungsrate bis zu 20 kbit/s (seriell). Übertragen werden bipolare Signale rechteckförmigen Verlaufs mit definierter minimaler und maximaler Flankensteilheit.

Ist die Spannung eines Signals gegenüber Betriebserde betragsmäßig größer als 3 Volt und

<u>negativ</u>, so herscht der Signalzustand "Ein" auf Datenleitungen, bzw. "Aus" auf Steuer-, Melde- und Taktleitungen,

<u>positiv</u>, so herrscht der Signalzustand "Aus" auf Datenleitungen, bzw. "Ein" auf Steuer-, Melde- und Taktleitungen.

Im Übergangsbereich von +3V bis -3V ist der Signalzustand undefiniert. Diese Festlegungen sind in Abbildung 2.4-9 graphisch dargestellt. Der Spannungspegel einzelner Leitungen bei ausgeschalteter oder ausgefallener Stromversorgung ist vorgeschrieben.

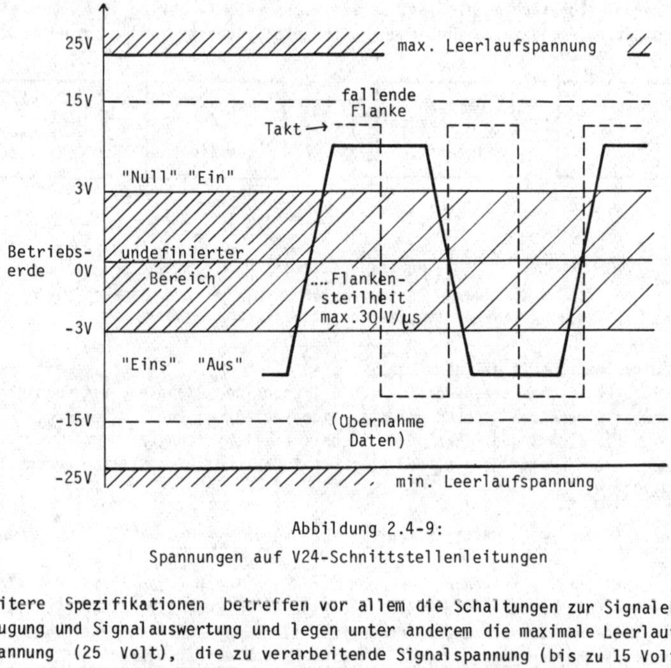

Abbildung 2.4-9:
Spannungen auf V24-Schnittstellenleitungen

Weitere Spezifikationen betreffen vor allem die Schaltungen zur Signalerzeugung und Signalauswertung und legen unter anderem die maximale Leerlaufspannung (25 Volt), die zu verarbeitende Signalspannung (bis zu 15 Volt) sowie das Kurzschlußverhalten fest (maximaler Kurzschlußstrom zwischen zwei beliebigen Leitungen 0,5 Ampere). Beliebige Kurzschlüsse zwischen Leitungen dürfen keine technischen Zerstörungen zur Folge haben. Neben den zahlreichen Digital-Leitungen sind auch zwei Analog-Leitungen für die Übertragung von akustischer Sprache vorgesehen.

Eine Übersicht über die wichtigsten der insgesamt 49 vorgesehenen Schnittstellenleitungen gibt Abbildung 2.4-10. Für die Übergabe von Datensignalen gibt es die Erdleitungen (E1,E2), die Datenleitungen (D1,D2), die Steuerleitungen (S1.1...S11), die Meldeleitungen (M1...M7), die Taktleitungen (T1...T5) und die Hilfskanal-Leitungen (HD1...HM6). Bereits mit den drei Leitungen E1, D1 und D2 läßt sich eine wechselseitige Kommunikation aufbauen. (Denn wie später noch aus Abbildung 2.4-13 ohne weiteres abgelesen werden kann, erzeugt das Start-Bit stets einen Flankenwechsel auf der einzelnen Datenleitung und wegen der definierten Zeitdauer für ein Bit können die folgenden Bits durch eine recht einfache Abtastung des Spannungspegels erfaßt werden.) Einfachere und billige Peripheriegeräte (z.B. kleine Drucker) verfügen heute oft nur über diese 3 Leitungen und manche Anbieter nennen dann auch diese Minimalst-Ausrüstung eine V24-Schnittstelle oder auch serielle Schnittstelle. Auf die Leitungen M5 (=Empfangssignalpegel) und M6 (Empfangsgüte) sei noch besonders hingewiesen, welche eine laufende Überwachung des Leitungsnetzes, insbesondere der Übertragungsgüte, gestatten. In großen interkontinentalen Platzbuchungssystemen der Luftverkehrsgesellschaften (z.B. auch Lufthansa) wird die Leitungsüberwachung dazu benutzt, um schlechte Leitungen zu erkennen und automatisch auszugliedern.

Übergabestelle

Für die Übergabestelle sind zwei 25polige Stecker definiert, wovon der eine nur die Leitungen der automatischen Wähleinrichtung und der andere die Leitungen zur Übertragung von Datensignalen verbindet, wobei jedoch einige Steuer- und Meldeleitungen nicht berücksichtigt sind. Diese müssen gegebenenfalls ebenso wie die Leitungen zur Übertragung analoger Signale extra geführt oder aber auf die wenigen im Stecker nicht belegten oder für weitere internationale Normung reservierten Stifte gelegt werden. Die Zuordnung der wichtigsten Leitungen zu den Stiften des Steckers geht ebenfalls aus Abbildung 2.4-10/11 hervor. Durch die automatische Wähleinrichtung kann also auch der Rechner (mit Hilfe des an das Telefonnetz angeschlossenen Modems) Telefonnummern wählen, also den Kommunikationspartner selbst ansteuern.

In der Praxis sind die Spezifikationen der Norm vielfach zu umfangreich und führen zu teuren, technisch aufwendigen Geräten. Wenn nicht tatsächlich eine extreme Sicherheit mit automatischer Diagnose, automatischer Durchwahl usw. gefordert wird, genügt es, sich auf eine kleine Teilmenge der Spezifikationen zu beschränken.

Eine direkte Koppelung, wie sie z.B. beim Anschluß von Terminals an Rechner tatsächlich durchgeführt wird, kann mit 7 Adern und Schutzerde erfolgen, vergleiche Abbildung 2.4-12.

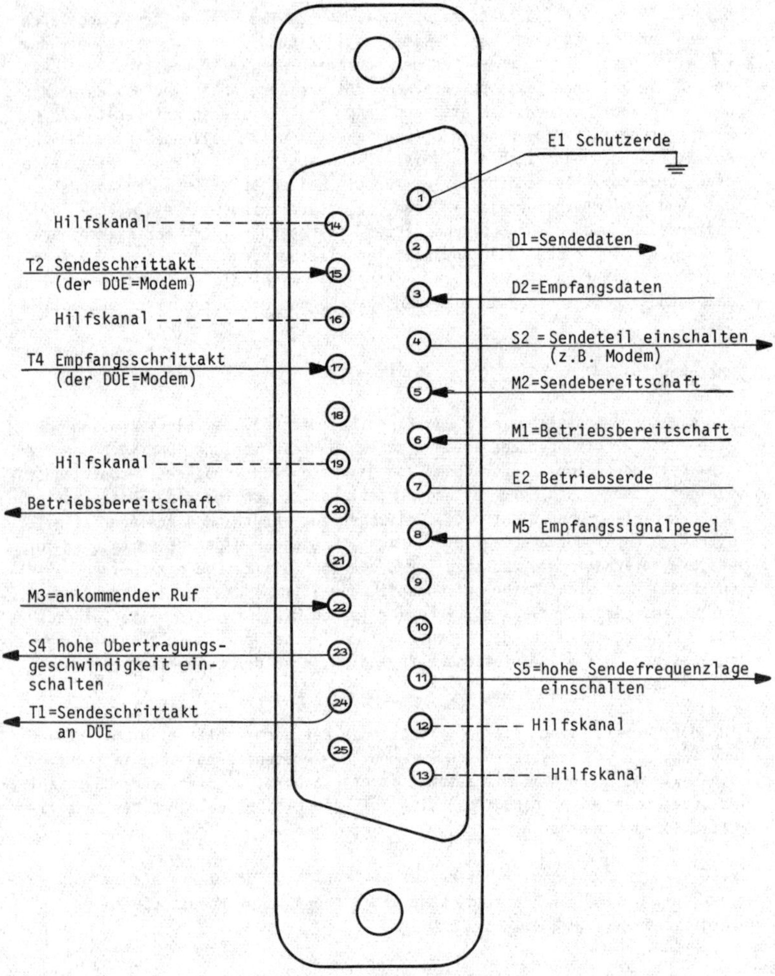

Abbildung 2.4-10/11:
25poliger Stecker (stark vergrößert und etwas verzerrt) mit Stiftbelegung für die wichtigsten Signalleitungen der V24-Schnittstelle nach DIN 66020. Signalleitungen mit ausgehendem Pfeil übertragen Signale von der DEE an das Modem, einlaufende Pfeile sind Signale, die vom Modem übernommen werden. Wenn ohne Modem gearbeitet wird, sind die Leitungen M5, M2, S5, T2, M3 semantisch gegenstandslos.

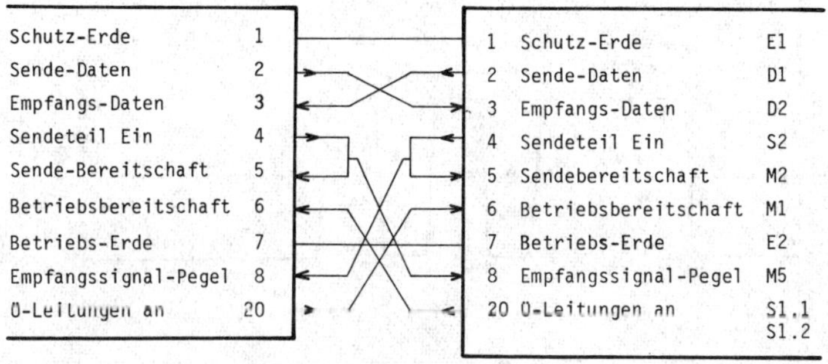

Abbildung 2.4-12:
Beispiel für ein einfaches Anschlußschema, V24-Schnittstelle.

Wie leicht zu sehen, ist die Verbindung vollständig symmetrisch, nutzt aber nur einen Bruchteil der Normvorschriften aus. Im Prinzip kommt man auch nur mit den 3 Leitungen 1, 2, 3 aus.

Die Informationsübertragung zwischen Sender und Empfänger erfolgt mit einer vereinbarten Bit-Taktfrequenz. Das hat übrigens fast zwingend zur Folge, daß nicht jede beliebige Taktfrequenz, sondern nur bestimmte Standard-Frequenzen zugelassen sind. Je nach den technischen Gegebenheiten sind dies 300, 600, 1200, 2400, 4800, 9600, 19200 Hz, was dann jeweils zu der entsprechenden Übertragungskapazität in bit/s führt.

In der V24-Norm wird nur festgelegt, wie ein einzelnes Bit zu übergeben ist. Um nun aber Zeichen zu übertragen, sind weitere Festlegungen und Vereinbarungen zwischen Sender und Empfänger notwendig. Weithin gebräuchlich ist die asynchrone Zeichenübertragung unter Verwendung von Start-, Stop- und Paritäts-Bits. In Abbildung 2.4-13 ist der Spannungsverlauf auf Datenleitungen über der Zeit aufgezeichnet, wenn z.B. das Zeichen "T" des 7-Bit-Codes übertragen wird. Da der Wert des Start-Bits = 0 vom Wert des Stop-Bits = 1 verschieden ist, gibt es bei der Übertragung eines Zeichens beim Eintreffen des Start-Bits einen Flankenwechsel.

Dies erlaubt dann die synchrone Abtastung der einlaufenden Bits, da die Bit-Rate ja bekannt ist. Zwischen zwei Zeichen dürfen beliebig lange Lücken auftreten, ohne daß es Schwierigkeiten mit der Erkennung der eintreffenden Zeichen geben kann. Es liegt also auf Bit-Ebene eine synchrone Übertragung (fester Zeittakt), auf Zeichenebene aber eine asynchrone Übertragung (kein fester Zeittakt) vor.

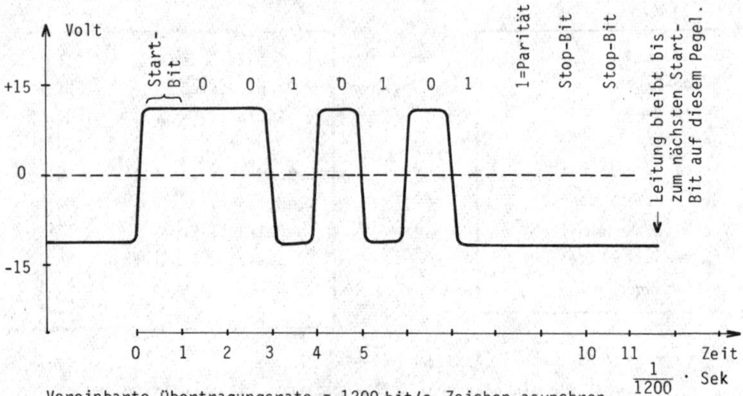

Vereinbarte Übertragungsrate = 1200 bit/s, Zeichen asynchron
Übertragenes Zeichen: "T" = 1010100
Parität: ungerade
Startbit = 0, Stopbit = 1

Abbildung 2.4-13:

Elektrisches Signal auf der Datenleitung (D1 oder D2) einer V24-Schnittstelle bei Übertragung des Zeichens T (ISO-7-Bit-Code).

Die asynchrone Übertragung von Einzelzeichen mit dem zusätzlichen Startbit und den zwei Stopbits verursacht einen Verlust von mindestens (3/11)*100= 27,3 % der an sich erreichbaren Übertragungsrate. Daher wird oft auf Zeichenebene zu einem synchronen Übertragungsverfahren übergegangen. Dabei werden keine Start- und Stopbits mehr übertragen, sondern es werden am Anfang der zu übertragenden Zeichenketten Synchronisierzeichen gesendet, die es dem Empfänger erlauben, sich auf die korrekte Abtastung der Einzelzeichen einzustellen. Die einzelnen Bits der Zeichenfolge (z.B. 7 Nutz-Bits und ein Paritätsbit pro Zeichen) müssen dann exakt mit der vereinbarten Bit-Frequenz gesendet werden, weil der Empfänger bereits bei kleinen Verzögerungen außer Takt kommen kann. Zusammenfassend können wir feststellen, daß also auf Bit-Ebene stets synchron übertragen wird, auf Zeichenebene ist jedoch die asynchrone und auch die synchrone Übertragung möglich.

Die Existenz zweier unabhängiger Datenleitungen (für jede Richtung eine Leitung) erlaubt es auch, daß gleichzeitig in beiden Richtungen Daten übertragen werden können. Wird dies tatsächlich ausgenutzt, so liegt <u>Vollduplex-Betrieb</u> vor.

Die V24-Schnittstelle, obwohl ursprünglich nur für die Datenübertragung mittels Telefonnetzen konzipiert und eingesetzt, ist ein hervorragendes Studienobjekt für den bei der Kommunikation so allgegenwärtigen Normungsdruck. Obwohl sie niemals für direkte Rechner-Rechner- oder Rechner-Gerät-Kommunikation vorgesehen war, hat sie sich dafür zwangsläufig geeignet, man kann ja die Modems einfach weglassen und die Leitungsbündel direkt anschließen. Heute ist z.B. der Spannungshub von -15V...+15V völlig inadäquat, besser wären z.B. 0 Volt ... 5 Volt. Da sie sich aber bei Terminal-Anschlüssen und kleineren Rechnern so stark durchgesetzt hat, hier allerdings meist nur in der ganz einfachen 3-Leitungs-Version (E1,D1,D2), muß man jetzt mit ihren Unzulänglichkeiten leben.

2.4.4.3 Zeichencodes

Die Kommunikation zwischen Dialogstation und Rechensystem wird nur in seltenen Fällen auf Bit-Basis organisiert sein. Selbst bei komplexer graphischer Ein- und Ausgabe geht man im Interesse flexibler Anschlußmöglichkeiten auf Zeichencodes über. Der gebräuchlichste, international genormte Code soll hier kurz vorgestellt werden. Es handelt sich um den ISO-7-Bit-Code. Diese internationale Norm (ISO = International Standards Organization) läßt nationale Ausgestaltungen zu. So ist mit der DIN-Norm 66003 eine deutsche Version definiert, die amerikanische Version ist allgemein als ASCII bekannt (ASCII = American Standard Code for Information Interchange). In Abbildung 2.4-14 sind Codetabellen analog zur Norm DIN 66003 wiedergegeben.

Das einzelne Zeichen wird als Folge von Bits wie folgt dargestellt:

$$b_7, b_6, b_5, b_4, b_3, b_2, b_1.$$

Die Bit-Folge, als Dualzahl aufgefaßt, liefert für das einzelne Zeichen einen Dezimalwert 0...127. Bei serieller Übertragung z.B. mit V24-Schnittstelle wird ein Code-Zeichen meist als Bit-Folge

<Start-Bit=1>, $b_1, b_2, b_3, b_4, b_5, b_6, b_7$ <Paritätsbit>,<Stop-Bit=0>,<Stop-Bit=0>

übergeben.

Die Zeichen des Codes können in folgende Gruppen eingeteilt werden (angelehnt an DIN 66003):

Nr.	Code		Nr.	Code		Nr.	Code		Nr.	Code	
0	0000000	NUL	32	0100000	SP	64	1000000	§	96	1100000	`
1	0000001	TC_1(SOH)	33	0100001	!	65	1000001	A	97	1100001	a
2	0000010	TC_2(STX)	34	0100010	"	66	1000010	B	98	1100010	b
3	0000011	TC_3(ETX)	35	0100011	#	67	1000011	C	99	1100011	c
4	0000100	TC_4(EOT)	36	0100100	$	68	1000100	D	100	1100100	d
5	0000101	TC_5(ENQ)	37	0100101	%	69	1000101	E	101	1100101	e
6	0000110	TC_6(ACK)	38	0100110	&	70	1000110	F	102	1100110	f
7	0000111	BEL	39	0100111	'	71	1000111	G	103	1100111	g
8	0001000	FE_0(BS)	40	0101000	(	72	1001000	H	104	1101000	h
9	0001001	FE_1(HT)	41	0101001	)	73	1001001	I	105	1101001	i
10	0001010	FE_2(LF)	42	0101010	*	74	1001010	J	106	1101010	j
11	0001011	FE_3(VT)	43	0101011	+	75	1001011	K	107	1101011	k
12	0001100	FE_4(FF)	44	0101100	,	76	1001100	L	108	1101100	l
13	0001101	FE_5(CR)	45	0101101	-	77	1001101	M	109	1101101	m
14	0001110	SO	46	0101110	.	78	1001110	N	110	1101110	n
15	0001111	SI	47	0101111	/	79	1001111	O	111	1101111	o
16	0010000	TC_7(DLE)	48	0110000	0	80	1010000	P	112	1110000	p
17	0010001	DC_1	49	0110001	1	81	1010001	Q	113	1110001	q
18	0010010	DC_2	50	0110010	2	82	1010010	R	114	1110010	r
19	0010011	DC_3	51	0110011	3	83	1010011	S	115	1110011	s
20	0010100	DC_4	52	0110100	4	84	1010100	T	116	1110100	t
21	0010101	TC_8(NAK)	53	0110101	5	85	1010101	U	117	1110101	u
22	0010110	TC_9(SYN)	54	0110110	6	86	1010110	V	118	1110110	v
23	0010111	TC_{10}(ETB)	55	0110111	7	87	1010111	W	119	1110111	w
24	0011000	CAN	56	0111000	8	88	1011000	X	120	1111000	x
25	0011001	EM	57	0111001	9	89	1011001	Y	121	1111001	y
26	0011010	SUB	58	0111010	:	90	1011010	Z	122	1111010	z
27	0011011	ESC	59	0111011	;	91	1011011	Ä	123	1111011	ä
28	0011100	IS_4(FS)	60	0111100	<	92	1011100	Ö	124	1111100	ö
29	0011101	IS_3(GS)	61	0111101	=	93	1011101	Ü	125	1111101	ü
30	0011110	IS_2(RS)	62	0111110	>	94	1011110	^	126	1111110	ß
31	0011111	IS_1(US)	63	0111111	?	95	1011111	_	127	1111111	DEL

Abbildung 2.4-14:

ISO 7-Bit-Code und deutsche Referenz-Version nach DIN 66003.

a) Schriftzeichen
(Dezimalwerte 32 bis 126)

b) Übertragungssteuerzeichen
<soh>, start of heading, Anfang des Kopfes
<stx>, start of text, Anfang des Textes
<etx>, end of text, Ende des Textes
<eot>, end of transmission, Ende der Übertragung
<enq>, enquiry, Stationsaufforderung
<ack>, acknowledge, Positive Rückmeldung
<dle>, data link escape, Datenübertragungsumschaltung
<nak>, negative acknowledge, Negative Rückmeldung
<syn>, synchronous idle, Synchronisierung
<etb>, end of transmission block, Ende des Datenübertragungsblocks

c) Formatsteuerzeichen
<sp>, space, Zwischenraum
<bs>, backspace, Rückwärtsschritt
<ht>, horizontal tabulation, Horizontal-Tabulator
<lf>, line feed, Zeilenvorschub
<vt>, vertical tabulation, Vertikal-Tabulator
<ff>, form feed, Formularvorschub
<cr>, carriage return, Wagenrücklauf

d) Gerätesteuerzeichen
<dc1>, <dc2>, <dc3>, <dc4>, device control, Gerätesteuerung

e) Informationstrennzeichen
<fs>, file separator, Hauptgruppen-Trennung
<gs>, group separator, Gruppen-Trennung
<rs>, record separator, Untergruppen-Trennung
<us>, unit separator, Teilgruppen-Trennung

f) Steuerzeichen zur Code-Erweiterung
<esc>, escape, Umschaltung
<so>, shift-out, Dauerumschaltung
<si>, shift-in, Rückschaltung

g) Sonstige Steuerzeichen
<nul>, null, Nil, Füllzeichen
<bel>, bell, Klingel
<can>, cancel, Ungültig
<em>, end of medium, Ende der Aufzeichnung
<sub>, substitute character, Substitution

<del>, delete, Löschen

Die mit den Zeichen implizierte Semantik bei der Nachrichtenübertragung definiert eine kommunikative Schnittstelle. Insbesondere die Übertragungssteuerzeichen erlauben ein geordnetes Zusammenspiel von Sender und Empfänger.

Allerdings darf nicht übersehen werden, daß der Code für ein breites Anwendungsspektrum entworfen wurde. Im Einzelfall ist es daher notwendig, auf der Basis sogenannter Leitungsprozeduren die Kommunikationsstrategie vollständig zu spezifizieren, wobei insbesondere die technischen Gegebenheiten der Nachrichtenübertragung zu berücksichtigen sind.

Bei genauerer Analyse zeigt sich, daß die spezielle Wahl der Bedeutung insbesondere der Steuerzeichen eine ganze Philosophie der Kommunikation auf Zeichenebene beinhaltet. So kann z.B. aus der Existenz der vier Zeichen <fs>, <gs>, <rs>, <ns> ein Datei-Konzept abgeleitet werden: eine Datei (file) gliedert sich in Gruppen, diese wiederum in Records und die Records wiederum in Einheiten. Für sequentiell organisierte Dateien ist diese Strukturierung voll ausreichend. Auch die Semantik der für unsere Überlegungen so wichtigen Übertragungssteuerzeichen ist so zweifelsfrei festgelegt, daß sich zwei intelligente Wesen über eine Vollduplex-Leitung sofort miteinander verständigen können, indem sie die Semantik dieser Zeichen ausnutzen und beachten. In der täglichen DV-Praxis wird allerdings gegen die vorgegebene Semantik der Steuerzeichen (control characters) häufig verstoßen, insbesondere wenn der Code für Programmierzwecke und nicht für die ursprünglich vorgesehene Datenübertragung verwendet wird.

2.4.4.4 Leitungsprozeduren bzw. Leitungsprotokolle

Während die V24-Schnittstelle auf elementarem elektrischem Niveau durch Übertragen von Bit-Sequenzen Nachrichten übermittelt, wobei sogar die Steckerverbindung spezifiziert ist, legt ein Zeichencode fest, wie Bit-Signale und Code-Zeichen einander zugeordnet sind. Außerdem sind spezielle Codezeichen mit Semantik ausgestattet (Steuerzeichen), um den Nachrichtenaustausch auf Codezeichenbasis zu erleichtern. Diese Festlegungen genügen jedoch noch nicht, um tatsächlich eine geordnete Zweiweg-Übertragung zu sichern.

Das wird erst möglich, wenn sich die Kommunikationspartner darüber einigen, nach welchen Regeln sie die Steuerzeichen verwenden wollen, um die Kommunikation zu strukturieren. Diese Vereinbarungen fließen dann in die internen Programme von Kommunikationsrechnern ein und heißen dann Leitungsprozeduren oder Protokoll-Prozeduren. Man spricht in diesem Zusammenhang auch einfach von Leitungs-Protokollen, Kommunikationsprotokollen usw. Ein einzelnes Terminal ohne eingebauten Mikro-Prozessor muß die Leitungsprozeduren fest verdrahtet enthalten. Daraus folgt unschwer, daß man in solchen Fällen bestrebt ist, eine möglichst einfache Leitungsprozedur zu wählen.

Insbesondere beim Anschluß technisch sehr unterschiedlicher Geräte an Rechner ist man häufig gezwungen, für jede Geräteklasse eine eigene Leitungsprozedur im Kommunikationsrechner zu implementieren. Hingegen muß in öffentlichen Netzen mit vielen Kommunikations-Teilnehmern darauf geachtet werden, daß nur eine einzige Leitungsprozedur benutzt wird, damit jeder Teilnehmer mit jedem anderen Information austauschen kann. (Da dies aber in der Praxis offensichtlich wegen starker Interessenkonflikte auf der Seite von Herstellern sowie durch ebenfalls sehr unterschiedliche Kommunikationsgeräte nicht zu erreichen ist, baut man die sogenannten offenen Kommunikationssysteme so auf, daß letztendlich die Vereinheitlichung durch geschachtelte Einbettung in mehrere Protokollebenen erreicht wird.) Ein symmetrisches Protokoll liegt vor, wenn sich die beiden Geräte genau an die gleichen Protokollvorschriften halten. Unsymmetrische Protokolle sind manchmal notwendig, um Geräte mit besonderen Hardware-Eigenschaften (z.B. graphische Sichtschirme) optimal zu bedienen.

Leitungsprozeduren können in ihrem logischen Gehalt mit guter Näherung mittels eines Zeitdiagrammes wie z.B. in Abbildung 2.4-15 beschrieben werden, vergleiche auch den einführenden Übersichtsartikel von Stutzman (1972).

Die bei Leitungsprozeduren berücksichtigten Steuerzeichen finden sich in allen gängigen Zeichencodes für die Informationsübertragung:

soh = Anfang des Kopfes einer Nachricht, z.B. Einleitung von Wählnummern, Teilnehmer-Nummern, Terminal-Nummern usw.
syn = Synchronisierung (der Leitung), Füllzeichen
stx = Textanfangszeichen, Informationsbeginn
etb = Blockende
etx = Textendzeichen, Informationsende
enq = Aufforderungszeichen
ack = positives Antwortzeichen
nak = negatives Antwortzeichen
eot = Übertragungsende (Freigabe der Leitung).

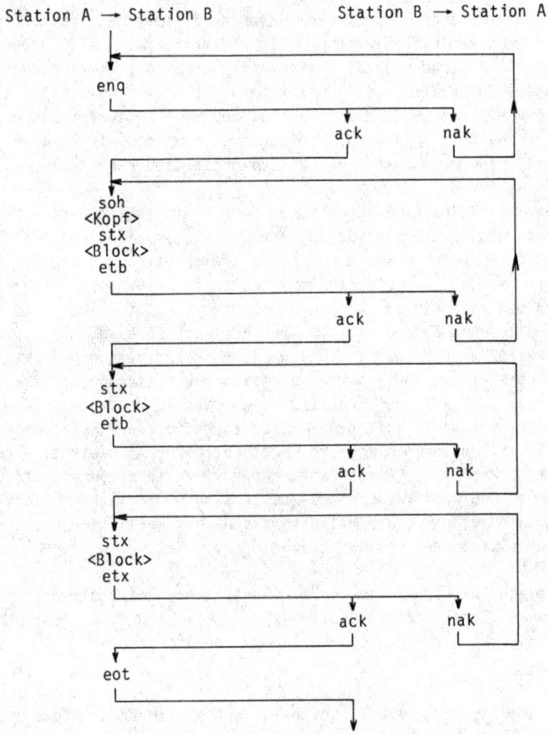

Abbildung 2.4-15:

Zeitdiagramm einer Leitungsprozedur, aus dem ersichtlich ist, daß zeichenasynchron und im Halbduplex-Verfahren sowie ohne Blocksicherung übertragen wird. Allerdings wird soh verwendet, wobei der <Kopf> eine Empfängeradresse bezeichnet - hier wird also Information für mehrere Teilnehmer transportiert.

Für das Verständnis von Leitungsprozeduren ist außerdem wichtig, ob Halbduplex-Betrieb oder Vollduplex-Betrieb vorliegt. Beim Halbduplex-Verfahren, auch Wechselbetrieb genannt, kann jede Station senden und empfangen, jedoch nie gleichzeitig. Die Sende-Regie muß also durch das Protokoll gezielt an beide Teilnehmer verteilt werden. Beim Vollduplex-Verfahren kann gleichzeitig Information in beide Richtungen übertragen werden, was die V24-Schnittstelle zum Beispiel ausdrücklich zuläßt.

Das einfachste denkbare Protokoll für Vollduplex-Verfahren (asynchrone Zeichenübertragung) ist das Leer-Protokoll: Jeder Teilnehmer am Leitungsende darf beliebige Zeichen (ausgenommen Protokoll-Steuerzeichen) senden und ist seinerseits für jedes eintreffende Zeichen empfangsbereit. Dieses Protokoll ist allerdings nicht viel wert, denn wegen fehlender Empfangsbestätigung ist niemals sicher, ob die Gegenseite überhaupt empfangsbereit ist. Allerdings gehört bereits die Wahl des Zeichencodes sowie die Verpakkung in Start-Stop=Bits, Bitfrequenz, Parität etc. zum Kommunikationsprotokoll, so daß unser Leer-Protokoll doch nicht ganz leer sein kann. Protokolle mit besseren kommunikativen Leistungen enthalten Verfahren für die

- Erkennung und Überwindung von Übertragungsfehlern,
- Adressierung verschiedener Empfänger,
- Strukturierung der zu übertragenden Nachrichten (=Daten),
- geordnete Übermittlung von Empfangsbestätigungen und Quittungen (ack,nak),
- Steuerung der globaleren Betriebsstrategien (z.B. Senderecht bei Halbduplex).

Beim Vollduplex-Betrieb ist es wegen der möglicherweise permanent in beide Richtungen fließenden Nachrichten nicht ganz einfach, einen geordneten Quittungsbetrieb (ack,nak) zu organisieren. Man kann die Nachrichten z.B. mit Nummern versehen, die Gegenseite quittiert durch ack bzw. nak mit Nummer-Angabe.

Basic-Mode-Prozeduren (vergleiche ISO (1975))

Basic-Mode-Prozeduren, auch BSC-Verfahren genannt (englisch Binary Synchronous Communication), zeichnen sich dadurch aus, daß Übertragungs-Fehler-Erkennung und -Korrektur möglich ist und daß das Halb-Duplex-Verfahren Anwendung findet. Als Übertragungscodes sind der 6-bit-Transcode, der ISO-7-Bit-Code und der EBCDI-Code zugelassen. Als Steuerzeichen werden die (gemeinsamen) Übertragungssteuerzeichen der Codes verwendet. Varianten existieren bezüglich Gleichlaufverfahren, Übertragungsgeschwindigkeit und möglicher Initiative zur Datenübertragung.

Prozedur-Varianten	Initiative:	
	einseitig	zweiseitig
asynchron 200 - 2400 bits/s	LSV 1	LSV 2
synchron ab 600 bit/s	MSV 1	MSV 2

Im folgenden sei die Variante MSV 2 etwas ausführlicher beschrieben.

Basic-Mode-Prozedur MSV 2

Die Leitungsprozedur umfaßt die Phasen

1. Aufforderung zur Datenübertragung
2. Datenübertragung
3. Beendigung der Datenübertragung

Aufforderungsphase

Ein Gerät ergreift die Initiative und sendet eine frei wählbare, aber feste Anzahl (in der Regel 3 oder 7) Synchronisierungszeichen n(syn) mit anschließendem enq, worauf eine Antwort positiver oder negativer Art mit n(syn) und ack bzw. nak erfolgt.
Im ersten Fall folgt die Datenübertragung, im zweiten wird mit n(syn), eot abgebrochen. Sollte überhaupt keine Antwort zurückkommen, so wird in Abständen von 3 sec nochmals mit n(syn), enq angefragt, aber nach dem vierten Versuch abgebrochen, vergleiche das Zeitdiagramm von Abbildung 2.4-16.

Datenübertragung

Daten werden in Blöcken beliebiger Länge übertragen. Jeder Block wird quittiert und im Fehler-Fall wiederholt. Im einzelnen wird gesendet

n(syn)	Synchronisierungszeichen
stx	Blockanfangszeichen
ADR	Unteradresse des Empfangsgeräts (kann entfallen, variables Zeichen)
Text	Nutzinformation, Zeichenkette aus Codezeichen ohne etb
etb	Blockendzeichen
BCC	Blocksicherungszeichen (abhängig von übertragener Information)

Positive Rückmeldung erfolgt mit n(syn), ack. Tritt ein Fehler auf, so erfolgt Quittung mit n(syn), nak und Wiederholung des Blockes mit Abbruch nach dem vierten Fehlversuch. Eine unterlassene Rückmeldung wird mit n (syn), enq angemahnt mit Abbruch wie in der Aufforderungsphase. Der letzte zu übertragende Block wird statt etb mit etx abgeschlossen, worauf nach positiver Quittung die Beendigung der Datenübertragung mit n(syn), eot stattfindet. Danach kann die andere Station z.B. die Initiative ergreifen.

Fehlerbehandlung

Während die Fehlerkorrektur durch nochmaliges Senden des gestörten, falschen Blocks realisiert wird, erfolgt die Fehlererkennung auf zwei verschiedene Arten:

a) Gestört übertragener "Text" wird anhand des Blocksicherungszeichens BCC im Empfänger erkannt und der Fehler durch nak an den Sender gemeldet.

b) Zur Erkennung von Fehlern in den Steuerzeichen wird das positive Antwortzeichen ack in der Weise modifiziert, daß jeweils abwechselnd zwei unterscheidbare Signale ack0 und ack1 verwendet werden. Bei gestörten Steuerzeichen sendet der Empfänger dann zunächst kein Antwortzeichen, jedoch nach Aufforderung durch den Sender das falsche, alte positive Antwortzeichen.

Die Basic-Mode-Leitungsprozeduren sind bereits in den frühen 60er Jahren entstanden und weisen aus heutiger Sicht mancherlei Schwächen auf, z.B.

- nur Halbduplex-Betrieb unterstützt,
- alle Teilnehmer auf einer Leitung müssen den gleichen Zeichencode benutzen,
- es können keine Datensequenzen aus beliebigen Code-Zeichen übertragen werden,
- Fehlererkennung nicht vollständig,
- umständliches Umschalten zwischen den Stationen auch dann erforderlich, wenn nur Texte aus einzelnen Zeichen zu übertragen sind, man denke z.B. an Echo-Modus bei Terminals.

Daher wurden inzwischen wesentlich leistungsfähigere, aber auch komplexere Kommunikationskonzepte entwickelt und genormt, z.B. HDLC, siehe auch Abschnitt 2.4.5.

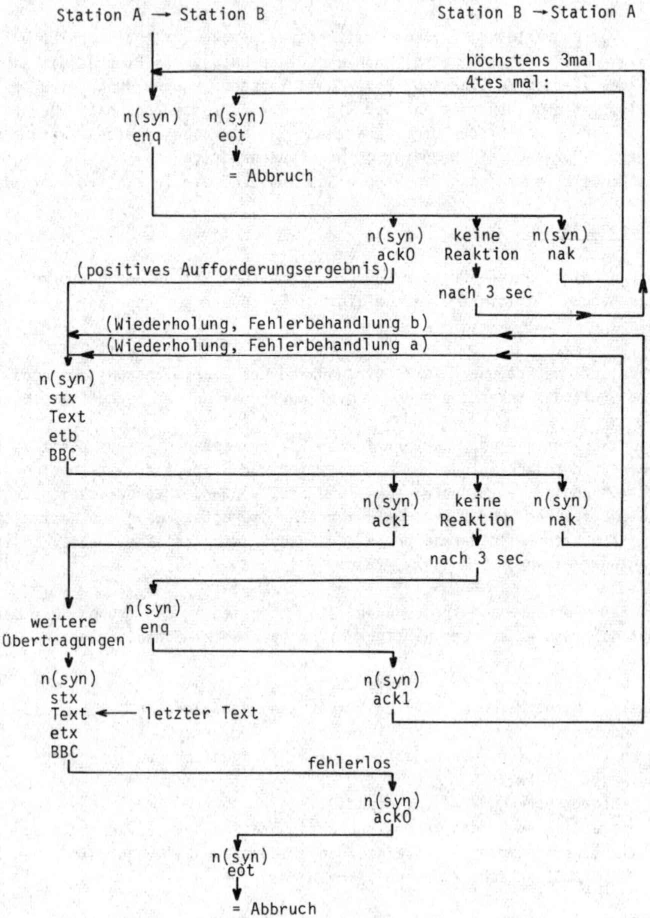

Abbildung 2.4-16:

Zeitdiagramm zur Basic-Mode Leitungsprozedur MSV2.

Die weitere Analyse der kommunikativen Schnittstellen jenseits des logischen Niveaus der Leitungsprozeduren führt schließlich auf Syntax und Semantik der (in den Leitungsprozeduren übertragenen) Texte. Diese richten sich z.B. an einen Benutzer (Bildschirm-Ausgabe, Druckerprotokoll), an einen anderen Rechner (Datenstrom, z.B. Stapelbetrieb) oder an ein Dialogsystem (Eingabe des Benutzers). Aus der Sicht des Benutzers ist also die interaktive Kommandosprache selbst die nächsthöhere kommunikative Schnittstelle. Für sie ist Kapitel 3 vorgesehen. Einführende Literatur zu Protokollen: Doll (1978), Pouzin und Zimmermann (1978), Stutzmann (1972) und Tannenbaum (1981). Aus Forschungssicht ist insbesondere die Validierung von Protokollen, also die Feststellung von Qualitätsmerkmalen, von Interesse, man vergleiche z.B. West (1978).

2.4.5 Datentransport-Netze und DATEX-P-Konzeption

In vielen Bereichen der Datenverarbeitung - insbesondere auch bei einem großen Teil der Dialogsysteme müssen digitale Informationen in kurzer Zeit über größere Entfernungen transportiert werden. Das gilt z.B. für Rechnernetze, aber auch für ein Dialogterminal, das an einen weit entfernten Rechner angeschlossen und betrieben werden soll. Beim Dialogbetrieb kommt noch hinzu, daß ein typischer Stoßbetrieb im Datenverkehr die Regel ist. Während der Denk- bzw. Rechenaktivität fließt überhaupt keine Information, wenn jedoch Rechnerausgabe vorliegt, muß z.B. ein ganzer Bildschirminhalt übertragen werden.

Bei den an das Telefonnetz angelehnten sogenannten Leitungsvermittlungssystemen kann auf kurzfristige Bedarfsschwankungen beim einzelnen Teilnehmer keine Rücksicht genommen werden, der Benutzer muß die durchgeschaltete Übertragungsleitung voll bezahlen, auch wenn sie kapazitätsmäßig nicht voll in Anspruch genommen wurde. Beim typischen Dialogbetrieb führt dies zu erheblichen Verlusten.

Die Möglichkeit, sogenannte Breitbandleitungen hoher Übertragungskapazität für kurze Zeitintervalle an viele Benutzer zu vergeben, wurde erst durch preiswerte Rechnertechnologie möglich. Aus ersten Anfängen und Versuchen mit dem ARPA-Netz um 1970 entwickelten sich die heutigen Paketvermittlungsnetze. Bei diesen Netzen werden die zwischen Sender und Empfänger zu übertragenden Informationen zu sogenannten Paketen geformt und diese Informationen werden von den Netzknotenrechnern über schnelle Leitungen (und große geographische Entfernungen) weitertransportiert. Ein Paket besteht aus der Empfängeradresse, einigen weiteren Steuerinformationen und schließlich der Nutzinformation. Bei Netzen mit guten Realzeit-Eigenschaften sollten die Pakete nicht zu groß sein, jedoch für eine Textzeile ausreichen. Solche Paketvermittlungsnetze bieten folgende Vorteile, die mit Leitungsvermittlungssystemen kaum zu erreichen sind:

- Gebühren zum großen Teil an der Menge der übertragenen Information orientiert, weniger an der Einschaltzeit,

- Große Entfernungen fallen kostenmäßig nicht mehr ins Gewicht, da die schnellen Leitungen für den Ferntransport extrem gut ausgelastet werden,

- durch Anschlüsse mit schnellen Leitungen ist extremer Stoßbetrieb möglich, günstig für Dialoganwendungen,

- Anschlüsse mit sehr unterschiedlichen Datenübertragungsraten (z.B. 300 bit/s und 9600 bit/s) können wegen der Zwischenspeicherung miteinander in Verbindung stehen,

- ein hinreichend schneller physikalischer Anschluß kann mit praktisch kostenlosen Adressierungstricks eine Vielzahl von Gegenstationen ansprechen, was z.B. für interkontinentale Buchungssysteme von großem technischem Vorteil ist,

- die zwischengeschalteten Rechner können durch geeignete Fehlerprüf- und Korrekturverfahren praktisch fehlerfrei Information transportieren und Teilausfälle im Netz umgehen.

Datex-P der Deutschen Bundespost

Das Datex-P-Netz der Post ist ein Paketvermittlungsnetz mit folgenden Leistungsmerkmalen:

- Netzanschlüsse (Modems) mit breitem Spektrum zwischen 110 bit/s und 48 000 bit/s werden angeboten,

- Paket-Länge maximal 128 Byte, davon bis zu 125 Byte Nutzinformation,

- Verzögerungszeit eines Pakets im Netz klein gegen 1 Sekunde.

- Gebühren unabhängig von Entfernung, ansonsten Mischpreis zwischen Anschlußgebühr, Anschaltzeit und übertragener Informationsmenge,

- Netzanschlüsse entsprechen der Norm-Empfehlung CCITT X.25.

Die CCITT-Empfehlung X.25 definiert drei aufeinander aufbauende kommunikative Schnittstellen, nämlich

- die physikalische Schnittstelle (vergleichbar mit V24-Norm),

- die HDLC-Schnittstelle (HDLC = High Level Data Link Control) (vergleichbar Zeichencode mit Leitungsprotokoll-Maßnahmen und Nachrichtencodierung einschließlich Fehlerkorrektur) und schließlich

- die Paket-Schnittstelle, welche Gestalt und Handhabung der Pakete regelt.

Der Protokollteil (HDLC) handhabt die Pakete nicht, sondern führt sie nur in einem nicht weiter spezifizierten Datenfeld mit. HDLC ist daher im wesentlichen die Protokoll-Ebene, unterscheidet sich aber von den Steuerzeichen-Protokollen wie z.B. MSV 2 durch
- direkte Spezifikation der Nachrichten auf Bit-Basis (kein Zeichencode!),
- komplexere Steuerung der Leitung.

Die angestrebte Gleichberechtigung der Kommunikationspartner kommt durch den einheitlich gewählten Vollduplex-Betrieb zum Ausdruck. Es ist offensichtlich damit zu rechnen, daß der Datex-P-Dienst in wenigen Jahren weltweite Datenfernübertragung erlaubt. Weitere Informationen sind im Benutzerhandbuch Datex-P (1979) enthalten.

Kommunikationsnetze für die Rechner-Rechner-Kommunikation werden von Doll (1978), Kimbleton und Schneider (1975), Wecker (1979), Tannenbaum (1981) sowie Thurber und Masson (1979) gut und umfassend beschrieben. Einzelne Arbeiten zu dem Komplex sind z.B. Spaniol (1979) mit einer theoretischen Durchsatz-Analyse von ETHERNET, einem Kommunikationskonzept für lokalen Rechner-Verbund basierend auf dem Paket-Konzept. Das Konzept der offenen Kommunikationssysteme wird in Schindler (1982) und in Burkhardt und Schindler (1981) diskutiert und erläutert.

2.5 CHARAKTERISTIKEN VON DIALOG-TERMINALS

Die interaktive, dialogartige Nutzung von Rechnern setzt die Existenz von Dialogstationen voraus, die in geeigneter Weise an die Rechner angeschlossen sind. Bedingt durch die Fortschritte der Mikro-Prozessor-Technologie kann man heute davon ausgehen, daß alle auf dem Markt angebotenen Terminals ein Mikroprozessor-System enthalten. Der Block-Aufbau eines solchen Terminals ist in Abbildung 2.5-1 dargestellt.

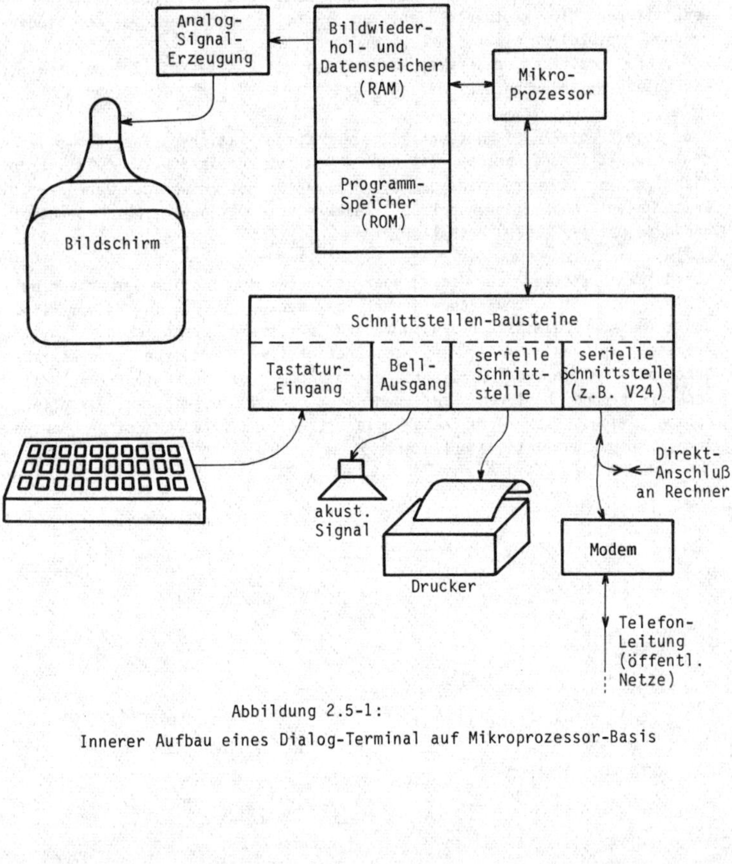

Abbildung 2.5-1:

Innerer Aufbau eines Dialog-Terminal auf Mikroprozessor-Basis

Der Einbau eines vollständigen Rechners erlaubt naturgemäß die Realisierung von sehr komplexen interaktiven Techniken, ohne daß der angeschlossene Hauptrechner davon überhaupt berührt wird. Man spricht daher gerne von lokaler Intelligenz und von intelligenten Terminals.

Leistungskennzeichen der technischen Ausrüstung

Der Bildschirm und die Tastatur gehören ohne Zweifel zu den augenfälligsten technischen Komponenten von Terminals. Da sie eine ziemlich entscheidende Rolle für die Mensch-Maschine-Schnittstelle, insbesondere für die physikalische Ebene, spielen, gibt es viele Aussagen über ergonomische Faktoren, insbesondere auch im Hinblick auf die Arbeitsplatzgestaltung. Die Leistungsdaten des Bildschirmsystems können etwa mit folgendem Fragebogen erfaßt werden, wobei von Röhren-Bildschirmen ausgegangen wird:

a) Schirmsystem
   - Größe des Bildschirms (Breite, Höhe)
   - mechanische Kippmöglichkeiten
   - Oberflächenbeschaffenheit wie Krümmung, Reflexion
   - Farbe bei einfarbigen Schirmen
   - Farbpunktraster und Farbparameter bei Farbschirmen
   - Strahlablenkstrategie (variabel, fernsehähnlich usw.)
   - Bildwiederholfrequenz und Flackerneigung
   - Bandbreite des bzw. der Video-Signale
   - Punktauflösung

b) Bildspeicher
   - Kapazität des Bildwiederholspeichers
   - Zeichen- und Zeilenstruktur (Schriftzeichen)
   - Zeichenerzeugung und -zusammensetzung
   - Graphik-Raster, Halbton- und Farbdarstellung

c) Bildaufbau
   - Datenstrukturen im Bildspeicher
   - Datenstrukturen zur Übertragung von Bildinhalten (Text oder Graphik) zwischen Hauptrechner und Terminal
   - lokal im Terminal realisierte Funktionen zur Beeinflussung des Bildaufbaus

Neben dem Bildschirmsystem findet die Tastatur als fast gleichgewichtige Einrichtung wesentliche Beachtung. Neuerdings wird völlig geräuschloses Anschlag-Verhalten gefordert, da das Tastatur-Geklapper mancher heutiger Terminals in größeren Büros zu einer wesentlichen Lärmbelästigung geworden ist, was übrigens auch für die oft noch eingebauten Kühllüfter in gleichem

Maße gilt. Die DIN-Norm 2137 legt übrigens Zeichenbelegung und Maße für Tastaturen fest und sollte dringend beachtet werden. Die Eigenschaften von Tastaturen können durch den folgenden Fragenkatalog im wesentlichen erfaßt werden:

- Tastatur mechanisch separat positionierbar?
- Zeichenvorrat (einschließlich Steuerzeichen, Groß-Klein-Schreibung, nationale Zeichen wie Ä,Ö,Ü,ß usw.)?
- DIN-Normen beachtet?
- Tastenauslöse-Druck?
- Klappergeräusch?
- Tastaturzusätze wie Zehnertastatur, Sondertasten, Funktionstasten?
- Bequeme Cursorsteuerung?
- Zeichenbelegung der Tasten durch Beschriftung vollständig dokumentiert?
- Analogeingaben für Cursor und Positionierung (z.B. Rollkugel, Stick, Mouse, Lichtgriffel etc.)

Die rein technischen Kennzeichen der Gerätekonfiguration wird vervollständigt durch folgenden Fragenkatalog:

- Speicherkapazität und Speicherbelegung für die verschiedenen Funktionen, Steuerprogramm-Umfang,
- Kennzeichen des Mikroprozessor-Systems,
- fest zugeordnete und variabel einsetzbare Schnittstellen, genaue Aufschlüsselung,
- Zusatzeinrichtungen wie Drucker, lokaler Speicher für größere Datenmengen usw.,
- Gehäusegestaltung.

Leistungskennzeichen der internen Steuerung

Wir können heutige (intelligente!) Terminals durchaus formal als eigenständige Dialogsysteme auffassen. Anwendung des Grundsatzes, daß die Leistung eines Dialogsystems genau durch die (volle) Semantik der zugehörigen Kommandosprache definiert ist, führt damit also auch zu einem Analyseverfahren: Man muß die dem Benutzer zur Verfügung stehenden Terminal-Funktionen analysieren. Das läuft in der Praxis meist auf den folgenden Fragenkatalog hinaus:

- Welche Datenstruktur haben die Datenobjekte, die intern als Bestandteil der Dialogumgebung gespeichert werden können? (In der Regel sind Texte und Textstücke gespeichert, außer bei komplexeren Graphik-Systemen.)

- Welche Kommandos bzw. Funktionen stehen zur Verfügung, Status und Datenobjekte einzugeben, zu verändern, zu inspizieren und weiterzureichen (Verarbeitungskommandos)? Häufig realisierte Einzelfunktionen betreffen z.B. die Cursor-Steuerung; Schrift-Darstellungsmodi wie invers, blinkend, kursiv, hell, dunkel, Farbe; verbotene und erlaubte Eingabepositionen für Masken; lokale Editierfähigkeiten usw.

- Wie werden Datenobjekte an den Hauptrechner übergeben bzw. von ihm empfangen und lokal eingegliedert (z.B. zeichenweise, zeilenweise, blockweise usw.)? Handhabung von Bildschirminhalten, Seiten und Zeilen; Cursor-Positionierung durch den Rechner, Scrolling, Sperren der Tastatur und ähnliches sind dabei von Interesse.

- Welches Spektrum an Leitungsprozeduren und Übertragungsgeschwindigkeiten steht für die Datenübertragung zur Verfügung? (Hier müssen oftmals Hardware-Eingriffe mit berücksichtigt werden.)

Es kann selbstverständlich nicht Ziel dieses Buches sein, das sehr aktive Marktgeschehen und die vielen technischen Einzelentwicklungen bei Terminals genauer als geschehen darzustellen. Eine einigermaßen erschöpfende Analyse mancher heutiger Geräte ist wegen der eingebauten Intelligenz oft eine langwierige Aufgabe. In Zukunft werden sicherlich zunehmend allgemeine DV-Leistungen wie Druckfunktion (Hardcopy), Datenspeicherung, Dienstleistungsprogramme, Handhabung akustischer und graphischer Dokumente etc. in die intelligenten Terminals integriert werden. Schon heute spricht man vom integrierten Büro-System der nahen Zukunft, vergleiche hierzu auch Abschnitt 4.5.

Zu Bildschirm-Arbeitsplätzen siehe Cakir, Hort und Stewart (1980), zum Konzept des virtuellen Terminals siehe z.B. Höpfner (1978) und zu mancherlei Normungsaspekten (DIN) siehe Koch (1982).

schwierigstes Thema (in Prüfung)!

2.6 AUFBAU UND REALISIERUNG VON DIALOGSYSTEMEN

2.6.1 Allgemeines zur Implementierung

Die technische Basis für die Entwicklung von Dialogsystemen ist gewöhnlich ein Programmiersystem. Dieses erlaubt die Realisierung der Programme, die für ein Dialogsystem erforderlich sind. Geeignet sind dafür jedoch nur solche Sprachen und Programmiersysteme, in denen sich die erforderlichen kommunikativen Schnittstellen verwirklichen lassen. In der Regel ist also eine Systemprogrammiersprache zu benutzen. Systemprogrammiersprachen unterscheiden sich dadurch von sonstigen Programmiersprachen, daß die Betriebsmittel (Speicher, Geräte, Prozessoren) direkter zugänglich sind und unmittelbarer angesprochen werden können. Dabei treten nicht selten Konflikte mit dem Betriebssystem auf, da dieses ja bei komplexeren Systemen sämtliche Betriebsmittel konsistent zu verwalten hat. Bei den meisten heutigen Rechenanlagen steht nur die Assembler-Sprache als echte Systemprogrammiersprache zur Verfügung.

Spezifikation und Realisierung der Schnittstellen

Die Architektur eines konkreten Dialogsystems hängt entscheidend davon ab, auf welche bereits gegebenen Systemkomponenten man zurückgreifen kann und welche Teilsysteme realisiert werden müssen. Die bereits vorhandenen Teilsysteme (z.B. Terminal-Kommunikationssystem, Normschnittstellen für Datenfernübertragung, Datei-Verwaltung) gehen letztendlich durch ihre kommunikativen Schnittstellen in den Entwurf ein. Wenn man sich z.B. auf ein leistungsfähiges Betriebssystem abstützen kann, stehen die oft umfangreichen Schnittstellen und Verwaltungsleistungen (z.B. Speicherverwaltung) solcher Systeme zur Verfügung, während auf einer sogenannten "nackten" Maschine sogar die elementaren Betriebsfunktionen (z.B. Interrupt-Handhabung, Leitungsprozeduren, Lader für Systemcode-Overlay) völlig neu programmiert werden müssen. Letztere Situation tritt meistens bei Implementierungen auf kleinen Rechnern auf, deren Systemsoftware und Hardware nur ein geringes Funktionsangebot bietet. Grundsätzlich ist also beim Systementwurf als erstes festzustellen, auf welchen kommunikativen und sonstigen Schnittstellen aufgebaut werden kann.

2.6.2 Einfache und komplexe Dialogsysteme

Die zumindest für den Implementierer einfachste Lösung zur Erstellung eines Dialogsystems ist bei Teilnehmerrechensystemen sowie bei allen interaktiven Programmiersystemen gegeben, da vom Gastsystem die Datenkommunikation, die Datenverwaltung sowie die Software-Erstellungs-Werkzeuge übernommen werden können (Abbildung 2.6-1).

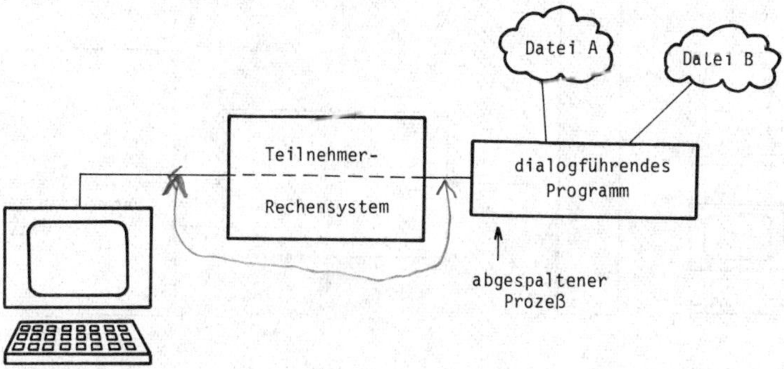

Abbildung 2.6-1:
Teilnehmer-Rechensysteme als Werkzeug zur Erstellung von Dialogprogrammen

Probleme ergeben sich dabei, wenn das dialogführende Programm - also der Hauptprozeß - nicht nur ein, sondern mehrere Terminals simultan kontrollieren soll, weil die meisten interaktiven Programmiersysteme nur das Anbinden einer einzigen Dialogstation an ein laufendes Programm (=Dialogsystem) erlauben. Eine Systemstruktur mit explizit integriertem Datenkommunikationssystem, aber ansonsten Verwendung der Schnittstellen eines Betriebssystems sehen wir in Abbildung 2.6-2.

Die Verwaltung unterschiedlicher, asynchron ablaufender Prozesse, z.B. für das interaktive Programmtesten in einem n-Benutzer-System, kann bei interpretativer Prozeßausführung in den Hauptprozeß integriert sein, erfordert also in vielen Anwendungen keinen Zugang zur Prozeßverwaltung, wie sie im Kern größerer Betriebssysteme realisiert ist. Eine entsprechende Systemstruktur, wie sie übrigens typisch ist für klassische APL-Implementierungen (APL/360 und Nachfolger), zeigt Abbildung 2.6-3. Diese Struktur ist immer dann anwendbar, wenn das Prozeßgeschehen interpretativ abgewickelt werden kann. Falls die "Verwaltung und Interpretation" über wirksame Möglichkeiten der Prozeßverwaltung verfügt, könnten die Benutzer-Prozesse auch als unabhängige Prozesse in der Diktion des jeweiligen Betriebssystems ablaufen. Diesen Weg kann man bei der nachträglichen Einfügung eines Timesharing-Modus in ein noch nicht dialogtüchtiges Multiprogramming-Betriebssystem gehen.

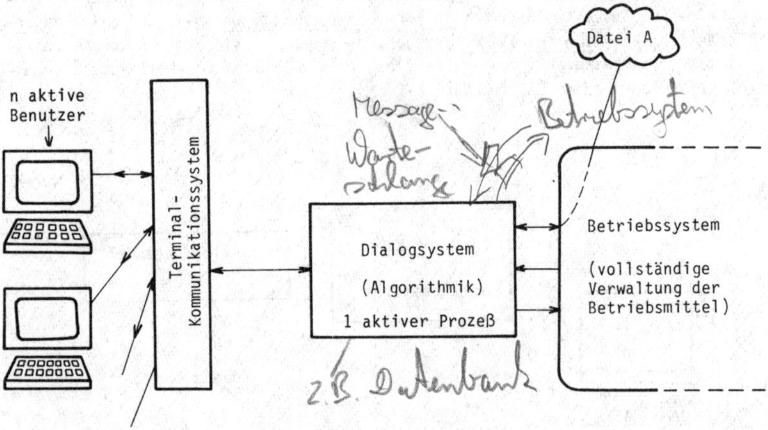

Abbildung 2.6-2:

Systemstruktur mit Terminal-Kommunikationssystem und weitgehender Mitbenutzung der Schnittstellen eines Betriebssystems. In vielen Fällen muß auch die Terminal-Kommunikation als ein Teil des Betriebssystems betrachtet werden.

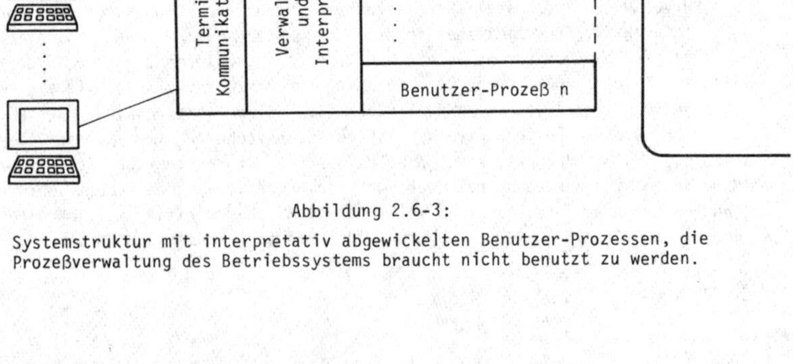

Abbildung 2.6-3:

Systemstruktur mit interpretativ abgewickelten Benutzer-Prozessen, die Prozeßverwaltung des Betriebssystems braucht nicht benutzt zu werden.

Die heute oft anzutreffenden kleinen Dialogsysteme mit genau einem Benutzer und einem Mikro-Prozessor (Single-User-Systeme) bestehen meist aus einem schwach ausgebauten Betriebssystem und einem einzigen Hauptprozeß, siehe Abbildung 2.6-4. Bei solchen kleinen Systemen können die angeschlossenen Geräte auf viele verschiedene Arten bedient werden, manchmal wickelt der Hauptprozeß die E/A-Vorgänge sogar mit Polling-Methoden ab, da bei mancherlei Betriebssituationen (z.B. Lesen und Schreiben auf Platte) der Prozessor ohnehin keine anderen Aktivitäten ausführen kann.

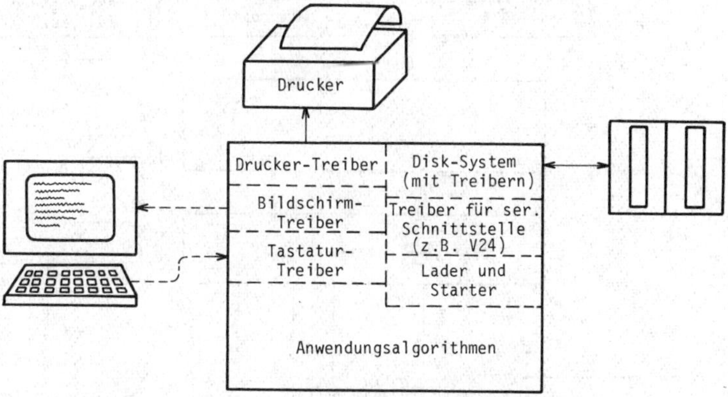

Abbildung 2.6-4:

Typische Struktur kleiner Dialogsysteme (Single-User-Systeme) auf Mikroprozessor-Basis. Anstelle eines eigenaktiven Betriebssystems stehen im wesentlichen nur Treiber für die Geräteschnittstellen sowie eine Lade- und Start-Mechanik für gespeicherte Programme zur Verfügung.

Maximalstruktur eines Dialogsystems

Eine allgemeine Diskussion der Implementierungsprobleme (aus der Software-Sicht) geht am besten von einer sogenannten Maximalstruktur wie in Abbildung 2.6-5 aus. Ein solches System besteht im Kern aus einem Vater-Prozeß (Hauptprozeß), der das gesamte System direkt oder indirekt verwaltet. Wenn ein solches, möglicherweise über Kontinente operierendes System (z.B. Platzbuchung für Luftverkehr, selektive Nachrichtendienste, zentrales Management-Informationssystem für Konzernspitze) implementiert werden soll, können zunächst folgende Problembereiche unterschieden werden:

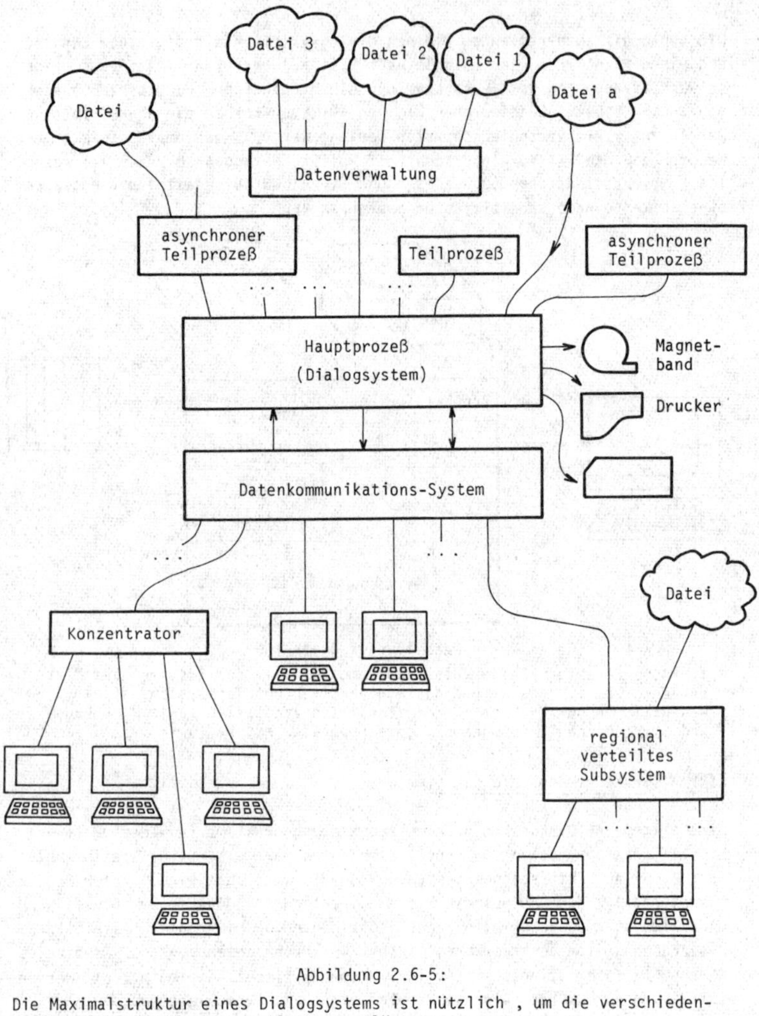

Abbildung 2.6-5:

Die Maximalstruktur eines Dialogsystems ist nützlich , um die verschiedenartigen Implementierungsprobleme zu erläutern.

- Algorithmik, Abwicklung der zu implementierenden Einzelaktivität durch Programme,
- Prozeßsystem, Steuerung, Verwaltung und Zusammenspiel der abgespaltenen Teilprozesse,
- Datenverwaltung, Zugriff, Schutz und Verwaltung der längerfristig zu speichernden Daten,
- Datenkommunikation, Steuerung und Überwachung der abhängigen Außenstationen wie Terminals, Kommunikation mit anderen Teilsystemen (geographisch verteilte Systeme). Typisch sind dabei lokal eingerichtete Terminal-Gruppen, die über einen Konzentrator mit dem Hauptsystem verbunden sind. Dadurch können die Leitungskosten evtl. wesentlich gesenkt werden.

Gerade wenn ein komplexes Dialogsystem implementiert werden soll, erweist sich das jeweils vorhandene Betriebssystem oft als ungeeignet und zu schwerfällig. Manchmal wird dann - selbstverständlich mit vorhandenen Softwarehilfsmitteln - ein weitgehend neues, an das Dialogsystem angepaßtes Klein-Betriebssystem entwickelt. Das gilt heute in besonderem Maße für viele kleine Rechner, bei denen erst die passende Betriebssystemumgebung geschaffen werden muß, wenn ein leistungsfähiges Dialogsystem implementiert werden soll. Art und Umfang der vom vorhandenen Betriebssystem verwendeten Dienste bestimmt also der Grad der Betriebssystem-Unterstützung für den Implementierer.

2.6.3 Forderungen an die Schnittstellen der Programmierumgebung

Problembereich Programmierung und Algorithmik

Die algorithmische Flexibilität der Implementierungssprache muß ausreichend sein, um die interne Manipulation der Datenobjekte befriedigend und hinreichend effizient programmieren zu können. Selbstverständlich ist hier das ganze Gebiet der Programmkonstruktion und das Software-Engineering angesprochen. Schwierigkeiten werden oft bei der Zeichenkettenmanipulation sowie bei stark dynamischen Datenstrukturen wie Listen, Geflechte usw. beobachtet, eine Folge der meist sehr unbefriedigenden Haldenverwaltung in den meisten Implementierungen. Da die algorithmischen Aufwendungen bei vielen Dialogsystemen (z.B. Platzbuchung, Texteditieren) jedoch insgesamt eher bescheiden sind, fällt dieser Punkt oft nicht sehr stark ins Gewicht.

Problembereich Prozeßsteuerung und Betriebsmittelvergabe

Hier sind folgende, für den Implementierer manchmal - aber nicht immer - wichtige Fragen zu diskutieren:

- Können Prozesse abgespalten werden (Prozeß-Verzweigung), z.B. um bestimmten Benutzern für aufwendige Aktivitäten eigene Prozesse zuzuweisen?

- Können asynchron ablaufende Prozesse koordiniert werden?

- Kann die Arbeitsspeicherbelegung (insbesondere bei virtuellen Systemen) kontrolliert und anforderungsabhängig gesteuert werden?

- Können Code-Dateien (startfähige Programme) erzeugt werden, um z.B. die Laufzeiteffizienz eines interaktiven Programmiersystems gezielt verbessern zu können?

- Stehen Semaphor-Variable (auch unabhängig von Prozessen), Event-Variable, Message-Warteschlangen oder ähnliche Hilfsmittel zur Verfügung, um Synchronisation und Kommunikation von Prozessen beherrschen zu können?

Da bei einem komplexen Mehrbenutzer-Dialogsystem der Hauptprozeß stets für alle Benutzer kurze Antwortzeiten garantieren sollte, muß zunächst zwischen trivialen und rechenintensiven Benutzerkommandos unterschieden werden. Die trivialen Kommandos kann der Hauptprozeß selbst ausführen, da sie nur sehr wenig Rechenzeit erfordern. Die rechenintensiven Kommandos werden jedoch am besten als unabhängiger Prozeß vom Hauptprozeß abgespalten, da der Hauptprozeß selbstverständlich höhere Priorität haben sollte und - um stets schnell reagieren zu können - selbst keine längeren Rechnungen ausführen sollte. In manchen Fällen ergeben sich sogar noch weitergehende Anforderungen: Der Hauptprozeß muß beliebige (katalogisierte) Programme starten und deren Ablauf steuern können, denn zu großer Codeumfang kann es verbieten, alle notwendigen Teilprozesse zu einem großen ablauffähigen Dialogprogramm zusammenzubinden.

Weitere Anforderungen an die Prozeßverwaltung ergeben sich, wenn Dialogsysteme für hoch trainierte Benutzer konzipiert werden: Derartige Benutzer fordern vom System, daß es mehrere Teilprozesse incrementell und dialoggesteuert abwickeln können sollte, z.B. beim echten Parallelbetrieb eines Tischrechners, eines interaktiven Programmiersystems, eines CAD-Systems und einer DIN-Normen-Datenbank beim Konstruktionsvorgang. Die einzelnen Teilprozesse werden dabei als Koroutinen vom Hauptprozeß gesteuert.

Problembereich Datenverwaltung

- Können über die Datei-Schnittstelle beliebige Dateien neu angelegt, katalogisiert, bearbeitet und gelöscht werden, und zwar ohne Einsatz der Betriebssystem-Steuersprache?

- Kann auch ein Programm den gesamten Dateikatalog inspizieren, z.B. eine Liste aller katalogisierten Dateien eines bestimmten Benutzers erstellen?

- Kann ein Programm alle für die Handhabung wichtige Datei-Attribute aus dem Datei-Katalog entnehmen?

- Gibt es die Möglichkeit, mit einer elementaren (z.B. direkten) Organisationsform sehr effizientes Lesen und Schreiben organisieren zu können?

- Können Zugriffskonflikte und Besitzverhältnisse flexibel und dynamisch geregelt werden? Kann exklusiver Zugriff auch für kurze Zeitspannen ermöglicht werden?

Dazu kommen bei komplexeren Dialogsystemen auch Fragen der Datenverwaltung und -sicherung sowie evtl. Datenbank-Systeme, gelegentlich auch Dokumentationssysteme.

Problembereich Datenkommunikation und Terminals

- Können mehrere Dialogstationen simultan betrieben werden, kann ein Programm die an den Rechner angeschlossenen Terminals kontrollieren?

- Können die technischen Eigenschaften der Dialogstationen voll ausgenutzt werden?

- Können sonstige Aufgaben der Datenfernübertragung (z.B. Datenübertragung in Rechnernetzen) angemessen programmiert werden?

Trotz umfangreicher Normungsbestrebungen beobachtet man gerade im Datacom-Bereich viele unterschiedliche Verfahren und Vorgehensweisen. Insbesondere die inzwischen beachtliche Intelligenz bei Terminals begünstigt viele spezielle Lösungen und auch recht komplizierte Verfahren. Dazu kommen noch Einflüsse durch Netztopologien und verteilte Systeme. Die Datenkommunikation gewinnt wegen der ständig sich fortentwickelnden Dezentralisierung immer größere Bedeutung, zumal auch alle kleinen, auf Einbenutzer-Betrieb zugeschnittenen Systeme Daten im Netz austauschen wollen.

2.6.4 Hilfsmittel zur Implementierung von Dialogsystemen in realen Betriebssystemen

Hier sollen nur solche Hilfsmittel angesprochen werden, die bei den Problembereichen "Prozeßsteuerung" und Terminal-Anschluß von Nutzen sind. Bei den Großrechnern der Firma Burroughs steht für gewöhnliche Systemprogrammieraufgaben die höhere Programmiersprache Extended ALGOL zur Verfügung. Innerhalb von E-Algol-Programmen können Prozeßabspaltungen, Semaphor- und Event-Variable sowie ein an Events gekoppelter Interrupt-Mechanismus verwendet werden. Außerdem können Koroutinen formuliert und Prozeßattribute zugegriffen und zum Teil auch verändert werden. Die Prozeßverwaltung wird also vollständig im Stile maschinenunabhängiger höherer Programmiersprachen programmiert, die Operationen stehen in Form von Standard-Prozeduren und -Funktionen zur Verfügung.

Die Prozeßverwaltung ist allerdings dadurch etwas eingeschränkt, daß die Vater-Sohn-Beziehung zwischen erzeugendem und erzeugtem Prozeß stets aufrechterhalten wird. Ein laufendes Programm kann also kein anderes, völlig getrenntes Programm starten und kontrollieren. Um auf den Burroughs-Anlagen die Terminal-Peripherie und unabhängige Programmläufe besser verwalten zu können, gibt es die Sprache DC-ALGOL (Data Communications ALGOL). Sie enthält E-ALGOL als Untermenge und verfügt zusätzlich über Messages und Message-Warteschlangen im Sinne von Abschnitt 2.3.4. Durch eine Reihe weiterer Betriebssystemschnittstellen wurde DC-ALGOL zu einer echten Systemimplementierungssprache, die insbesondere auch geeignet ist, ein vollständiges Teilnehmer-Rechensystem sowie Teilhaber-Systeme zu implementieren. Insbesondere kann ein DC-ALGOL-Programm eine beliebige Anzahl von Terminals kontrollieren, weshalb solche Programme auch als MCS (Message Control System) bezeichnet werden.

Bei dem Betriebssystem BS 2000 der Siemens AG kommunizieren die Prozesse durch sogenannte Makro-Aufrufe mit dem Betriebssystem. Der volle Satz der in Assembler-Sprache zugänglichen Systemmakros definiert praktisch die kommunikative Schnittstelle zum Betriebssystem. Das in Assembler-Sprache programmierte Makro wird bei Übersetzung in Maschinencode letztendlich in einen speziellen Unterprogramm-Aufruf, nämlich den SVC-Befehl (Supervisor Call), zusammen mit der geeigneten Parameterübergabe, übersetzt. In der Regel sind die Makro-Funktionen nur zu einem geringen Umfang auch in die höheren Programmiersprachen (FORTRAN, PASCAL, COBOL usw.) übernommen worden, können aber durch Hinzubinden von Assembler-Unterprogrammen zugänglich gemacht werden.

Bereits aktive Prozesse können weitere Prozesse starten. Prozesse können mit einem Message-Mechanismus miteinander kommunizieren. Für jeden Prozeß besteht im wesentlichen eine Message-Warteschlange, in die von anderen Prozessen Nachrichten abgelegt werden können. Eine weitere, vermutlich elementarere Kommunikationsmöglichkeit besteht durch zentral verwaltete gemeinsame Speicherbereiche. Für den Aufbau von Dialogsystemen, die eine variable Anzahl von Terminals verwalten können, stehen in Gestalt des COM-Systems (COM = Communications Access Method) besondere Hilfen zur Verfügung. Ein als COM-Programm ausgezeichneter Prozeß tritt immer dann in Tätigkeit, wenn ein Terminal-Teilnehmer dies vom Betriebssystem wünscht. COM-Programme können die aktuell angeschlossenen Stationen kontrollieren, weil sie Zugang zu Terminal-Verzeichnissen haben und ansonsten alle notwendigen Operationen in Gestalt von Systemmakros zur Verfügung stehen.

Ein Synchronisier-Instrument wie z.B. Semaphor-Variable steht in expliziter Form offensichtlich nicht zur Verfügung. Der insbesondere bei der Datei-Verwaltung so wichtige Schutz kritischer Programmabschnitte ist weitgehend überflüssig, da es auch bei frei (von mehreren Prozessen) zugreifbaren ISAM-Dateien den exklusiven Zugriff zu Datensätzen gibt, wodurch verhindert werden kann, daß zwei Prozesse gleichzeitig den gleichen Satz der Datei bearbeiten können. Notfalls läßt sich also durch eine ISAM-Datei (mit bedeutungslosen Datensätzen) eine größere Menge von Semaphor-Variablen simulieren.

Wie in allen größeren Betriebssystemen mit relativ umfassender Betriebsmittelverwaltung ist zwischen Benutzerprogrammen und internem Interrupt-System der Prozessoren eine unüberwindliche Trennwand errichtet. Dennoch gibt es Makros für die Handhabung bestimmter Interrupts - bei denen es sich aber nicht um Hardware-Interrupts, sondern um eine bequeme Methode zur Handhabung von Ausnahme-Situationen (Exception Handling) handelt. Im Benutzerprogramm können Interrupt-Service Routinen geschrieben werden für Programmfehler (Arithmetik, Befehlsdecodierung usw.), Intervall-Zeitgeber und Verkehr mit dem Operateur. Das Betriebssystem bringt diese Quasi-Interrupts zur Wirkung, wenn entsprechende Ereignisse eingetreten sind.

3 DIALOGORIENTIERTE KOMMANDOSPRACHEN UND SOFTWARE-ERGONOMIE

3.1 EINFÜHRUNG

Zum Begriff Dialogsprache

Interaktive Systeme (Dialogsysteme) unterscheiden sich von Stapelverarbeitungs-Systemen grundsätzlich dadurch, daß der Benutzer auch während der Bearbeitung seiner Aufgaben durch wechselseitigen Austausch von Nachrichten mit dem System kommunikativ verbunden ist. Daher liegt eine kommunikative Schnittstelle auf sprachlicher Ebene vor. Insbesondere wollen wir die Sprache, die der Benutzer verwendet, um Nachrichten an das System abzuschicken, als Dialogsprache bezeichnen. Dagegen ist es nicht üblich, die von Dialogsystem gelieferten Nachrichten an den Benutzer als "Sprache" aufzufassen. In den meisten Anwendungsfällen ist es jedoch treffender, statt Dialogsprache den Begriff interaktive Kommandosprache bzw. dialogorientierte Kommandosprache bzw. einfach Kommandosprache zu verwenden, da der Sprachvorrat oft nur aus einem festen Satz von Kommandos besteht, ohne daß syntaktisch komplizierte Konstruktionen möglich sind. Mit einer gewissen Berechtigung kann die Dialogsprache auch als Eingabesprache bezeichnet werden.

Kommandos und Anwendungssprache

Häufig zerfällt die Dialogsprache in einen Satz von Kommandos und eine syntaktisch reichhaltigere Anwendungssprache. Dieser Fall liegt z.B. bei APL vor, wo eine Kommandozeile etwa

)*VARS*

und eine Zeile der Anwendungssprache (=Programmiersprache APL) etwa

SPACES←(0⌈*MIDPAGE*-⌊0.5×+/3+⌊10⍟*P*)⍴' '

lautet.

Wichtige Eigenschaften von Dialogsprachen

Abgesehen von einzelnen recht komplizierten Anwendungssprachen mit reichhaltiger Syntax und Semantik haben Dialogsprachen in aller Regel eine relativ einfache syntaktische Struktur. Das ergibt sich aus dem Umstand, daß der Benutzer die einzelnen Kommandos ohne gegenseitige syntaktische

Bindungen formuliert und strikt sequentiell an das System abschickt. Die Abarbeitung der Kommandos erfolgt ebenfalls strikt sequentiell, so daß Schleifen, Sprünge, Unterprogramme und andere Ablaufstrukturen keine Rolle spielen.

Da beim direkten Eingeben von Kommandos eine ziemlich hohe Fehlerrate resultiert, müssen Dialogsysteme syntaktisch oder semantisch falsche Kommandos mit sofortiger und ausreichender Fehlerdiagnose beantworten und in jedem Fall ohne Wirkung übergehen. Die Semantik von syntaktisch falschen Konstruktionen ist dadurch aber wohldefiniert und das Dialogsystem verarbeitet eine beliebige Mischung aus korrekten und inkorrekten Kommandos! Bei Programmiersprachen und auch bei Betriebssteuersprachen (JCL = Job Control Languages) liegen die Verhältnisse meist anders: Ein Programm wird erst dann ausgeführt, wenn es als formal fehlerfrei erkannt worden ist. Eine Korrektur von einmal gemachten Fehlern in späteren Zeilen ist in der Semantik von Programmiersprachen nicht vorgesehen.

Während bei Programmiersprachen nur ganz selten auf die Bedürfnisse des untrainierten Benutzers eingegangen wird, müssen Dialogsprachen dem zukünftigen Benutzer auf die Haut, besser vielleicht auf den Intellekt, geschneidert werden. Die Dialogsprache muß also die Anwendung bewältigen und gleichzeitig den Benutzer zufriedenstellen, also benutzerfreundlich sein. In der Literatur findet man viele Ratschläge, wie z.B. dem untrainierten Benutzer beim Dialog durch spezielle Eigenschaften der Dialogsprache und der Implementierung geholfen werden kann. Mit diesem Thema werden wir uns noch ausführlich auseinandersetzen.

Dialogsprache als kommunikative Schnittstelle

Dialogsprachen sind ohne Zweifel die höchste Ebene der kommunikativen Schnittstelle zwischen Dialogsystem und Benutzer. Der Benutzer und die Dialogsprache selbst müssen aber auf den tieferen kommunikativen Ebenen aufbauen. Also müssen Leitungsprozeduren, Terminal-Hardware und Programme der lokalen Intelligenz (im Terminal eingebaut) als wesentliche Faktoren einkalkuliert werden. Ein Beispiel soll dies verdeutlichen: Zwischen Benutzer und Dialogsystem kann die intensivste Form des Dialoges nur dann realisiert werden, wenn die Benutzereingaben Zeichen für Zeichen - zum Zeitpunkt des Tastenanschlags - vom Dialogsystem gelesen, analysiert und verarbeitet werden. Dabei können z.B. syntaktische Fehler so früh wie möglich erkannt und rückgemeldet werden. In älteren Systemen konnte das Dialogsystem zu diesem Zweck die Tastatur blitzschnell verriegeln und so auf die Fehler sofort (auch beim Blindschreiben!) hinweisen. Heute könnte ein sehr dezentes Summgeräusch, z.B. durch das ASCII-Zeichen <bel> ausgelöst, eine ähnliche Funktion übernehmen. Praktisch alle heutigen Großrechner erlauben wegen des Kanalkonzeptes bzw. wegen der Leitungsprozeduren den zeichenweisen Informationsaustausch nicht mehr und operieren stattdessen auf Zeilenbasis. Nur durch die heute verfügbare lokale Intelligenz ist zeichenweise Interaktion wenigstens in gewissem Umfang wieder möglich geworden.

Während über Programmiersprachen eine weit verästelte und detaillierte Literatur mit vielen theoretischen und praktischen Erkenntnissen existiert, wurden Dialogsprachen kaum systematisch studiert oder gar mit Normungsbestrebungen bearbeitet. Ähnliches gilt aber auch für die von der Wissenschaft stark vernachlässigten Betriebssystem-Steuersprachen (JCL). Daher gibt es relativ wenige Veröffentlichungen über Syntax und Semantik von Dialogsprachen, wobei aber meist einzelne Ansätze, insbesondere beim interaktiven Programmieren, herausgestellt werden. Demgegenüber haben Dialogsprachen, insbesondere die einfacheren Formen, welche besser als interaktive Kommandosprachen bezeichnet werden, in der Praxis eine weite Verbreitung gefunden. Jeder Texteditor, jedes interaktiv betreibbare Programm besitzt eine spezifische Dialogsprache.

Die weite Verbreitung von Dialoganwendungen hat inzwischen auch für diese kommunikativen Schnittstellen einen beachtlichen Normungsdruck erzeugt. Es dürfte daher nicht mehr allzulange dauern, bis sich manche Regeln der Kommunikation mit Rechnern als Norm-verbindlich erweisen. Selbst die IFIP Working Group 2.7 (vergleiche Beech und Kugler (1982)) arbeitet an einem Vorschlag zur Vereinheitlichung von Betriebssteuersprachen. Der Normungsgedanke wird auch in Mertens (1977) und in Schmidt-Lademann und Schmitt (1981) aufgegriffen. Syntaktische Fragen bei Dialogsprachen werden z.B. von Kupka und Wilsing (1974, 1975) behandelt. Wie die Benutzer gewisse Eigenschaften von Dialogsystemen bewerten, haben Dzida, Herda und Itzfeld (1978a) und (1978b) in einer Erhebung ermittelt.

Dialogsprache und Leistungsspezifikation

Ähnlich wie für sonstige Software-Systeme gilt auch für Dialogsysteme folgendes allgemeine Gesetz: Die vollständige Beschreibung der Semantik der Dialogsprache ist gleichzeitig auch eine vollständige Leistungsspezifikation des Dialogsystems. (Dabei setzen wir voraus, daß auch die Realzeiteigenschaften, Antwortzeiten, Lastcharakteristiken usw. "semantische" Eigenschaften der Kommandosprache sind.) Systeme mit gleicher Syntax (Aufbau der Kommandos) und Semantik (Wirkung der Kommandos) verhalten sich für den Benutzer völlig gleich, obwohl ihre Implementierungen völlig unterschiedlich strukturiert sein können. Formale Methoden zur Spezifizierung der Semantik von Kommandosprachen sind nicht gebräuchlich, jedoch sind die bei Programmiersprachen reichhaltig vorhandenen Ansätze ohne wesentliche Änderungen verwendbar. Insbesondere im Hinblick auf eine auch semantisch vollständige Spezifikation, die der Implementierer benötigt, sollten im Zweifelsfall formale Methoden angewandt werden. (In der Praxis ist diese Forderung insbesondere bei sehr benutzerfreundlichen Syntax-Einzelheiten kaum noch zu befriedigen, man vergleiche die Ausführungen in 3.3.1.).

Dialogsprache und Benutzerforschung

Nach den ersten größeren Einsätzen interaktiv nutzbarer Rechensysteme entstand auch eine Benutzerforschung, bei der es darum geht, das tatsächliche Verhalten von Benutzern bzw. deren Fähigkeiten und Möglichkeiten im Dialog empirisch zu analysieren, um letztendlich bessere Dialogschnittstellen konstruieren zu können. Manche Anstrengungen in diese Richtung wurden unternommen, man vergleiche z.B. die interessanten Beiträge in Heft 1 (März 1981) der ACM Computing Surveys. Zwei Hauptprobleme können identifiziert werden:

- Muß (angewandte) Benutzerforschung wirklich völlig empirisch sein, also ohne Berücksichtigung des gesunden Menschenverstandes?

- Wie kann die Benutzerforschung zu beweisbaren Verbesserungen der Dialogschnittstellen beitragen?

Wir glauben, daß Nievergelt (1975) mit seinem pragmatisch-evolutionären Konzept die letztendlich erfolgreichste Gesamtstrategie formuliert hat: "A ground rule for the design was to look at every aspect of an introductory programming course, instructional or administrative, and, without any preconceived ideas about what should be assigned to a computer and what should not, try to automate everything in any way that looked feasible; with the exception that actual use would later show which tasks had been successfully automated, and the unsuccessful ones would simply wither away."

Eine empirische Verwissenschaftlichung der Dialogsituation kann der Komplexität der beteiligten Systeme Mensch und Computer sicher niemals voll gerecht werden. Das Lebensgefühl ebenso wie das ästhetische Empfinden des Menschen lassen sich vielleicht kurzfristig in einer Momentaufnahme deuten, aber niemals über längere Zeit vorhersagen. Wir wagen daher die These: Sichere Aussagen über das Benutzerverhalten kann es nicht geben. Ähnlich gelagerte Fälle wie z.B. das Bestseller-Schreiben, das Werbe-Texten, das Produzieren von Kunstwerken durch Künstler zeigen ja auch, daß in allen diesen Fällen die empirische Forschung keineswegs in der Lage ist, sicher Regeln für den erfolgreichen Entwurf zu liefern, sondern allenfalls zur nachträglichen Kontrolle brauchbar ist - aber auch hier oft mit völlig falschen Ergebnissen. (Auch ein Kino-Film lebt durch die starke Kommunikation mit dem Zuschauer. Der gute Regisseur ist aber praktisch niemals den empirischen Methoden verschrieben. Trotz jahrzehntelanger Bemühungen konnte der Kassenerfolg eines Kinofilmes niemals durch die empirische Forschung reproduziert oder sichergestellt werden.)

Der Entwurf von Dialogschnittstellen erfordert sowohl systematische Auseinandersetzung mit dem Problem - dieses Kapitel 3 will hierzu einen entscheidenden Beitrag leisten - als auch Erfahrung und reichhaltig geübte (handwerkliche) Fertigkeiten. Bevor jemand sich mit einem größeren Dialog-Schnittstellen-Projekt auseinandersetzt, sollte er Erfahrung bei kleineren Dialogaufgaben sowie bei der praktischen Benutzung einer größeren Zahl von Dialogschnittstellen gewonnen haben. Dieser letzte Punkt ist wohl der wertvollste Rat an dem zukünftigen Dialogschnittstellen-Designer.

3.2 ANPASSUNG DER DIALOGSPRACHE AN DEN BENUTZER

3.2.1 Die spezifischen Probleme des Dialoges

In vielen Publikationen über Dialog und Dialogsysteme heben die Autoren immer wieder hervor, wie wichtig es ist, daß das System eine leicht zu handhabende Benutzerschnittstelle aufweist. Diese etwas einseitige Sicht möchten wir wie folgt modifizieren: Die Dialogsprache sollte auf die sprachlichen Ausdrucksmöglichkeiten und Denkgewohnheiten des Benutzers eingestellt sein. Wenn technisch möglich, sollte das System aus den Erfahrungen mit den einzelnen Benutzern lernen und sich speziell auf den einzelnen Benutzer einstellen. Im Zweifelsfall sollte eine einfachere Gestaltung der Dialogsprache vorgezogen werden.

Es dürfte allgemein akzeptiert sein, daß sich der Benutzer im On-Line-Betrieb, also während des Dialoges, anders verhält als beim Zusammenstellen von Kommandosequenzen (z.B. einer JCL) zunächst ohne Rechnerkontakt. Es ist recht aufschlußreich, die dialogartige Benutzung der vom Rechner losgelösten Programmierung (auch JCL-Sequenzen können als Programme aufgefaßt werden) gegenüberzustellen. Dabei ergeben sich interessante Einsichten für den Dialogbetrieb:

Begrenztes Kurzzeitgedächtnis

Das begrenzte Kurzzeitgedächtnis bewirkt, daß der Benutzer sich nur wenige Informationen über den aktuellen Dialogzustand merken kann. Wenn es also gelingt, die Komplexität der Dialogumgebung zu reduzieren, z.B. durch Vereinfachung der zu beachtenden Objektmengen, so wird das Kurzzeitgedächtnis entlastet. (Gehört z.B. die variable Zeilenlänge der Dialogstation als Parameter zur Dialogumgebung, so kann der Benutzer entlastet werden, wenn das Dialogsystem diesen Parameter automatisch an die Zeilenbreite der Dialogstation angepaßt hat, sofern der Benutzer keinen besonderen Wunsch äußert). Das Kurzzeitgedächtnis wird auch dadurch wirkungsvoll entlastet, wenn jede Information, die dem Benutzer entfallen ist, sofort nachgefragt werden kann.

Begrenztes Langzeitgedächtnis

Jeder Benutzer eines Dialogsystems muß versuchen, die meist negativen

Folgen des Vergessens von Kommando-Bezeichnungen, Parameter-Spezifikation, Einzelheiten früherer Sitzungen usw. in Grenzen zu halten. Er muß also versuchen, seine Arbeitsweise auf sein begrenztes Langzeitgedächtnis einzustellen. (Das bedeutet z.B. konkret, daß das Benutzerhandbuch des Dialogsystems auch nach längerer Erfahrung noch oft benötigt wird.)

Eine Entlastung des Langzeitgedächtnisses wird in idealer Weise durch selbsterklärende Systeme erreicht, wobei jedoch noch einige andere Gesichtspunkte zum Tragen kommen. Zum Beispiel kann es sinnvoll sein, Anfragen des Benutzers wie z.B. "Welche Zeilen der Textdatei XY habe ich in den letzten 2 Wochen geändert?" beantworten zu können. Offensichtlich ist es für den Benutzer sehr entlastend, wenn das Dialogsystem seinerseits über ein ausgeprägtes Langzeitgedächtnis verfügt. Das klassische Fernschreib-Terminal hatte gegenüber Bildschirmen den Vorteil, daß man den Dialog schnell zurückverfolgen konnte, indem man alte Sitzungsprotokolle studierte. Komfortable Dialogsysteme, auf Bildschirme abgestimmt, sollten evtl. mit einem Rückblätter-Modus ausgestattet werden, der das gleiche, allerdings ohne Papiereinsatz, leisten könnte. Die technische Realisierung ist nicht schwierig, da es genügt, eine sequentielle Datei sowohl mit der Benutzereingabe als auch der Systemausgabe zu füllen und das Rückblätter-Kommando zu implementieren. Das begrenzte Langzeitgedächtnis des Benutzers könnte also recht wirksam durch Rückblättern in alten Dialogen verbessert werden, jedoch erfordert eine entsprechende Einrichtung ohne Zweifel sehr viel zusätzlichen Speicher.

Erhöhtes Fehlerrisiko

Der Dialogbetrieb ist spätestens nach einer gewissen Gewöhnungsphase durch Spontaneität geprägt. Daraus resultieren sehr häufig Tippfehler, syntaktisch und/oder semantisch falsche Eingaben, experimentelles Vorgehen. Diese typischen Eigenschaften von Dialogen müssen beim Entwurf der Kommandoschnittstelle berücksichtigt werden, indem ausführliche Fehlerdiagnosen, tolerante Kommandoentschlüsselung, Warnung vor Aktivitäten mit hohem Verlustrisiko (z.B. Löschen von Dateien, die nicht gesichert sind) und ähnliches bereitgestellt wird. (Maximale Arbeitsgeschwindigkeit im Dialog ist nur erreichbar, wenn der Benutzer gelegentliche Fehler und Irrtümer in Kauf nimmt.)

Mangelnder Vorausblick

Während eine Kommando-Sequenz im Stapelbetrieb vor ihrer Ausführung voll durchdacht wird, entscheidet der Dialogbenutzer erst während der Problemlösung über das weitere Vorgehen. Dadurch entstehen leicht sackgassenähnliche Situationen sowie Folgewirkungen, die sich erst später als sinnlos erweisen. Technisch könnte ein korrekt implementiertes Zurück-Kommando eine große Hilfe sein - man denke z.B. an eine verunglückte Detail-Konstruktion bei einer CAD-Sitzung. Das weiter unten erläuterte Konzept der Reversibilität entschärft wohl die meisten Probleme des mangelnden Vorausblicks.

Mangelnde Modellkenntnis

Der Benutzer mancher komplexer Dialogsysteme muß nicht nur die Dialogsprache beherrschen, sondern auch über interne Vorgänge im Dialogsystem Bescheid wissen. Ähnliches kennt man ja auch vom Bedienen komplexerer Maschinen, wo sogenanntes technisches Unverständnis schnell zu Betriebsproblemen führt.

Der mangelnden oder schwer zu erwerbenden Modellkenntnis kann durch verschiedene Maßnahmen entgegengewirkt werden. Das Dialogsystem kann einfacher strukturiert werden, z.B. durch Wegfall von Unterzuständen. Auch kann das System von sich aus den Benutzer stärker an den internen Aktivitäten teilnehmen lassen, z.B. durch Rückmeldungen, die über interne Vorgänge im System berichten. (Das Problem der mangelnden Modellkenntnis wird z.B. in Gunzenhäuser (1982) angesprochen, ihre Bedeutung für das Erlernen des Programmierens in Mayer (1981).)

Die spezifischen Probleme des Dialoges - es gibt sicher noch mehr als die oben genannten - müssen durch technisch sinnvolle Maßnahmen entschärft bzw. gelöst werden.

3.2.2 Konzepte für die Konstruktion von Dialogschnittstellen

Hier werden einige ganz allgemeine Konzepte vorgestellt, die bei der Konstruktion von Dialogsprachen und Dialogschnittstellen nützlich und hilfreich sind. "Konzepte" müssen notwendigerweise abstrakt sein, damit sie in vielen verschiedenen Situationen wirksam werden können.

Die Begriffe "Datenobjekt" und "Datenumgebung"

In einem rechnergestützten Dialogsystem werden in aller Regel Datenobjekte manipuliert. Wir nehmen insofern einen allgemeinen Standpunkt ein, als wir z.B. auch eine technische oder künstlerische Zeichnung, ein Buch, ein Druckerprotokoll oder die auf einem Magnetband gespeicherte Information jeweils als Datenobjekte auffassen. Für die in Dialogsystemen vorkommenden Datenobjekte (=gespeicherte Informationen) können wir folgende Eigenschaften voraussetzen:

- Datenobjekte sind strukturiert gemäß einer Strukturdefinition, welche freilich nur selten explizite in Erscheinung tritt.
  Beispiel: Strukturdefinition von Objekten einer Art Text in Anlehnung an PASCAL:
  ```
  Type Char = 0 ..127;
  Type Zeile = Array [1:80] of Char;
  Type Text = Array [1:Zeilenzahl] of Zeile;
  ```

- Datenobjekte erlauben eine semantische Interpretation.

- Datenobjekte sind Exemplare von Informationen, können also als Gegenstände aufgefaßt werden.

Während des Dialoges kommt die Datenverarbeitungsleistung dadurch zustande, daß das Dialogsystem im Zusammenspiel mit dem Benutzer Datenobjekte erzeugt, verändert, transformiert, ordnet, speichert usw.

Die in einem Dialogsystem gespeicherten und für Dialoge relevanten Datenobjekte werden Datenumgebung genannt. Die Datenumgebung kann als eine Menge von Datenobjekten mit zumeist vielfältigen semantischen und strukturellen Verknüpfungen aufgefaßt werden.

Der Begriff "Dialogzustand"

Die komplette Zustandsbeschreibung eines Dialoges (zu einem definierten Zeitpunkt) heißt Dialogzustand. Eine solche Zustandsbeschreibung besteht aus einer Datenumgebung sowie aus sonstigen Zustandsinformationen. (Mit dem begrifflichen Rüstzeug der abstrakten Automatentheorie kann ein Dialogsystem als abstrakter Automat aufgefaßt werden, wobei auch die hier eingeführten Begriffe genau definiert werden können. Ältere Überlegungen dieser Art stammen z.B. von Kupka und Wilsing (1975). Für unsere allgemeineren Erörterungen genügen die obigen phänomenologischen Definitionen.)

Transparente Datenumgebungen

Ein Dialogsystem verfügt über eine transparente Datenumgebung, wenn sämtliche für Dialoge relevante Datenobjekte vom Benutzer jederzeit (auch selektiv!) zugegriffen, in lesbarer Form (möglichst in der Notation der Umgangssprache bzw. Fachsprache) ausgedruckt bzw. aufgelistet werden können und nach einfachen Kriterien geordnet sind.

Transparente Datenumgebungen sind in einigen Fällen nicht leicht herzustellen. Bei manchen Teilnehmer-Rechensystemen besteht die Datenumgebung jedes einzelnen aktiven Benutzers praktisch aus der Gesamtheit aller im System gespeicherten Informationen und den ablaufenden Prozessen. In solchen Fällen erweist sich also die Datenumgebung als eine sehr umfangreiche Objektmenge. Überdies wird der Dialogzustand durch die Prozesse dauernd geändert, ohne daß der Benutzer überhaupt Kommandos eingibt. Ein einfaches Beispiel ist der Uhrzeit-Prozeß, der den Benutzern zugänglich ist, wenn es ein Kommando zum Erfragen der Uhrzeit gibt. In einem solchen Falle gehört die aktuelle Uhrzeit zur Datenumgebung.

Bei kleineren Dialogsystemen sind Datenumgebung und Dialogzustand oft gut zu überblicken, besonders dann, wenn die Benutzer und ihre privaten Datenobjekte strikt voneinander abgegrenzt sind. Demgegenüber ist die Datenumgebung eines weltweiten Platzbuchungssystems allein schon dadurch ziemlich komplex, daß ein bevorrechtigter Benutzer in allen Buchungsdateien lesen kann, z.B. durch ein Kommando der Gestalt "Wer ist bisher auf Flug Nr. X am M.T.J. gebucht?"

Explorierbarkeit des Dialogzustandes

Diese ebenfalls wünschenswerte Eigenschaft hängt eng mit transparenten Datenumgebungen zusammen: Eine Dialogsprache erlaubt die vollständige Explorierbarkeit des aktuellen Dialogzustandes, wenn es möglich ist, alle Objekte der Datenumgebung "zerstörungsfrei" zu ermitteln und auch im Detail darzustellen (z.B. Ausdrucken) sowie die Zustandsdaten festzustellen. Dieser Vorgang muß ohne Vorkenntnisse über die Dialogumgebung, also nur durch routinemäßige Wahl von Kommandos, möglich sein. Es wird außerdem vorausgesetzt, daß die Datenobjekte in transparenter (sofort lesbarer) Notation dargeboten werden und nicht etwa in verschlüsselter Form. Die Explorierbarkeit erlaubt also eine nicht zerstörende Analyse des Dialogzustandes, die deshalb so wichtig ist, weil man nicht erwarten kann, daß der Benutzer den Dialogzustand in allen Details im Kopf hat. Falls die Datenumgebung auch geschützte Daten enthält, die nicht ausgegeben werden dürfen, sollte deren Existenz wenigstens mitgeteilt werden. Eines der bekanntesten voll explorierbaren Systeme ist z.B. das APL-System, Einzelheiten erläutert Abschnitt 4.3.

Reversibilität der Dialogsprache

Zwei Kommandos einer Dialogsprache sind semantisch invers zueinander, wenn die Wirkung des einen Kommandos durch das andere Kommando rückgängig gemacht werden kann. Eine Dialogsprache hat die Eigenschaft der Reversibilität, wenn es zu jeder Kommandosequenz $K_1, K_2, \ldots, K_n$ eine zweite Kommandosequenz $K_1', K_2', \ldots, K_m'$ gibt, die die Wirkung der ersten Sequenz rückgängig macht. Die Vorteile eines reversiblen Kommandosystems sind bei Buchungssystemen (z.B. Fehl-Buchung) und bei Entwurfssystemen (z.B. Korrektur von Fehlern in einer technischen Zeichnung) relativ einsichtig. (Auch das in Interlisp (siehe Teitelmann (1975)) implementierte UNDO-Kommando kann hier genannt werden.) Allerdings ist es nicht ganz einfach, zu einem Kommando wie z.B. "LOESCHE DATEI XY" ein inverses Kommando zu implementieren. Eine für praktische Zwecke ausreichende Lösung wird dadurch erreicht, daß die zu löschende Datei (bzw. ein zu ändernder Satz einer Datei) in einer Aktivitäten-Datei aufgehoben wird. Solche Aktivitäten-Dateien werden zur systematischen Aufzeichnung von Dialogen benutzt. Auch eine zunächst nur logische, nicht aber physikalische Löschung kommt in Betracht, z.B. zusammen mit einer Bezeichnungs-Änderung der Datei.

(Dem Begriff der Reversibilität entspricht in der Automatentheorie der Begriff des starken Zusammenhanges. Der berühmte Psychologe Jean Piaget kam bei seinen Analysen von Denkvorgängen zu dem Ergebnis, daß die Fähigkeit, einen Gedankengang wieder rückgängig machen zu können, von großer Bedeutung für die menschliche Intelligenz ist. Er betrachtete die von ihm ebenfalls mit "Reversibilität" bezeichnete Eigenschaft auch von einem sehr abstrakten Standpunkt, womit sich sein Interesse für die mathematische Gruppentheorie erklärt. Eine Gruppe im Sinne der Mathematik ist bekanntlich eine algebraische Struktur, bei der zu jedem Element a ein inverses Element a^{-1} gefunden werden kann, so daß $a \circ a^{-1} = a^{-1} \circ a = e$ = Einselement.)

Fehlertoleranz und Redundanz der Dialogsprache

Ein aus der Codierungstheorie wohlbekannter Zusammenhang zwischen Fehlererkennung bzw. Fehlerkorrektur und Redundanz, also Weitschweifigkeit, gilt in ähnlicher Form auch für Dialogsprachen. Fehler können prinzipiell nur erkannt und manchmal auch korrigiert werden, wenn die Dialogsprache redundant ist.

Da bei Dialogsprachen die Kommandos in der Regel manuell eingegeben und linear abgearbeitet werden, muß mit einer vergleichsweise hohen Fehlerrate gerechnet werden. Denn ein fehlerhaftes Kommando kann meist nicht mehr zurückgerufen werden, wenn es an das Dialogsystem abgeschickt wurde. Daraus werden gewöhnlich zwei allgemeine Forderungen abgeleitet:

- Syntaktisch falsche Kommandos müssen klar diagnostiziert werden. Jede beliebige Zeichenkette darf als Kommando eingegeben werden, ohne daß das System in technische Schwierigkeiten geraten sollte. Diese Eigenschaft kann auch ohne Vorkenntnisse leicht getestet werden: Das Abschicken willkürlicher Zeichenfolgen an ein Dialogsystem sollte auch in größerem Umfang möglich sein, ebenso schnelle und langsame Anschläge der Tastatur, ohne daß dadurch Fehlfunktionen ausgelöst werden.

- Syntaktisch korrekte, aber semantisch falsche Kommandos sollen vollständig wirkungslos sein. Das bedeutet, daß also die fehlerfreie Ausführung eines Kommandos überprüfbar sein sollte, bevor das Kommando tatsächlich ausgeführt wird. Da die Algorithmen zur Ausführung von Kommandos oftmals komplex sind, ist es manchmal nicht einfach, Fehler in der Zukunft rechtzeitig zu erkennen. Notfalls kann eine probeweise Ausführung mit kopierten Daten die gewünschte Überprüfung leisten.

Kompaktheit der Dialogsprache

Insbesondere der Experte verzichtet gerne auf Redundanz und stellt die Gegenforderung nach einer kompakten und semantisch dichten Dialogsprache. Die Gründe werden weiter unten erläutert. Wie sich zeigen wird, kann eine Kommandoschnittstelle sowohl Weitschweifigkeit und Redundanz als auch Kompaktheit, also gegensätzliche Prinzipien, vereinigen. Wir nennen solche Schnittstellen dann adaptiv.

3.2.3 Benutzer-Klassen

Viele Überlegungen beim Entwurf von Dialogsprachen sowie beim nachträglichen Einsatztest in der Praxis tangieren das Benutzer-Modell, das einem Dialogsystem zugrunde liegt. Probleme wirft in der Regel der wenig trainierte oder wenig kompetente Benutzer auf, keineswegs der Experte. In vielen Veröffentlichungen werden daher Benutzer-Klassen definiert und es wird untersucht, wie Dialogschnittstellen für bestimmte Benutzerklassen beschaffen sein sollten. Wir unterscheiden grundsätzlich zwischen zwei großen Benutzerklassen, zwischen denen selbstverständlich fließende Übergänge bestehen:

Untrainierte Benutzer haben ganz allgemein wenig oder keine Erfahrung mit Dialogsystemen (bzw. mit einem spezifischen System). Sie beherrschen also Kommandosprachen allenfalls fragmentarisch, haben bisher nur geringe Kontaktzeiten mit Dialogsystemen aufzuweisen oder verwenden nur einen sehr geringen Anteil ihrer Zeit mit Computer-Dialogen. Die letzte Kategorie der zwar regelmäßig, aber nur zu geringen Zeitanteilen mit Dialogsystemen verkehrenden Benutzer wird im englischen häufig als "casual user" bezeichnet.

Trainierte Benutzer haben erhebliche Benutzer-Erfahrung mit Dialogsystemen (bzw. einem einzelnen Dialogsystem), beherrschen demgemäß mindestens eine nicht zu einfache Dialogsprache praktisch vollständig und sind beim Tippen und Bedienen von Terminals geübt.

Neben diesen beiden gegensätzlichen Klassen gibt es sicherlich noch eine Reihe weiterer, für die Benutzerklassifizierung wichtiger Dimensionen wie z.B. die Intelligenzhöhe, Umfang der Programmiererfahrung (Nichtprogrammierer, Programmierer, Systemprogrammierer) sowie den Expertenstatus. Benbasat, Dexter und Masulis (1981) unterscheiden z.B. Benutzer nach ihrem kognitiven Stil (high analytics, low analytics) und nach dem Risiko-Verhalten (risk takers, risk-averse individuals). Beim Entwurf ist es jedoch schwierig, solche verfeinerten Dimensionen in die Gestaltung der Dialogkommandos einzubringen.

Dialogschnittstellen für untrainierte Benutzer

Die Gruppe der untrainierten Benutzer hat beim Dialog stets - zumindest aus der Sicht des Experten - mit vordergründigen und elementaren technischen Schwierigkeiten zu kämpfen. Im folgenden näher beschriebene Maßnahmen können z.B. empfohlen werden, um das System für untrainierte Benutzer handhabbarer zu gestalten:

- Das System soll möglichst eine aktive Rolle im Dialog übernehmen, es soll den Dialog "dominant" führen. Das gelingt z.B., indem es Fragen an den Benutzer stellt, die dieser mit einfachen Eingaben beantwortet, z.B. nur mit J oder N bzw. einer Ziffer (Wahlantwort).

- Die Anbiete-Technik beinhaltet ergänzend, daß Kommandos tabellarisch gezeigt werden (z.B. Menü), daß wichtige Objekte gegebenenfalls aufgezählt werden, um dem Benutzer einen besseren Überblick zu verschaffen und seine Entscheidung zu erleichtern. So kann das System in einer bestimmten Situation den Benutzer auffordern, eine Datei zu spezifizieren und ihm gleichzeitig eine Liste der aktuell katalogisierten Dateien vorlegen:
  BITTE DATEI ANGEBEN
     VORHANDENE DATEIEN: AX, WELLEN, ZINSEN.

- Hilfen im Fehlerfall können auf recht unterschiedlichen Wegen gegeben werden. Im Falle einer falschen Kommandoeingabe könnte die korrekte Anwendung des Kommandos an Beispielen demonstriert werden, denn der untrainierte Benutzer kann mit einer formalen Syntax und evtl. geschraubt formulierten Semantik-Spezifikationen nichts anfangen. Es genügt also nicht, die so oft und überall geforderten klaren Fehlermeldungen mit genauestmöglicher Angabe einer Fehlerursache zu realisieren. Im Falle einer Benutzereingabe, die das System nicht vernünftig entziffern kann, z.B. insbesondere bei der leeren Eingabe, fordern wir, daß Hilfen vom System angeboten werden. Diese Hilfe muß insbesonder klar erkennen lassen, wie eine vollständige Tabelle mit den wichtigsten Kommandos angefordert werden kann. Diese Tabelle sollte nach zwei nicht interpretierbaren Eingaben in jedem Fall ausgegeben werden. (Konsequenz: Mit einem derartigen System kann man auch dann sofort in Dialog treten, wenn man die Kommandosprache noch nicht kennt.) Günstig kann sich auch ein Hilfe-Kommando auswirken, welches die Nachfrage der verschiedenartigsten technischen Details der Kommandosprache und anderer Systemkomponenten gestattet.

- Mit zusätzlichen Zustandsanzeigen über interne Aktivitäten des Dialogsystems kann auch der untrainierte Benutzer die augenblickliche Dialogsituation besser einschätzen. Ohne solche Hilfen ist er oft sehr verunsichert, insbesondere bei Mehrbenutzer-Systemen mit stark schwankenden Antwortzeiten. Daher sollte das System jede Eingabe, die nicht sofort beantwortet werden kann, quittieren, wobei ein einzelnes Zeichen wie "#" oder "." genügt. Bei Kommandos mit algorithmisch größerem Umfang (z.B. Durchsuchen einer großen Textdatei nach bestimmten Suchbegriffen) sollte die vom System aus zu führende Tätigkeit ausführlicher geschildert werden:
KOMMANDO AKZEPTIERT.TEXTDATEI WIRD DURCHSUCHT.

- Kommandosprachen für untrainierte Benutzer sollten einfach sein. Komplizierte Syntax und Semantik von Kommandos sind für den untrainierten Benutzer ein ernstes Hindernis, ebenso Kommandos, die mit vielen Parametern auszustatten sind. Große Einfachheit wird erzielt, wenn die Kommandos etwa den Aufbau

  <Kommando-Bezeichnung><Parameter1>{<Parameter2>{<Parameter3>}}

  haben, wobei eine Zahl von zwei bis drei Parametern nicht überschritten werden sollte. Außerdem sollte die Kommandosprache noch übersichtlich sein, also z.B. nicht zu viele Kommandos aufweisen.
  Die oft geäußerte Ansicht, daß dem untrainierten Benutzer die natürliche Sprache als Kommandosprache zugänglich gemacht werden sollte, ist nicht ganz einsichtig. Allein der Tippaufwand ist so groß, daß der vermeintliche Komfort sich schnell ins Gegenteil verkehren kann. Außerdem ist die semantische Klarheit nicht einfach zu erreichen und Systeme, die tatsächlich fast alle Formulierungen in natürlicher Sprache verstehen, sind aufwendig und schwierig zu implementieren, siehe hierzu Abschnitt 3.5.

- Die an den Benutzer gerichteten sprachlichen Informationen sollten nur

Begriffe und Wendungen enthalten, die auch tatsächlich allgemeinverständlich sind. Computer-Jargon und spezielle Fachterminologie sind für den Anfänger noch weitgehend unverständlich. Ebenso sollten vom Dialogsystem am Anfang nur kleinere und noch überschaubare Textteile ausgegeben werden, wobei auch eine gute Gliederung und Hervorhebung wichtiger Textteile zu fordern ist. In Zweifelsfällen können solche Texte einer größeren Anzahl von möglichen Benutzern mit dem Ziel vorgelegt werden, die unverständlichen Begriffe und Textteile durch Test zu ermitteln.

Auflösen komplexer Eingaben in überschaubare Einzelschritte

Diese Methode sollte immer dann implementiert werden, wenn eine an sich für Experten geschaffene, reichhaltig parametrisierte befehlsorientierte Kommandosprache auch durch Anfänger und Untrainierte benutzt werden soll. Das Prinzip läßt sich am besten durch ein hypothetisches Dialogbeispiel verdeutlichen. Das in einer Zeile eingegebene komplexe Kommando

FIND LIT 10 #IT#, #END# A:FILE AB

bedeutet:

"Suche in der Datei A von Anfang an die Zeichenkette IT (LIT: beliebiger Kontext, 10: höchstens 10mal) und END (Token, d.h., vor und nach END weder Buchstabe noch Ziffer) und lege alle so gefundenen Textzeilen in der (noch leeren) Datei AB ab."

Ein wenig trainierter Benutzer kann bei einer Dialogschnittstelle mit Einzelabfrage der Parameter den Abfragemechanismus dadurch in Gang setzen, daß er nur die Kommandobezeichnung eingibt:

FIND	← Benutzereingabe (Da der Benutzer keine Parameter spezifiziert, schaltet das Dialogsystem auf Einzelabfrage der Parameter um.)
Bitte Namen der Datei eingeben, in der gesucht werden soll. Eingabe der leeren Zeile bedeutet: Es soll in der Arbeitsdatei gesucht werden.	← Systemmeldung
A	← Benutzer
Suchbegriff eingeben, z.B. #ABC#, #W3f?#, #BEGIN#.	← System

#IT# ← Benutzer

Wortsuche (W) oder Teilkettensuche (L)? ← System
Dazu maximale Anzahl (entbehrlich).

L10

Weitere Suchbegriffe eingeben: ← System

#END# ← Benutzer

Wortsuche (W) oder Teilkettensuche (L)? ← System
Dazu maximale Anzahl (entbehrlich).

W ← Benutzer

Wo sollen die Zeilen, in denen die Such- ← System
begriffe vorkommen, hingeschrieben werden?
Name einer Textdatei oder leere Zeile
(=Ausgabe auf Terminal) eingeben.

AB ← Benutzer

In welchem Zeilenbereich der Datei A ← System
soll gesucht werden? Eingabe z.B. 110-499,
1005-2034, 1-END (=alle Zeilen), 500-END
(=alle Zeilen ab 500).

1-END ← Benutzer

FIND-Kommando wird jetzt ausgeführt. ← System

Diese Dialogsequenz veranschaulicht nicht nur, wie komplexe Kommandos in eine Sequenz aufgelöst werden können. Auch die Anbiete-Technik und die Übernahme des Gespräches durch das System werden demonstriert. Außerdem werden für evtl. nicht sofort einsichtige Eingaben Beispiele gegeben. Schließlich ist auch klar, wie sich der etwas versiertere Benutzer nach und nach von dieser extremen Hilfestellung frei machen kann: Wer das FIND-Kommando gleich richtig parametrisiert, wird auch gleich ohne Umschweife bedient, also genau so, wie es der trainierte Benutzer letztendlich fordert.

Das obige Beispiel vermittelt bereits eine wichtige Erkenntnis, die in Abschnitt 3.3 ausführlich besprochen wird: Durch gezielt in die Dialogführung eingebaute Hilfen können auch komplexe Kommandos durch Anfänger leicht bewältigt werden. Kommandosprachen können Benutzer-adaptiv implementiert werden, ohne ihre Kommandostruktur grundsätzlich zu ändern. Allein durch die Gestaltung der Dialogschnittstelle kann erreicht werden, daß trainierte und untrainierte Benutzer in gleicher Weise gut mit dem Dialogsystem zurechtkommen.

Dialogschnittstellen für trainierte Benutzer

Der trainierte Benutzer tendiert dazu, sich präzise und knapp zu artikulieren, klare Vorstellungen von den Leistungen und Leistungsgrenzen des Dialogsystems zu haben und die Kommando- bzw. Anwendungssprache bis in Einzelheiten zu beherrschen.

Konsequenterweise lehnt er alle Formen der Weitschweifigkeit in der Dialogführung ab. So ergeben sich folgende Merkmale:

- Die Dialogdominanz muß beim Benutzer liegen, das System sollte sich also völlig passiv verhalten.

- Auf Anbiete-Techniken und Hilfen, z.B. als Gedächtnisstütze, kann verzichtet werden, da dadurch der Dialog verlangsamt wird.

- Im Falle von Fehlerdiagnosen genügt die rein technische Feststellung, weitergehende Diagnosen sind meist überflüssig.

- Zustandsanzeigen und Rückmeldungen (Quittungen) sind entbehrlich, da der trainierte Benutzer ohnehin ziemlich genau weiß, was das System jeweils tut. Im Zweifelsfalle kann er sich die gewünschte Information schnell beschaffen.

- Die Kommandosprache sollte semantisch mächtige Befehle mit reichhaltigen Möglichkeiten der Parametrisierung bieten, damit mit einem Minimum an Tippaufwand ein Maximum an Effekt erzielt werden kann. Eine große Zahl von Kommandos, komplizierte Syntax und weitreichende Abkürzungstechniken sind erwünscht, wenn man sich damit insgesamt kürzer ausdrücken kann und Dialogarbeiten schneller durchbringt.

- Abkürzungsmöglichkeiten sind, wo immer möglich, zuzulassen, ebenso ist der manuelle Aufwand zu minimieren.

- Erweiterbarkeit der Kommandosprache durch gespeicherte Kommando-Makros, Schleifen und bedingte Sprünge in Kommando-Sequenzen usw. sind für trainierte Benutzer wichtig.

- Größere Informationsmengen brauchen nicht in kleine Portionen zerhackt zu werden, da der trainierte Benutzer auch in einer großen Informationsfülle den Überblick nicht so leicht verliert.

Als Konsequenz aus diesen Überlegungen halten wir fest, daß die Forderungen aus der Sicht des untrainierten Benutzers in fast allen Punkten denjenigen aus der Sicht der trainierten Benutzer widersprechen. Das hat zur Konsequenz, daß eine Kommandosprache nur dann höheren Qualitätsanforderungen genügt, wenn sie für beide Gruppen akzeptabel ist. Auf jeden Fall setzt ein sinnvoller Entwurf einer Kommandosprache voraus, daß die Benutzer-Population zumindest in groben Zügen bekannt ist.

Außerdem muß stets berücksichtigt werden, daß ein untrainierter Benutzer nach einer gewissen Einarbeitsphase meist zu einem trainierten Benutzer wird. Aber auch der umgekehrte Vorgang ist zu beachten: Wenn ein trainierter Benutzer längere Zeit das Dialogsystem nicht benutzt oder nur in großen Zeitabständen zugreift, so fällt er meist in die Klasse der Untrainierten zurück.

Der untrainierte Benutzer und die mit ihm zusammenhängenden Fragen der Dialoggestaltung sind schon oft in der Literatur behandelt worden. Die Arbeiten von Mayer (1981), Persson (1982), Palme (1979), Nievergelt (1982), Dwyer (1981), Hayes, Ball und Reddy (1981), Mertens (1977), Cox und Walsh (1980), Thoma, Mayr, Lindenthal und Dürre (1981) seien stellvertretend erwähnt. Wie wichtig es ist, dem Benutzer im Dialog lokale und globale Orientierungshilfen zu geben, wird in Burkhart und Nievergelt (1982) hervorgehoben.

3.2.4 Selbsterklärende Dialogschnittstellen

Problemstellung

In der Regel sind dialogführende Programme ohne Vorkenntnisse bzw. Handbuch-Einsicht nur von eingearbeiteten Benutzern zu bedienen, es sei denn, die Benutzerschnittstelle ist besonders ausgebaut. Das bedeutet, daß viele im Rechner verfügbare Leistungen nur deshalb nicht auf breiterer Ebene nutzbar sind, weil zu viele - insbesondere aus sachlicher Sicht nicht berechtigte - Vorkenntnisse aus den Bedienungsmanualen benötigt werden. In diesem Abschnitt wollen wir das Konzept der Selbsterklärung erläutern. Insbesondere sollen einige Methoden angesprochen werden, die die Fähigkeit zur Selbsterklärung bei Dialogsystemen bzw. dialogführenden Programmen unterstützen. Dabei kann es nicht ausbleiben, daß sich gelegentlich Überschneidungen mit Inhalten der vorhergehenden Abschnitte (z.B. Erfordernisse für untrainierte Benutzer) ergeben.

Große Erfahrung mit selbsterklärenden Programmen konnte etwa seit 1970 durch die Forschungen im rechnergestützten Unterricht gewonnen werden. Beim Dialog eines Lehrprogrammes mit einem "Schüler" ist nämlich eine andere Gesprächsgestaltung als der selbsterklärende Dialog gar nicht möglich und zumutbar.

Das Prinzip der Selbsterklärung

Ein Programm ist umso selbsterklärender, je genauer und verständlicher es seiner Umgebung - also dem Benutzer - mitteilt,
- was es leistet bzw. nicht leistet,
- wie die Informationen, die es ausgibt zu deuten und zu interpretieren sind,
- wie die Ergebnisse zu beurteilen sind,
- wie es gesteuert und beeinflußt werden kann,
- wie die Eingaben abzufassen und einzugeben sind.

Selbsterklärung setzt also insbesondere verständliche Informationsdarstellung sowie tolerante Kommandoentschlüßelung mit starken Vorkehrungen für eventuelle Fehlreaktionen des Benutzers voraus. Ein selbsterklärendes Programm muß sich verständlich artikulieren, muß Benutzerreaktionen flexibel verarbeiten und sollte Fehler des Benutzers erkennen und korrigieren können.

Durch ein Gedankenexperiment kann präzisiert werden, wann ein Programm A im Mittel selbsterklärender ist als ein Programm B.

Voraussetzungen: Die dialogorientierten Programme A und B mögen das gleiche Problemfeld lösen. Die Versuchspersonen mögen im Bildungsniveau homogen ausgerichtet sein und die Vorbildung möge ausreichen, um die Programme A und B sinnvoll zu nutzen. Die Versuchspersonen dürfen bisher keines der Programme A und B benutzt haben oder mit Vorurteilen an die Aufgabe herangehen.

Definition: Das Programm A ist dann selbsterklärender als B, wenn sich in der Summe klare Vorteile für A dadurch ergeben, daß
- A im Mittel weniger Interaktionen erfordert als B, um ein gestelltes Problem zu lösen,
- bei A im Mittel weniger Bedenkzeit erforderlich ist als bei B,
- bei A im Mittel weniger Fehlbedienungen vorkommen als bei B,

- die Ergebnisse von A schneller und genauer verstanden werden als bei B.

In Anlehnung an die Formulierungstaktik des Prägnanzgesetzes für graphische Informationsdarstellungen von Bertin (1982) können wir auch folgende Definition angeben: Wenn ein dialogführendes Programm A unter sonst gleichen Bedingungen einen im Mittel geringeren geistigen und manuellen Aufwand für die Lösung einer Aufgabe durch Dialog erfordert als ein dialogführendes Programm B, so betrachten wir das Programm A als selbsterklärender als das Programm B.

Die Selbsterklärung ist offensichtlich aus der Sicht des untrainierten Benutzers ein ganz zentrales Qualitätskriterium für dialogführende Anwendungsprogramme sowie auch für ganz allgemeine Dialogsysteme (z.B. Texteditoren, Teilnehmer-Rechensysteme, interaktive Programmiersysteme, Buchungssysteme, Informationssysteme, Simulationssysteme usw.). Sie wird für alle Rechneranwendungen zunehmend wichtiger, je mehr untrainierte Benutzer mit Dialogsystemen der unterschiedlichsten Art in Kontakt kommen bzw. je häufiger der Benutzer zwischen einzelnen Systemen hin und her wechseln muß.

Textuelle Informationsdarstellung

In Langer et.al. (1974) werden vier Merkmale ("Dimensionen") ermittelt, die die Verständlichkeit von Texten wesentlich beeinflussen:

Einfachheit bedeutet, daß der Satzbau und die Wortwahl, also die sprachliche Formulierung, einfach ist. Der dargestellte Sachverhalt kann sowohl einfach als auch schwierig sein, es geht eben nur um die Art der Darstellung. Einfachheit korreliert sehr stark mit Verständlichkeit.

Gliederung-Ordnung bedeutet, daß die Sätze folgerichtig aufeinander bezogen sind, die Information in einer sinnvollen Reihenfolge angeboten wird und daß durch Absätze, Überschriften und Hervorhebungen auch eine optisch klare Gliederung erreicht wird. Gliederung-Ordnung ist ebenfalls von großer Bedeutung für die Verständlichkeit.

Kürze-Prägnanz kann nicht eindeutig bewertet werden. Extrem knappe und gedrängte Texte erschweren das Verständnis ebenso wie weitschweifige Texte. Das Optimum in Bezug auf gute Verständlichkeit liegt mehr in der Mitte.

Als zusätzliche Stimulanz werden anregende (stimulierende) "Zutaten" bezeichnet, die beim Leser Interesse, Anteilnahme, Lust am Lesen hervorrufen sollen. Solange Stimulanz-Elemente auf der Grundlage einer gut überschaubaren Gliederung vorhanden sind, tragen sie zum Verständnis und zur Lust am Lesen bei. Sobald sie die Übersichtlichkeit gefährden, wird zusätzliche

Stimulanz schädlich.

Die richtige und verständliche Gestaltung von Texten richtet sich natürlich wesentlich nach dem allgemeinen Sprachgebrauch in dem jeweiligen Anwendungsgebiet. Im Zweifelsfalle kann durch relativ einfache Umfragen festgestellt werden, welcher von zwei oder mehreren Begriffen in einer homogenen Personengruppe das geringste Risiko der Mißdeutung aufweist.

Das Schriftbild bei Dialogstationen läßt oft manche Wünsche offen. Man ist hier noch weit entfernt vom Ideal, welches wohl der sorgfältig gesetzte Buchdruck mit seinen tiefschwarzen scharf berandeten Zeichen auf weißem, nichtglänzendem Grund darstellt. Wo möglich, sollte Groß- und Kleinschreibung verwendet werden. Absätze, Einrückungen, Überschriften usw. sollten stets nach den gleichen Regeln erfolgen. Kürzere Zeilen sind besser lesbar (vgl. Spalten in Zeitungen). Der Rand sollte möglichst gut ausgeglichen, Hervorhebungen sollten nicht überbetont werden ("Schrei-Stil" vermeiden).

Graphische Informationsdarstellung

Der besondere Wert der Graphik zur Darstellung von Informationen liegt vor allem darin begründet, daß das optische Erkennungsvermögen für räumliche und figürliche Zusammenhänge sehr stark ausgebildet ist. Während geschriebene Texte strikt eindimensional sind, kann mit graphischen Darstellungen Information direkt in zwei und mehr Dimensionen dargestellt und erfaßt werden. Außerdem hat eine gut gestaltete Graphik eine starke ästhetische Wirkung, die nicht unterschätzt werden darf.

Eine umfassende, teils pragmatische, teils theoretische Diskussion der vielfältigen Möglichkeiten zur graphischen Darstellung von Information bietet das mit vielen Beispielen durchsetzte Buch von Bertin (1982). Darin wird die Qualität einer graphischen Darstellung mit dem Begriff "Prägnanz" charakterisiert:
"Unter den vielen Konstruktionen, die wir bisher betrachtet haben und die wir, ausgehend von der Kenntnis der Beziehungen zwischen Komponenten und Variablen, analysieren konnten, gibt es gewisse Konstruktionen, die gut, einige die weniger gut, und andere, die schlecht sind. Aber diese Ansicht ist rein subjektiv. Würde man ein Dutzend jener Abbildungen einer Gruppe von Lesern zur Beurteilung vorlegen, könnte man feststellen, daß jeder Betrachter eine andere Meinung vertritt, der meist ästhetische Gesichtspunkte zugrunde liegen.

Es muß deshalb ein präzises und meßbares Kriterium gefunden werden, um mit dessen Hilfe die Konstruktionen klassifizieren und die unbestreitbar beste Konstruktion kennzeichnen zu können. Dann läßt sich auch erklären, warum

bestimmte Leser dieser, andere Leser jener Konstruktion den Vorzug geben. Dieses Kriterium nennen wir Prägnanz:
Wenn eine Konstruktion zur richtigen und vollständigen Beantwortung einer gestellten Frage unter sonst gleichen Voraussetzungen eine kürzere Betrachtungszeit erfordert als eine andere Konstruktion, so bezeichnet man dies als prägnanter in bezug auf die gestellte Frage."

Die Prägnanz ist eng geknüpft mit dem Begriff des geistigen Aufwandes der Wahrnehmung. Sie tritt nur dann in Erscheinung, wenn der Leser bei der Betrachtung der Graphik einen semantischen Zweck verfolgt, d.h. wenn er eine genaue Frage stellt und diese beantworten möchte. Man beachte, daß hier also genau wie bei der Definition des Begriffes Selbsterklärung das psychologische Gedankenexperiment dem Begriff eine im Prinzip meßbare Qualität gibt.

Wie relevant graphische Symbole für die Selbsterklärung von dialogführenden Programmen sein können, wird durch Abbildung 3.2-1 demonstriert:

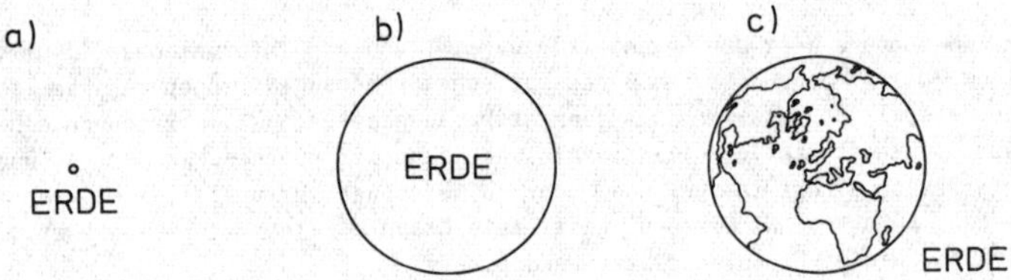

Abbildung 3.2-1:
Selbsterklärung durch detailierte graphische Symbole

Die Darstellung a) kann in mancher Hinsicht mißverstanden werden, da z.B. statt eines Umrisses wie bei b) nur der Mittelpunkt gegeben wird. Die Darstellung b) bringt bereits geometrische Relationen zum Ausdruck. Die Darstellung c) schließlich erreicht einen hohen Grad an Selbsterklärung, da der Betrachter auch der deutschen Sprache nicht mächtig zu sein braucht, um das Bild deuten zu können. Es gelten offensichtlich folgende Gesetzmäßigkeiten: Bei graphischen Darstellungen darf nicht zu sehr schematisiert werden. Die Detaillierung sollte alle wichtigen Merkmale zeigen.

Bei der Gestaltung von Bildschirm-Dialogen sollte die Menütechnik eingesetzt werden, wann immer die technischen und sonstigen Voraussetzungen gegeben sind. Allerdings ist eine kurze Bedienungsanweisung unerläßlich. Die Menüs sollten zwar immer im gleichen Bereich des Bildschirms, also z.B. rechts oder unten am Rand liegen, zusätzliche Symbolik zur schnellen Unterscheidbarkeit ist jedoch günstig. (Wegen der beschränkten Darstellungsmöglichkeiten auf Bildschirmen muß das Menü im Dialog häufig gewechselt werden.)

Es gibt eine Reihe von Fällen, wo die graphische Eingabe neben der Menü-Auswahl und der Ablieferung von Punkten (=Koordinatenwerte) noch für andere Zwecke günstig eingesetzt werden kann: z.B. Eingabe von Zahlenwerten, indem auf einer vorgegebenen Skala gewählt wird: In dem folgenden Beispiel ist die Methode angedeutet, die besonders bei interaktiven Simulationen aktuell ist:

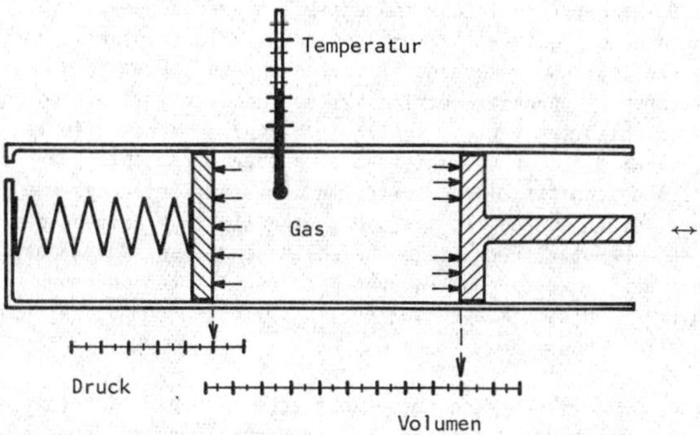

Abbildung 3.2-2:
Bildschirm-Darstellung bei einer Simulation von Gasgesetzen

Die Variation der Parameter Druck, Temperatur und Volumen kann durch graphische Eingabe auf den Skalen erfolgen. Während der etwas geübtere Benutzer diese Form der Kommunikation als ziemlich natürlich und ideal betrachten wird, kann der untrainierte Benutzer eventuell Schwierigkeiten haben, so daß der Selbsterklärungsgrad nicht ganz so hoch ist.

Im Zusammenhang mit komfortablen graphischen Arbeitsplätzen stehen häufig auch Funktionstasten zur Verfügung. Sie sind selbst bei guter Beschriftung nicht sehr selbsterklärend, weshalb sie häufig ungenutzt bleiben. (Funktionstasten sind jedoch für optimal auf trainierte Benutzer zugeschnittene Dialogsysteme meist sehr wertvoll, man beobachte z.B. geübte Bediener von Kassenterminals.)

Zu Fragen der Selbsterklärung von Dialogsystemen sowie technische Fragen der Software-Gestaltung siehe z.B. Pernards (1978), Nievergelt (1980), Trispel und Rau (1982), Nievergelt und Ventura (1983).

3.3 ENTWURF BEFEHLSORIENTIERTER KOMMANDOSPRACHEN

3.3.1 Syntaktische und semantische Strukturen

Die befehlsorientierten Kommandosprachen sind heute außerordentlich weit verbreitet, insbesondere in den kommerziellen Anwendungen. Praktisch alle Texteditoren und Textverarbeitungssysteme, alle transaktionsorientierten Systeme, alle Teilnehmer-Rechensysteme und nahezu alle auf Dialogbetrieb zugeschnittenen Einbenutzer-Betriebssysteme arbeiten mit Dialogschnittstellen auf befehlsorientierten, syntaktisch einfach strukturierten Kommandosprachen. Es wird später gezeigt, daß auch hochkomfortable graphisch unterstützte Dialogschnittstellen sowie maskenorientierte Systeme hier mit einbezogen werden können. Es ist daher eine wichtige Aufgabe des Software-Engineering, benutzerfreundliche befehlsorientierte Kommandosprachen zu definieren sowie kostengünstig und mit ausgefeilten modernen Methoden zu implementieren. Diese Fragen sollen in den folgenden Abschnitten ausführlich behandelt werden.

Bei einer befehlsorientierten Kommandosprache sind die einzelnen Kommandos vollständig voneinander entkoppelt. Die daraus resultierende sequentielle Struktur kann ohne wesentlichen Verlust durch die syntaktischen Meta-Regeln

<Kommando>::=
{<Fluchtsymbol>}$_0^1$ <Bezeichnung> <Parameterteil>
<Kommando-Sequenz>::={<Kommando>}$_1^n$

ausgedrückt werden. Das Fluchtsymbol wird bei einem dialogorientierten Entwurf möglichst vermieden. Es ist jedoch insbesondere bei Teilnehmer-Rechensystemen manchmal notwendig, um bei einer Hierarchie von aufeinander aufbauenden Dialogsystemen (z.B. Kommunikations-System, Betriebssystem, Programmiersystem, Endprogramm=Anwendungssystem) problemlos jeweils das System anzugeben, an das sich das Kommando richtet.

Auch der Parameterteil ist meist syntaktisch recht einfach aufgebaut und hat in den meisten Fällen folgende einfache Struktur:

<Parameterteil> ::= {<Par$_1$>}$_0^1$ {<Par$_2$>}$_0^1$ ...{<Par$_m$>}$_0^1$

Das bedeutet, daß die Parameter in einer fest vorgeschriebenen Reihenfolge angegeben werden müssen, wobei aber viele Angaben auch unterbleiben können. Klammerungen und rekursive syntaktische Konstruktionen, wie sie z.B. zur Spezifikation arithmetischer Ausdrücke notwendig sind, fehlen in der Regel. Man kann daher feststellen, daß befehlsorientierte Kommandos - und damit auch Kommandosequenzen - syntaktisch meist durch rechtslineare Grammatiken (Chomsky-Typ 3) beschrieben werden können (vergl. Maurer (1969)). (Demgegenüber sind Kommandosprachen mit Formel-Strukturen nicht mehr durch solche Grammatiken beschreibbar, sondern benötigen echt kontextfreie Grammatiken. Solche syntaktisch komplexeren Sprachen werden in Abschnitt 3.4 behandelt.) Aus der Theorie der formalen Sprachen ist wohlbekannt, daß linkslineare bzw. rechtslineare Sprachen sowohl durch reguläre Ausdrücke als auch mit endlichen deterministischen Automaten in recht befriedigender Weise dargestellt werden können. Es muß allerdings dennoch davor gewarnt werden, die von manchen Dialogsystemen akzeptierte reguläre Kommandosprache allein mit dem bei Programmiersprachen üblichen Instrument der formalen Grammatik beschreiben zu wollen. Denn die in vielen Fällen zulässigen Reihenfolge-Änderungen der Parameter führen oft zu einem sehr großen Regelsystem.

Beispiel:
Wenn $A:=\{a_1,a_2,\ldots,a_n\}$ ein Alphabet und L diejenige reguläre Sprache ist, die genau aus den Zeichenketten über A der Länge m ($m \leq n$) besteht, in denen kein Zeichen aus A doppelt vorkommt, so umfaßt diese triviale Sprache genau $N=n(n-1)(n-2)\ldots(n-m+1)$ Zeichenketten (=Sätze) und eine rechtsreguläre Grammatik erfordert mindestens

$$2 + \binom{n}{0} + \binom{n}{1} + \ldots + \binom{n}{m-1}$$

Nichtterminal-Symbole. Daraus kann geschlossen werden, daß manche bei befehlsorientierten Kommandosprachen durchaus gebräuchliche syntaktische Strukturen oft nur schwer mit formalen Methoden zu bewältigen sind.

Die semantische Struktur der befehlsorientierten Kommandosprachen kann stets wie folgt aufgefaßt werden: Das einzelne Kommando ist einem Algorithmus zugeordnet, der genau die Operationen abwickelt, die für das Kommando spezifiziert sind. Die Parameter des Kommandos sind genau auch die Parameter, die der Algorithmus benötigt. In der Implementierung tritt dieser Algorithmus nicht selten auch als Unterprogramm in Erscheinung.

Befehlsorientierte Kommandosprachen haben offensichtlich gewisse strukturelle Ähnlichkeiten mit Assembler-Sprachen. Wesentlich stärkere Beziehungen bestehen jedoch zu den bereits in frühen Jahren der Software-Entwicklung entstandenen Betriebssteuersprachen (JCL=job control language). Diese waren in der Anfangszeit stets befehlsorientiert aufgebaut und auf Lochkarteneingabe zugeschnitten. Sie entwickeln sich aber seit einigen Jahren stark in Richtung der höheren Programmiersprachen, weil für die stapelorientierte Verarbeitung Schleifen, bedingte Verzweigungen und Fallunterscheidungen in den Kommandofolgen sinnvoll eingesetzt werden können und oft auch notwendig sind.

Die Bezeichnung von Einzelkommandos ist in der Regel eine Buchstabensequenz. Zur Verminderung des Schreibaufwandes werden Abkürzungsmöglichkeiten bis herunter auf einen Buchstaben zugelassen. Häufig benutzte Kommandos müssen stärker abkürzbar sein als seltene. Man kann zwischen Präfix-Abkürzung und Standard-Abkürzung unterscheiden:

Präfix-Methode:	Zulässige Bezeichnungen:
EXECUTE	EXECUTE
	EXECUT
	EXECU
	EXEC
	EXE
	EX
	E

Durch Unterstreichung wie z.B. bei EXECUTE wird festgelegt, wie kurz die Präfix-Abkürzung werden darf.

Standard-Methode:	Zulässige Bezeichnungen:
EXECUTE	EXECUTE
	E

Nur zwei Versionen werden erkannt. Die Präfix-Methode ist für den Benutzer insgesamt etwas bequemer, für den Implementierer allerdings deutlich aufwendiger.

Schon in einigen älteren Systemen (z.B. im CP-67/Cambridge Monitor System von IBM, einem der ersten kommerziell verfügbaren Teilnehmer-Rechensysteme) konnte der Benutzer eigene Bezeichnungen und Abkürzungen (=Synonyme) für Kommandos definieren. Heute wird von dieser Möglichkeit nur noch selten Gebrauch gemacht. (Hingegen werden wir in den folgenden Abschnitten auf neuere Abkürzungs-Technologien noch näher eingehen.)

Eine häufig ausgenutzte Möglichkeit besteht darin, bei genau einem zulässigen Kommando die Bezeichnung als völlig überflüssig zu erklären.

Beispiele:

135 Eine Textzeile einfügen

(Texteditoren, einfügen einer Zeile mit Zeilennummer 135 in die Arbeitsdatei.)

A+B

(APL, Direkt-Auswertung von Ausdrücken.)

190 A3=A4+I*5

(BASIC, die Programmzeile müßte eigentlich in der Form 190 LET A3=A4+I*5 eingegeben werden.)

Offensichtlich wird man genau demjenigen Kommando diese stärkste Abkürzungsmöglichkeit einräumen, welches im Routinebetrieb am häufigsten vorkommt.

Die an Kommandos anzuheftenden Parameter sind in der Regel Konstanten, also Bezeichnungen (von Objekten, z.B. Dateien), Zahlkonstanten und spezielle Zeichenketten, manchmal auch Listen. Parameter werden durch Klammern, Leerzeichen, Kommata, Wortsymbole usw. getrennt. Die syntaktischen Strukturen sind in der Regel einfach und enthalten häufig Aufzählungen, aber nur sehr selten Klammerungen und Formeln. Häufig fallen Formeln genaugenommen bereits in den Bereich der Anwendungssprache, z.B. bei einer Struktur wie "PRINT A*(B*(C-3))". Parameter in Kommandos müssen in den seltensten Fällen vollständig angegeben werden, sehr viele von ihnen können einfach weggelassen werden. Die Sprachbeschreibung hat dann zu klären, was als Standard-Wert (default value) einzusetzen ist. Die Regeln für zwingend erforderliche bzw. wahlweise setzbare Trennzeichen verwirren den Benutzer häufig. Als Trennzeichen sollte der Zwischenraum immer dann zulässig sein, wenn noch eine eindeutige Entschlüßlung des Kommandos möglich ist. Ansonsten sollte zwar jedes Sonderzeichen wie z.B. :,#,/,! usw. auch als Trennzeichen akzeptiert werden, aber diese Zeichen sollten möglichst keine Funktionen im Parameterteil übernehmen.

Besonders problematisch ist es manchmal für den Benutzer, die Parameter in der richtigen Reihenfolge anzugeben. Das Problem kann so gelöst werden, daß die Bezeichnung des Parameters mitgeliefert wird (Schlüsselwort-Assoziation, keyword association):

```
PLOT FUNKTION=G, X1=-3, X2=+5, DELTA=0.1
COPY SOURCE=ABC, DESTINATION=XY,...
```

Die Technik erscheint wegen des größeren Tippaufwandes für den Dialog zunächst nicht so gut geeignet, muß aber überall dort in Erwägung gezogen werden, wo der Benutzer - bedingt durch die Aufgabenstellung - sehr komplexe Eingaben (z.B. Transaktionen mit vielen Begleitparametern) durchführen muß. Da das Auftreten des Zeichens "=" als mehr oder weniger eindeutiges Kennzeichen für die Angabe einer Parameterbezeichnung dienen kann, macht es technisch keine Schwierigkeiten, den Benutzer entscheiden zu lassen, ob er die Parameter in (erwarteter) Reihenfolge oder mit Bezeichnung und dann in beliebiger Reihenfolge liefern will.

Durch das Vordringen von Geräten mit Groß- und Kleinschreibung ist der Implementierer in der Regel gezwungen, Groß- und Kleinbuchstaben miteinander zu identifizieren, jedoch mit Ausnahme von Texten und String-Parametern.

Die strikte Linearisierung und semantische Abgeschlossenheit von einfacheren Kommandosprachen ist gelegentlich sehr hinderlich, wenn komplexere Operationen mit Wiederholung vieler ähnlicher Vorgänge abzuwickeln sind. Es gibt mehrere Möglichkeiten, solche Probleme zu lösen: Zunächst ist denkbar, daß eine Sequenz von Kommandos auf einer Textdatei erstellt wird. Mit einem speziellen Kommando kann dann die Textdatei als Dialogeingabe interpretiert werden. Da bei der textuellen Fixierung keine offenen Parameter geschaffen werden können, ist die Methode nur bedingt von Vorteil. Weitaus günstiger für echte Ausweitungen einer Kommandosprache ist die Makro-Definitionstechnik. Z.B. kann mit Hilfe zweier Kommandos "DEFINE" und "DEFEND" eine Definition etwa der folgenden Gestalt eingegeben werden:

```
DEFINE NEUKOM ($1,$2,$3,$4)
  <Kommando 1 mit festen sowie $-Parametern>
  <Kommando 2 mit festen sowie $-Parametern>
  <Kommando 3 mit festen sowie $-Parametern>
        :
        :
  <Kommando n mit festen sowie $-Parametern>
DEFEND
```

Dadurch wird ein neues Kommando "NEUKOM" geschaffen, wobei die formalen Parameter $1, $2, $3, $4 nur Platzhalter-Funktionen übernehmen. Wenn nämlich das neue Kommando etwa durch Eingabe der Zeile

NEUKOM A B 305 #A+B*C#

zur Ausführung gebracht wird, so werden die mit $1,...,$4 gekennzeichneten Parameterpositionen in der Definition von NEUKOM textuell ersetzt durch

$1 → A, $2 → B, $3 → 305, $4 → #A+B*C#.

Die so entstehende Kommandosequenz mit vollständig spezifizierten Parametern wird ausgeführt, wodurch die Semantik des neuen Kommandos in einfacher Weise erklärt ist. Im Prinzip kann ein Benutzer sich also mit der Makro-Definitionstechnik ein maßgeschneidertes Kommandosystem selbst zurechtlegen. Die klare Zurückführung der Semantik des definierten Kommandos auf die Sequenz der definierten Kommandos erlaubt auch den Aufbau einer Hierarchie von Kommandos, wobei jedoch rekursive Definitionen nur dann zugelassen werden können, wenn Kommando-Sequenzen mit Abfragen analog zur bedingten Anweisung <u>If</u> ... <u>Then</u> ... <u>Else</u> ... strukturiert werden können. Auch bei interaktiven Kommandosprachen ergibt sich also gelegentlich der Wunsch nach flexibleren Ablaufstrukturen. Dasselbe gilt auch für willkürlich definierte Variable, mit denen unter anderem der Schreibaufwand reduziert werden kann:

```
TEXTVAR X,Y;            ← 1. Kommando
LET X = PERTURBATIONSRECHNUNG
RUN X
```

3.3.2 Standardisierter Dialogkomfort für befehlsorientierte Kommandoschnittstellen: Wichtige Entwurfsregeln

Wie können die Bedürfnisse des unsicheren, untrainierten Benutzers und die selbstbewußten Forderungen des erfahrenen Anwenders durch ein einziges Konzept befriedigt werden? Wie können fortgeschrittene Software-Techniken angewandt werden, um schließlich kostengünstige Lösungen für Kommandoschnittstellen zu erarbeiten? Wie kann die unkomfortable Dialogschnittstelle eines alten, aber unentbehrlichen Systems mit geringem Aufwand wieder an moderne Standards herangeführt werden? Auf diese Fragen soll im folgenden eine praxisgerechte Antwort entwickelt werden, man vergleiche auch Schmidt-Lademann und Schmitt (1981). Dabei konzentrieren wir uns zunächst nur auf rein textuelle Kommando-Schnittstellen, also nicht auf Masken-Verfahren und graphischen Dialog. Es wird jedoch später deutlich werden, daß optimale Implementierungen textueller Kommando-Schnittstellen leicht und ohne grundsätzliche Probleme auf Masken- und Graphik-Benutzung ausgeweitet werden können.

Betrachten wir zunächst das folgende Beispielkommando in Langfassung:

```
REPLACE OLD TEXT = "ABX" NEW TEXT = /ABC/
  RANGE = FIRST LINE = 10 TO LAST LINE = 100,
    FIRST LINE = 300 - LAST LINE = END
```

Die ausführliche Bezeichnung der Parameter und ihrer Unterbestandteile ist Absicht, denn ein System kann sich dem Benutzer gegenüber nur sinnvoll verständlich machen, wenn für alle Gegenstände Bezeichnungen existieren, die für beide Seiten verständlich sind. Man könnte es auch so formulieren: Verständigung mit Benutzern erfordert stets ein ausführliches, differenziertes und beiden Seiten geläufiges Vokabular.

Entwurfsregel 1: "Jeder einzelne Parameter der Kommandos sowie sämtliche unterscheidbaren Strukturen müssen mit verständlichen Bezeichnungen belegt werden."

Die Regel erweist sich insbesondere als sehr vorteilhaft bei Fehlermeldungen, bei Auskünften an den Benutzer und beim Übergang in den Abfragemodus für einzelne Parameter. In allen diesen Fällen dienen die Bezeichnungen der Verständigung. Allerdings setzt dies bereits die tabellarische Speicherung der Kommandostruktur voraus, wie später noch klarer werden wird.

Sollen für umfangreiche Kommandosprachen vollständige Bezeichnungen festgelegt werden, so kann dies in sprachlich befriedigender Weise meist nur mit Kettenbegriffen wie z.B. OLD TEXT, NEW TEXT, LAST LINE, DEFINE POINT BY COORDINATES usw. geschehen. Nur solche Kettenbegriffe verhindern letztendlich verstümmelte und nicht mehr verständliche Bezeichnungen.

Entwurfsregel 2: "Als Bezeichnungen sind auch Kettenbegriffe zuzulassen."

Die Langfassung von Kommandos ist in aller Regel für den Dialogbetrieb nicht geeignet und hat eher dokumentarischen Wert. Daher müssen Abkürzungsregeln vereinbart werden, wobei der Implementierungsaufwand bei den extremen Fällen nicht mehr ganz vernachlässigt werden kann.

Entwurfsregel 3: "Abkürzungen bis zu einer Kürze von einem Zeichen (=Anfangsbuchstaben) sind zulässig (Präfix-Methode). Bei Kettenbegriffen dürfen Zwischenräume stets entfallen, von den Teilbegriffen muß aber mindestens der Anfangsbuchstabe stehenbleiben. Sollten beim Abkürzen Mehrdeutigkeiten entstehen, so muß das Dialogsystem sich an den Benutzer zurückwenden, um die Mehrdeutigkeit aufzulösen."

Beispiele:

NEW TEXT = NEWT = NTEXT = NT
REPLACE = REP = R
DEFINE POINT BY COORDINATES = DEFPBCOO = DPBC
RANGE = RA = R

Die Abkürzungsregeln für Kettenbegriffe wurden von Legard et.al. (1980)

vorgeschlagen, um Kommandos in Anlehnung an die natürliche Sprache gestalten zu können. Wird die Entwurfsregel 3 in weitestem Umfang auf das Beispiel-Kommando angewandt, so entsteht die Benutzereingabe:

R OT = "ABX" NT = /ABC/ R = FL = 10 to LL = 100, FL = 300-LL = END.

Dabei bedeutet die Abkürzung R im einen Fall REPLACE und danach RANGE. Die später noch genauer zu beschreibende tabellengesteuerte Entschlüsslung von Kommandos kann wegen des Kontextes mühelos zwischen beiden Bedeutungen unterscheiden, so daß letztendlich nur wenige wirklich mehrdeutige Situationen entstehen. In solchen Fällen soll der Rechner das Problem durch Rückfrage auflösen, nicht der Benutzer.

Entwurfsregel 4: "Bezeichnungen für Parameter gemäß der Struktur
<Bezeichnung> = Parameterwert
dürfen entfallen. Die nicht bezeichneten Parameter müssen jedoch in der natürlichen Reihenfolge angegeben werden, während dies für bezeichnete Parameter nicht vorgeschrieben ist."

Wenn die Bezeichnungen der Parameter und Unter-Parameter weggelassen werden, so kann der Benutzer das Beispiel-Kommando wie folgt eingeben:

R "ABX" /ABC/ 10 TO 100, 300-END.

Wenn hier das Trennzeichen TO noch durch das ebenfalls zulässige "-" ersetzt wird und wenn weitere, naheliegende Erkennungsintelligenz des Kommandoentschlüsslers eingesetzt wird, ergibt sich schließlich die kürzestmögliche Eingabe:

R ABX ABC 10-100,300-END

Allerdings sind auch die folgenden Eingaben dazu äquivalent und werden akzeptiert:

R NT="ABC" 10-100,300-END "ABX"
R R=10-100,300-END "ABX" "ABC"

Dagegen ist das Kommando

R R=10-100 "ABX" "ABC" 300-END

nicht korrekt, denn der Range-Parameter kann normalerweise nicht zerstückelt angeliefert werden. (Gemischt-zerstückeltes Anliefern von Parameter-Listen wirft viele technische Schwierigkeiten auf und wird daher nicht vorgesehen!)

Es stellt sich nun die Frage, wie der untrainierte Benutzer die natürliche Reihenfolge der Parameter ermitteln kann.

Entwurfsregel 5: "Die Eingabe
<Bezeichnung> ?
bewirkt, daß die Struktur des bezeichneten Objektes ausgegeben wird.

Die Eingabe
<Bezeichnung> ??
bewirkt, daß eine semantische Beschreibung geliefert wird. Die Eingabe
?
bewirkt, daß die Bezeichnungen aller Kommandos ausgegeben werden und die Eingabe der leeren Zeile (=leere Eingabe) bewirkt, daß sich das Dialogsystem selbst identifiziert."

Diese Festlegungen garantieren also ein bereits beachtliches Maß an Selbsterklärung und alles das an Hilfestellungen, was sich der untrainierte Benutzer so häufig wünscht und so selten bei Dialogsystemen vorfindet. Folgender Beispiel-Dialog wird möglich:

```
R ?
-> REPLACE OLD TEXT NEW TEXT RANGE
OT ?
-> OLD TEXT = STRING, DEFAULT:MUST BE SPECIFIED
OT ??
-> STRING-INPUT:TYPE A SEQUENCE OF CHARACTERS
   THAT STARTS AND ENDS WITH ONE OF THE
   BRACKET PAIRS " ", ( ), < >, / /, @ @.
   EXAMPLES: "ABC" <SUNDAY> (ABX)
   OLD TEXT GETS REPLACED BY NEW TEXT.
```

Entwurfsregel 6: "Die vom Benutzer bei der Kommando-Eingabe nicht spezifizierten Parameter werden vom System nachgefordert, sofern keine Standard-Wert-Substitution (default value) vorgesehen ist."

Zusammen mit der Entwurfsregel 5 ist nun folgender Beispieldialog möglich, wobei Benutzereingaben unterstrichen sind.

```
REP
-> OLD TEXT =
   "ABX" R = 10-100,300-END
-> NEW TEXT =
   NT?
   -> NEW TEXT = STRING, DEFAULT:MUST BE SPECIFIED
   -> NEW TEXT =
      "ABC"
```

Nach der Eingabe von REP fordert das System den Parameter OLD TEXT an. Der Benutzer liefert ihn zusammen mit einem RANGE-Teil. Nun fehlt nur noch der Parameter für NEW TEXT. Mit NT? fragt der Benutzer nach Parameterinformation und liefert schließlich "ABC" ab.

Die abschließende Entwurfsregel soll sicherstellen, daß die Syntax und

Struktur des Parameterteils für die Praxis hinreichend leistungsfähig ist:

Entwurfsregel 7: "Der Parameterteil von Kommandos soll ähnlich den Record-Strukturen von Pascal gestaltet werden können, also ohne rekursive Strukturen, aber mit Schachtelungen und Varianten."

Die genaue Bedeutung von Entwurfsregel 7 wird später noch deutlicher werden. Es ist ein Ziel dieser Regel, alle in gängigen befehlsorientierten Dialogsprachen vorkommenden Strukturen zur Darstellung bringen zu können.

Die vorgestellten Entwurfsregeln garantieren bei korrekter Implementierung einen sehr hohen Dialogkomfort, wie man ihn praktisch bei keinem heutigen Dialogsystem in dieser Form vorfindet. Sie beziehen sich jedoch nur auf die syntaktische Struktur und die Informationsübermittlung durch Kommandos. Es ist durchaus denkbar, daß schlecht entworfene Kommandos mit undurchsichtiger Semantik den Benutzer dennoch in große (semantische) Bedrängnis bringen, obwohl die Entwurfsregeln voll implementiert sind. Das kann einmal tatsächlich an semantisch schlecht gestalteten Kommandos liegen - hier sollte ein erfahrener Fachkenner Abhilfe schaffen können. Zum anderen ist der eine oder andere Benutzer möglicherweise ungenügend ausgebildet oder intellektuell nicht leistungsfähig genug, um das technische Instrument eines komplexen Dialogsystems sinnvoll einzusetzen. Alle diese Probleme können durch "syntaktische" Maßnahmen, wie wir sie hier ins Auge gefaßt haben, selbstverständlich nicht gelöst, sondern höchstens abgemildert werden.

3.3.3 Tabellengesteuerte Implementierung

Die vorausgegangenen Überlegungen lassen bereits erkennen, daß die volle Berücksichtigung aller 7 Entwurfsregeln nur mit ausgefeilten Algorithmen und Software-Techniken möglich ist. Das wird einsichtig, wenn z.B. der Versuch unternommen wird, eine vollständige Prozedur (z.B. in Pascal) zu programmieren, die das ausführlich besprochene REPLACE-Kommando in allen zulässigen Varianten erkennen kann. Das Realisieren einer solchen Prozedur im If-Then-Else-Programmierstil erfordert ohnehin eine Reihe von Unterprogrammen, z.B. um Textparameter, Zahl-Parameter, Trennzeichen und ähnliches zu verarbeiten. Außerdem müssen für die vielfältigen Abkürzungsmöglichkeiten Erkennungsroutinen bereitgestellt und der durch Eingaben wie z.B. RA? ausgelöste Auskunft-Modus muß programmiert werden. Wenn mit der angedeuteten Methode mehrere verschiedene Kommandos verarbeitet werden sollen, ist programmierungstechnische Doppelarbeit praktisch unvermeidbar. Daraus resultiert ein zu großer Programm-Umfang. Außerdem würde sich ein wenig änderungsfreundliches System ergeben.

Demgegenüber ergeben sich bei einer tabellengesteuerten Implementierung eine Reihe von unübersehbaren Vorteilen. Abbildung 3.3-1 zeigt die Einbettung eines derartigen Dialogmoduls in ein größeres Software-System. Hierbei ist der tabellengesteuerte Kommando-Modul nur für die Aufbereitung der Benutzereingaben vorgesehen, wobei im wesentlichen die Entwurfsregeln 1 bis 7 beachtet werden. Die syntaktische und zum Teil auch semantische Struktur der Kommandosprache ist vollständig in den Steuertabellen abgelegt, diese enthalten also die Syntax der Kommandosprache. Durch ein solches Vorgehen ergeben sich folgende Pluspunkte:

(1) Alle vom Benutzer eingegebenen Kommandos werden aufbereitet und erst dann an das eigentliche Dialogsystem (Anwendungsprogramm) weitergereicht, wenn die Parameter vollständig vorliegen (Schnittstelle A in Abbildung 3.3-1). Die interne Kommandoschnittstelle des Dialogsystems kann daher mit sehr einfachen Entschlüsselungs-Algorithmen programmiert werden, weil syntaktisch falsche Eingaben nicht vorkommen und weil auch kein Dialog mit dem Benutzer geführt werden muß.

(2) Wir können die wenig benutzerfreundliche Kommandoschnittstelle eines bereits existierenden Dialogsystems nachträglich ohne großen Aufwand aufpolieren, indem wir einen tabellengesteuerten Kommandomodul vorschalten.

(3) Sobald die Software-Technologie der tabellengesteuerten Kommando-Moduln beherrscht wird, kostet es nicht mehr viel, solche Module überall einzusetzen, da der Interpreter sich nicht ändert, sondern stets nur die Kommando-Tabellen anzupassen sind. Dies wird aber mit einem Kommando-Übersetzer erledigt, der eine gut lesbare und leicht verständliche Strukturbeschreibung der Kommandos verarbeitet und daraus die Tabellen erzeugt.

(4) Neue Kommandos können leicht eingefügt, alte Kommandos leicht geändert werden, da der Aufwand zur Erzeugung neuer Steuertabellen sicher nicht groß ist.

(5) Neu zu entwickelnde Dialogsysteme sind kostengünstiger realisierbar, da der tabellengesteuerte Kommando-Modul stets mit übernommen werden kann und nicht - wie das heute noch leider fast immer geschieht - neu entwickelt werden muß.

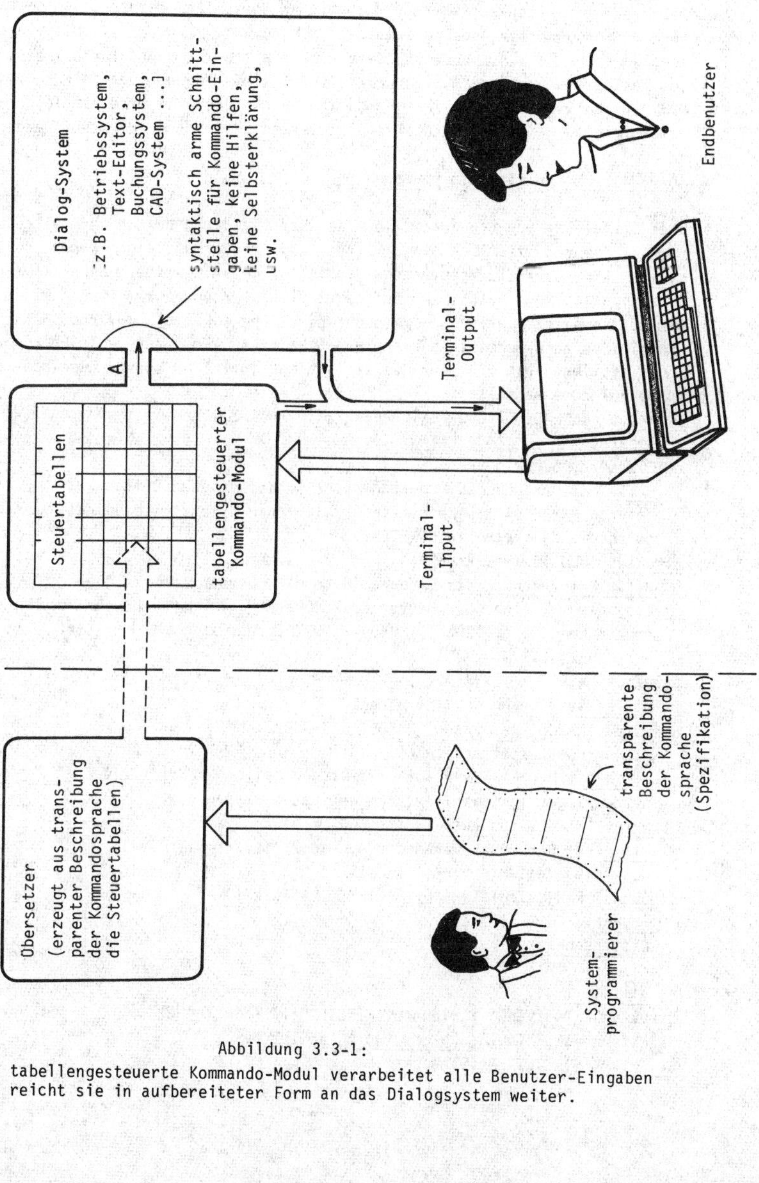

Abbildung 3.3-1:
Der tabellengesteuerte Kommando-Modul verarbeitet alle Benutzer-Eingaben und reicht sie in aufbereiteter Form an das Dialogsystem weiter.

Neben den genannten softwaretechnologischen Vorteilen werden sich später noch weiter günstige Aspekte ergeben. Auch für die Benutzer ist die vorgeschlagene Lösung wünschenswert, da optimale Hilfestellungen für Untrainierte, extreme Abkürzungsmöglichkeiten für Trainierte und sogar ein gewisses Maß an Selbsterklärung für Unkundige sichergestellt wird. Im folgenden sollen einige Details des tabellengesteuerten Verfahrens erläutert werden.

Formale Spezifikation von Kommandos

Die Erstellung von Steuertabellen ist zwar mit Handarbeit noch möglich und machbar, jedoch ziemlich kompliziert und fehleranfällig. Daher sollte gleich ein übersetzergestütztes Vorgehen gewählt werden, wenn nicht der Spezifikationstext selbst zur Interpretation herangezogen wird. Eine an der Universität Karlsruhe versuchsweise entwickelte einfache Notation (vergleiche auch Schmidt-Lademann und Schmitt A. 1981) für solche formale Spezifikationen hat z.B. für das stets als Beispiel dienende Replace-Kommando folgende Gestalt:

```
Kommando 'REPLACE' ('OLD TEXT' 'NEW TEXT' 'RANGE').
    Separator '␣',','.
    Klammern 'BEGIN':'END','[':']','(':')','␣':'␣'.
    Hilfetext Das REPLACE-Kommando sucht im angegebenen Zeilen-
    bereich RANGE die Zeichenkette OLD TEXT und ersetzt sie überall
    durch die Zeichenkette NEW TEXT.
Struktur 'OLD TEXT'=STRING.
    Hilfetext Zeichenkette-Eingabe: Gebe eine Sequenz von Zeichen
    ein, die mit einem der Begrenzer-Zeichen " , / oder @ beginnt und
    endet; Beispiele: "ABC", /SUNDAY/, @AXB@; OLD TEXT wird ersetzt
    durch NEW TEXT.
Struktur 'NEW TEXT'=STRING.
    Hilfetext ... ähnlich wie oben ...
Struktur 'RANGE'=Varianten 'RANGE1' 'RANGE2'.
    Standardwert statisch='ALL'
    Hilfetext Der RANGE-Parameter gibt den Zeilenbereich (Zeilen-
    nummern) der Textdatei an, auf den das Kommando wirken soll.
Struktur 'RANGE1':Schlüsselwort='ALL'.
    Hilfetext Der Range-Parameter ALL spezifiziert alle Zeilen
    der Textdatei.
Struktur 'RANGE2':Liste ('FIRSTLINE' 'LASTLINE').
    Separator '-', 'TO', '␣'.
    Listenseparator ',', ';', '␣'.
    Klammern '(':')', '␣':'␣'.
    Hilfetext ...
Struktur 'FIRSTLINE'=Varianten 'FIRSTLINE1' 'FIRSTLINE2'.
Struktur 'FIRSTLINE1':Schlüsselwort='BEGINNING'.
Struktur 'FIRSTLINE2':Ganzezahl.
```

Struktur 'LASTLINE'=Varianten 'LASTLINE1' 'LASTLINE2'.
Struktur 'LASTLINE1':Schlüsselwort='END'.
Struktur 'LASTLINE2':Ganzezahl.

Die so definierte Struktur des Replace-Kommandos - Hilfetexte sind zum Schluß unterdrückt - ist genau identisch mit dem Syntaxgraphen von Abbildung 3.3-2. Die in der formalen Spezifikation vorkommenden, sich nicht selbst erklärenden Wortsymbole haben folgende Bedeutung:

Separator definiert die bei einer Folge (Sequenz) von Strukturelementen zulässigen Trennzeichen.

Klammern definieren die bei einer Folge von Strukturelementen vorgesehenen Klammersymbole (im Beispiel bei 'REPLACE' und 'RANGE2').

Hilfetext ist nur für die semantische Erklärung vorgesehen, also wenn der Benutzer z.B. REPLACE?? eingibt. Diese Texte müssen letztendlich in einer Textdatei auf Sekundärspeicher abgelegt werden, da sie im Zentralspeicher zu viel Platz belegen würden und im Normal-Dialog nur selten gebraucht werden.

Struktur ist im wesentlichen äquivalent zum Wortsymbol Record in Pascal. Dieses Wortsymbol wird benutzt, um die Feinstruktur benannter Objekte - Parameter oder Teile von Kommando-Parametern - zu definieren. OLD TEXT hat die Gestalt eines Strings, sonstige nicht mehr weiter erklärungsbedürftige elementare Strukturen sind Schlüsselwort, Ganzzahlen, Vorzeichenganzzahlen, Gleitpunktzahlen usw.

Varianten sind erforderlich, um unterschiedliche Parameterstrukturen für den gleichen Parameter darzustellen. Die Bezeichnungen der einzelnen Varianten (im Beispiel 'RANGE1', 'RANGE2', 'FIRSTLINE1' usw.) sind bedeutungslos, wenn bei ihrer Strukturdefinition die Form

    Struktur 'FIRSTLINE2': ...

gewählt wird. Bei einer Struktur der Form

    Struktur 'FIRSTLINE2'=...

ist die Benennung jedoch relevant. Die Definitionen

    Struktur X=Liste A1 A2 A3
    Separator ','
    Listenseparator ';'

haben zur Folge, daß Objekte der Art X in der Form

A1,A2,A3;A1',A2',A3';...

eingegeben werden müssen, d.h. die Listenstruktur entsteht durch die Wiederholbarkeit.

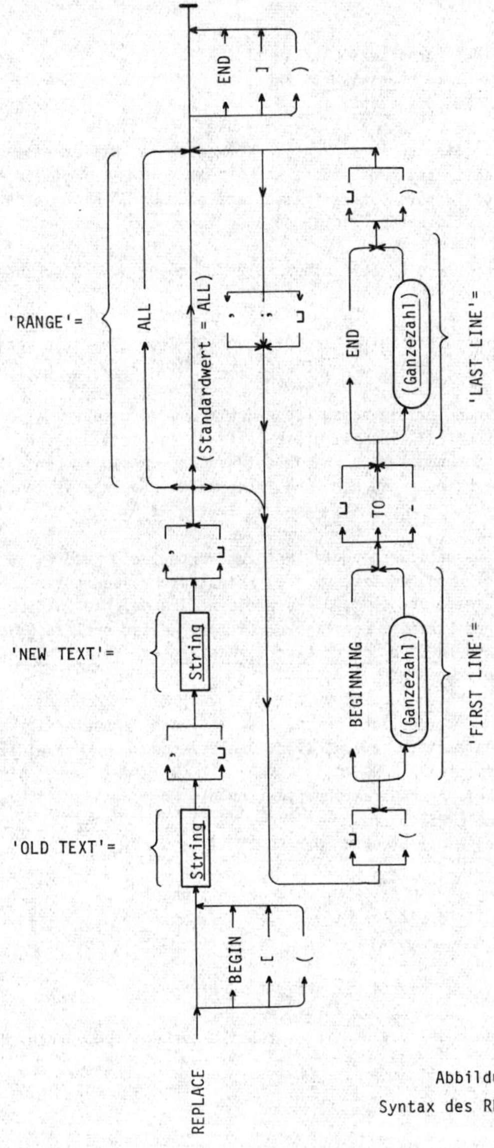

Abbildung 3.3-2:
Syntax des REPLACE-Kommandos

Die Standardwert-Spezifikation (default-Wert) ist anzuwenden, wenn die betreffende Struktur vom Benutzer nicht eingegeben wird. Gleichzeitig signalisiert diese Option also, welche Parameter zwingend eingegeben werden müssen (keine Standardwert-Spezifikation) und welche nicht. Folgende Strategien werden häufig benötigt:

Standardwert statisch=<Wert>

Der Default-Wert ist konkret angegeben.

Standardwert letzter

Der letzte Wert, den dieser Parameter bei früheren Kommandos angenommen hat, ist der Default-Wert. Standard-Werte werden stets textuell eingesetzt, um die Implementierung einfach und semantisch klar gestalten zu können.

Neben den erläuterten Konzepten sind beim Praxis-Einsatz sicher noch einige Erweiterungen der Notation notwendig. Andererseits dürfte bereits aus obigen Ausführungen klar geworden sein, welche Vorteile letztendlich eine transparente Notation der Kommandosprache bietet. Wenn z.B. weitere Kommandos angegeben werden sollen - z.B. ein LIST-Kommando - so kann auf bereits definierte Parameterstrukturen zurückgegriffen werden:

Kommando 'LIST' 'RANGE'.
    Hilfetext Die durch RANGE spezifizierten Zeilen der Textdatei
    werden durch das LIST-Kommando auf dem Bildschirm ausgegeben -
    also aufgelistet.

Da die Struktur von 'RANGE' bereits oben definiert wurde, kann hier jede weiter Spezifizierung unterbleiben. Überhaupt ist beim Entwurf von Kommandosprachen darauf zu achten, daß die Parameter möglichst orthogonal definiert werden. So sollte z.B. der RANGE-Parameter stets in der gleichen allgemeinen Gestalt zulässig sein, wenn der Benutzer Teile seiner Textdatei spezifizieren will.

Eine theoretische Analyse der oben eingeführten Spezifikationssprache zeigt, daß jede formale Sprache mit einer kontextfreien Grammatik bewältigt werden kann. Das erkennt man so: Wenn X ein Nichtterminalsymbol ist und A,B,C,... Terminal- oder Nichtterminalzeichen, dann kann eine Menge von Regeln (Produktionen) wie z.B.

X -> ABC,
X -> AC,
X -> DEA

im wesentlichen dargestellt werden durch

Struktur X=Varianten X1,X2,X3.
Struktur X1: A B C.
Struktur X2: A C.
Struktur X3: D E A.

Das hat positive und negative Folgen für den tabellengesteuerten Algorithmus. Positiv ist zu vermerken, daß im Extremfall nahezu jede Kommandosprache - ja sogar jede Programmiersprache - durch die Spezifikationsmethode zu erfassen ist. Außerdem kann praktisch das ganze, recht umfangreiche Wissen über Parser für kontextfreie Sprachen herangezogen werden, um den tabellengesteuerten Algorithmus zu entwerfen und zu verbessern. Negativ ist jedoch anzumerken, daß manchmal viele verschiedene Alternativen gleichzeitig verfolgt werden müssen, um eine mögliche zulässige Interpretation der Benutzereingabe zu erzielen. Das Erkennen von Mehrdeutigkeiten ist dadurch erschwert und die notwendigen Rechenzeiten können in extremen Fällen wie $O(n^3)$ ansteigen, wobei n die Länge der zu analysierenden Benutzereingabe ist. Andererseits können mit rekursiven Strukturen bei Kommandosprachen bereits Formel-Sprachen (vergleiche Abschnitt 3.4) bewältigt werden.

Struktur der Steuertabellen

Bei der tabellarischen Abspeicherung der formalen Spezifikation von Kommandos kommt es darauf an,
- den Speicher optimal auszunutzen und
- schnellen Zugriff für den Analyse-Algorithmus

zu gewährleisten. Es werden im wesentlichen drei Tabellen benötigt:
- die Symboltabelle enthält alle konstanten Zeichen und Zeichenketten,
- die Attributtabelle beschreibt alle Teilstrukturen einschließlich Klammer- und Separatormengen und
- der Sequenz-Speicher ist ein Anhängsel an die Attributtabelle, um variabel lange Sequenzen und Mengen günstig speichern zu können. Je nach der Art in der Attributtabelle verweisen die Einträge im Sequenzspeicher auf die Symboltabelle (Arten 5 und 6) oder auf die Attributtabelle (Arten 1, 2, 3 und 4).

Aus den Tabellen kann z.B. der in Abbildung 3.3-3 gezeigte Strukturbaum für das Replace-Kommando zurückgewonnen werden. Man erkennt daraus z.B., daß auch die Eingabe von
R R = 10 20 50 100 (300 END) "ABX" /ABC/
problemlos erkannt werden sollte, wenn der tabellengesteuerte Algorithmus sich genau so verhält wie es die sieben Entwurfsregeln fordern.

Schnittstelle des Kommando-Moduls zum Dialogsystem

Mit dem Erkennen der vom Benutzer eingegebenen Parameterbestandteile des jeweiligen Kommandos ist es möglich, das Kommando in textuell normierter Form zu rekonstruieren. Das oben angegebene Kommando könnte so in die Gestalt REPLACE "ABX", "ABC", 10-20, 50-100, 300-END; gebracht werden und in dieser Form an den Texteditor weitergegeben werden. Diese Technik der normierten textuellen Kommandoweitergabe ist insbesondere auch dort anwendbar, wo bereits ein Dialogsystem mit allerdings unbefriedigendem Dialogkomfort existiert. Denn das Innenleben des Dialogsystems wird ja durch das Vorsetzen des Kommandomoduls nicht berührt, sofern allein auf der textuellen Schnittstelle aufgebaut wird.

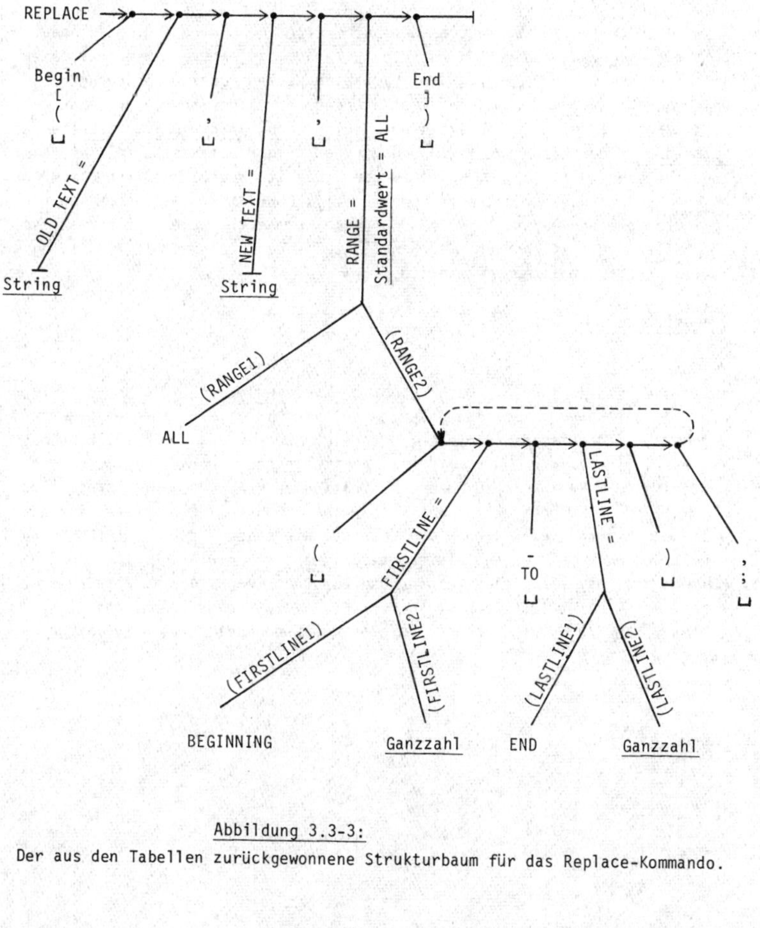

Abbildung 3.3-3:
Der aus den Tabellen zurückgewonnene Strukturbaum für das Replace-Kommando.

Bei dieser Lösung ist allerdings der erhebliche Mehraufwand durch die doppelte Kommando-Analyse zu beachten. Immerhin scheint es jedoch in Zukunft denkbar, den tabellengesteuerten Kommandomodul im Terminal selbst zu betreiben (so ergibt sich dann endlich ein wirklich intelligentes Terminal) und nur noch die in normierter Gestalt transformierten Kommandoeingaben des Benutzers an den Rechner weiterzuleiten. Das tabellengetriebene Verfahren begünstigt also auch den sinnvollen Einsatz lokaler Intelligenz.

Wenn die textuelle Weitergabe des aufbereiteten Kommandos nicht sinnvoll ist, z.B. wegen des doppelten Analyse-Aufwands, so können die Parameter direkt entweder in Gestalt von Variablen-Werten oder Speicheradressen weitergegeben werden. Bei sehr vielfältigen Kommando-Strukturen kann es auch sinnvoll sein, den gesamten normierten Strukturbaum des verarbeiteten Kommandos in der Halde abzulegen und nur den Zeiger auf die Wurzel an das angeschlossene Dialogsystem weiterzugeben. Der Strukturbaum ist insbesondere bei Speicherung durch Präfix- oder Postfix-Code die am wenigsten spezialisierte Kommando-Darstellung, so daß diese Form evtl. neben der normierten textuellen Darstellung an der Schnittstelle des Dialogmoduls zum Dialogsystem bereitgestellt werden sollte.

Erweiterungen

In der besprochenen Fassung fehlen dem Dialogmodul einige gelegentlich nützliche Einrichtungen. Dazu gehören z.B. benutzerdefinierte Variable, die an beliebigen Positionen anstelle von Parametern eingesetzt werden können. Bei gewissen komplexen Dateneingaben wie z.B. beim CAD kann das sehr vorteilhaft sein - wir werden in Kapitel 4 noch darauf zurückkommen. Weiter ist die Fähigkeit zur Makro-Definition zu erwähnen, die zweifellos als Teil des Kommandomoduls realisierbar ist. Schließlich werden in den weiteren Abschnitten auch noch die heute so wichtigen Maskentechniken und die Steuerung komplexer, hochinteraktiver graphischer Dialoge zur Sprache kommen und es wird sich zeigen, daß der tabellengesteuerte Ansatz wegen seiner Modularität auch dann viele Vorteile bietet, wenn graphische Interaktion, Menü- und Maskentechnik in eine Kommandoschnittstelle zu integrieren sind.

Steuertabellen

Attribut-Tabelle

Index	Bezeichnung (→Symboltabelle)	Art	→ Sequenz-Speicher	→ Default-Art	→ Default-Verweis (Symboltabelle oder Speicher)
1	1 (Replace)	1	1	1	0
2	0 (Klammern)	5	2	1	0
3	3 (OLD TEXT)	7	0	1	0
4	0 (Separator)	6	3	1	0
5	4 (NEW TEXT)	7	0	1	0
6	5 (RANGE)	4	4	2	14
7	0 (RANGE1)	6	5	1	0
8	0 (RANGE2)	3	6	1	0
9	0 (Klammern)	5	7	1	0
10	15 (FIRSTLINE)	4	8	1	0
11	0 (FIRSTLINE1)	6	9	1	0
12	0 (FIRSTLINE2)	8	0	1	0
13	0 (Separator)	6	10	1	0
14	16 (Lastline)	4	11	1	0
15	0 (Lastline1)	6	12	1	0
16	0 (Lastline2)	8	0	1	0
17	0 (Listensep.)	6	13	1	0
18	2 (LIST)	1	14	1	0

Attribut-Art:

1 = Kommando
2 = Sequenz
3 = Listen-Sequenz
4 = Varianten-Menge
5 = Klammer-Menge
6 = Endsymbol-Menge
7 = String
8 = Ganzzahl

Default-Typen (Standard-Werte):

1 = kein Standardwert
2 = fester Standardwert
3 = letzter Standardwert

Symboltabelle (konstant)

Index	Bezeichner	Kommando-Kennung	Attribut-Tabellen-Verweis
1	REPLACE	K	1
2	LIST	K	2
3	OLD TEXT	-	-
4	NEW TEXT	-	-
5	RANGE	-	-
6	_	-	-
7	,	-	-
8	BEGIN	-	-
9	END	-	-
10	[	-	-
11	]	-	-
12	(	-	-
13	)	-	-
14	ALL	-	-
15	FIRSTLINE	-	-
16	LASTLINE	-	-
17	-	-	-
18	TO	-	-
19	;	-	-
20	BEGINNING	-	-

Sequenzen-Speicher

Index	Länge	Sequenz
1	7	2,3,4,5,4,6,2
2	8	8,9,10,11,12,13,6,6
3	2	6,7
4	2	7,8
5	1	14
6	6	9,10,13,14,9,17
7	4	12,13,6,6
8	2	11,12
9	1	20
10	3	17,18,6
11	2	15,16
12	1	9
13	3	7,19,6
14	1	6

3.3.4 Formularorientierte Dialoge

In den vorangegangenen Abschnitten haben wir Kommandoschnittstellen mit einfacher textueller Übergabe von Kommandos untersucht. Bei solchen Schnittstellen wird die Information zwischen Dialogsystem und Benutzer in Gestalt von Textzeilen ausgetauscht, was mit relativ einfachen Leitungsprotokollen und sonstigen technischen Einrichtungen möglich ist.

Die Formular- bzw. Maskentechnik

Bei Formulardialogen legt das Dialogsystem dem Endbenutzer in der Regel Formulare vor, die dann interaktiv auszufüllen bzw. zu bearbeiten sind. Tatsächlich können nahezu alle an Rechner einzugebende Informationen mit der Formulartechnik transparent und benutzerfreundlich gestaltet werden. Das Replace-Kommando aus den vorangegangenen Abschnitten kann z.B. wie folgt mit Formulartechnik eingegeben werden: Der Benutzer gibt nur R oder REP ein, um seinen Kommandowunsch zu signalisieren. Daraufhin wird blitzschnell (die Antwortzeiten müssen sehr kurz sein!) die in Abbildung 3.3-4 gezeigte Maske auf dem Bildschirm erzeugt. Außerdem wird der Schreibcursor auf das erste Eingabefeld von OLD TEXT gesetzt, wodurch der Benutzer jetzt mit den nächsten Tastatureingaben diesen Parameter sofort festlegen kann. Selbstverständlich gibt es eine Anzahl nützlicher Mikro-Kommandos, die ein flexibles Ausfüllen der Eingabefelder mit minimalem Tippaufwand erlauben.

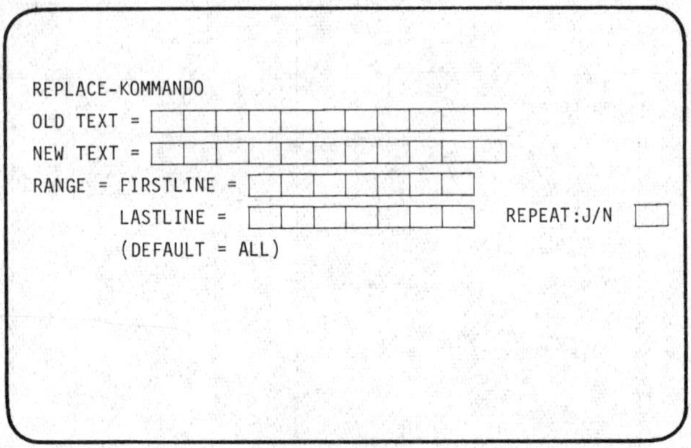

Abbildung 3.3-4:
Bildschirm-Maske für Replace-Kommando

Bereits aus diesem Beispiel werden die Vorteile des Verfahrens deutlich: Der Rechner verlangt detailliertere Parametereingaben stets in einem transparenten Kontext. Das baut beim Benutzer Vertrauen und Sicherheit auf. Denn es ist im täglichen Leben eine allgemein beobachtete Tatsache, daß die Erinnerung an die Eingabedetails (Parameter) in vielen Fällen bereits ausreicht, um die geforderten Handlungen (Eingaben) auch durchführen zu können. Das ist jedenfalls wesentlich einfacher als die Rekonstruktion der Kommandostruktur vollständig aus dem Gedächtnis. Ein weiterer Vorteil wird erst später ganz deutlich: Der Tippaufwand kann extrem reduziert werden, was aber ausgefeilte Interaktionstechniken auf Zeichenbasis und damit eine technisch hochentwickelte Ein-Ausgabe-Steuerung mit sehr kurzen Antwortzeiten erfordert.

Die Formulartechnik ist in interaktiven Routine-Anwendungen insbesondere in kommerziellen Bereichen weit verbreitet, da sich neben einer günstigen Kommandoschnittstelle auch noch weitere organisatorische Vorteile ergeben. Wissenschaftliche Literatur ist allerdings kaum verfügbar, man vergleiche aber z.B. die Beiträge von Nösel (1978) und Glatzel (1981) sowie Vahle (1982).

Aufbau von Formularen

Um z.B. eine Anschriftendatei zu führen, muß zunächst die Struktur der einzelnen Adresse festgelegt werden, aus ihr ergibt sich schließlich auch die Satzstruktur der Datei. In Anlehnung an Pascal kann das z.B. wie folgt geschehen:

```
Type Anschrift =
  Record    Nummer        : Text(6);
            Name          : Text(20);
            Vorname       : Text(15);
            Kopf          : (Herr, Frau, Firma);
            Postleitzahl  : Text(4);
            Ort           : Text(15);
            Telefon       : Text(16);
            usw.          :
  End;
```

Typbezeichnungen wie z.B. Text(15) sollen zu Array [1..15] of Char äquivalent sein. Überhaupt sind insbesondere in der kommerziellen Datenverarbeitung die resultierenden Record-Strukturen oft komplex und in viele unterschiedliche Teilinformationen (Felder) gegliedert. Es ist nun naheliegend, aus solchen Strukturen grundsätzlich Maskenstrukturen auf dem Bildschirm zu erzeugen. Eine Bildschirm-Maske für den oben definierten Typ "Anschrift" zeigt Abbildung 3.3-5.

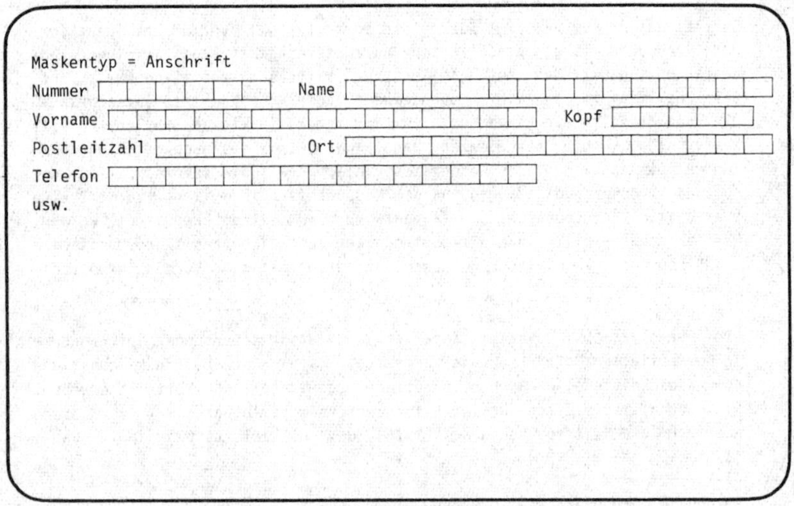

Abbildung 3.3-5:

Mögliche Anordnung der Record-Bestandteile des Typs Anschrift bei einer Bildschirm-Maske

Die gezeigte Maske ist noch leer und wird in dieser Gestalt auf den Bildschirm gebracht, wenn eine neue Anschrift erfaßt werden soll.

Das Definieren neuer Masken ist auf sehr verschiedenen Wegen denkbar. So könnte z.B. ein Pascal-Programmiersystem grundsätzlich mit einer solchen interaktiven E/A-Schnittstelle ausgestattet werden, die bei der Eingabe von Record-Typen das jeweilige Formular auf den Bildschirm bringt. Der Programmierer würde dabei nur die üblichen Ein-Ausgabe-Operationen - aber auf Records ausgedehnt - benutzen. Die meisten fortgeschrittenen Software-Systeme für Formular-Dialoge erlauben heute die Detail-Spezifikation der Masken im Dialog, womit die genaue Bildschirm-Aufteilung und die Record-Struktur gleich mitdefiniert wird.

Wenn die Maske mit sämtlichen Details definiert ist, wird ein beschreibender Datensatz erzeugt und gespeichert. Mit Hilfe dieser Strukturdefinition kann das Dialogsystem dann Dateien zur Speicherung ausgefüllter Formulare anlegen und eine große Menge sinnvoller Operationen mit solchen Daten vornehmen.

Maskenorientierte Datenein- und Ausgabe

Betrachten wir zunächst das Problem, eine leere Maske, die sich bereits auf dem Bildschirm befindet, mit Informationen zu füllen. Verschiedene Eingabe-Techniken sind denkbar: Der Schreibcursor bewegt sich grundsätzlich nur auf den für die Eingabe vorgesehenen Zeichenpositionen, die mit unveränderlicher Beschriftung versehenen Teile des Bildschirms - also insbesondere die Feldbezeichnungen - können nicht mehr verändert werden. Eine flexible Cursor-Steuerung ist sehr wichtig. Folgende Mikro-Kommandos sind z.B. beim interaktiven Ausfüllen oder Bearbeiten einer Maske denkbar:

- Positioniere Cursor auf 1. Eingabefeld der Maske,

- Vorrücken des Cursors auf nächstes Eingabefeld,

- Zurücksetzen des Cursors auf vorangehendes Eingabefeld,

- Positioniere Cursor n Eingabefelder vor bzw. zurück,

- Informationseingabe (evtl. mit feldspezifischer Tabulator-Teilung),

- Vorrücken des Cursors auf nächste bzw. vorangegangene Bildschirmseite der Maske (Masken können aus mehreren Bildschirmseiten zusammengesetzt sein.),

- Auswahl eines bestimmten Eingabefeldes durch Bezeichnung (auch extreme Abkürzung der Bezeichnung denkbar),

- Voreinstellung einer bestimmten Springstrategie des Cursors für viele gleichartige Eingaben (z.B. Kopf → Vorname → Name),

- Anbieten von Kurzbezeichnungen oder Menüs für Stichwort-Eingaben, falls Cursor auf dafür geeignete Felder bewegt wird (Beispiel: Kopf-Feld, H=Herr, Fr=Frau, Fi=Firma),

- Löschen von Einträgen mit einem Tastendruck,

- Automatische Darstellung von Unter-Masken, Varianten-Teilen oder Verweis-Masken, falls das System Masken mit Unterstrukturen, Variantenstrukturen bzw. Maskenverkettung kennt. (Unterstrukturen ergeben sich z.B. in Pascal dadurch, daß Objekte mit komplexer Record-Struktur bei der Definition neuer Maskentypen als Einzelfeld auftreten. Verkettung entsteht durch Verweise mit Pointer-Feldern, ein sowohl im wissenschaftlich-technischen wie im kommerziellen Bereich wichtiges Gestaltungselement komplexer

Datenbestände. Varianten entstehen durch unterschiedliche Fälle. So kann z.B. eine Firma Kunde oder Lieferant sein, beide Fälle können als Varianten in die Stammaske hineindefiniert werden.)

Um bei dieser Interaktion den Benutzerkomfort tatsächlich auf ein hohes Niveau zu bringen, müssen die Mikro-Kommandos blitzschnell - also z.B. mit Antwortzeiten von ca. 0.1 Sekunde - abgewickelt werden. Mit langsamen Übertragungsleitungen und zeilenweisem Textaustausch zwischen Terminal und Rechner ist das in letzter Konsequenz nicht mehr zu schaffen. Allerdings hilft hier die heute verfügbare lokale Intelligenz weiter. Ebenso wie beim tabellengesteuerten Kommandomodul kann ein intelligentes Terminal (= Kleinrechner mit Dialogarbeitsplatz) den maskenorientierten Dialog weitgehend selbständig übernehmen. Es sollte hier auch angemerkt werden, daß viele Bildschirmterminals intern über eingebaute Funktionen verfügen, die die Maskenbearbeitung erleichtern.

Komplexere Operationen

(1) Bei kommerziellen Systemen dürfen manche Maskeneinträge nur von Personen mit speziellen Berechtigungen vorgenommen oder verändert werden - z.B. Kreditrahmen-Daten oder Transaktionen besonders großen Umfanges. Daher kennen manche Systeme gestufte Berechtigungen und sichern dadurch einzelne Felder vor unbefugten Veränderungen.

(2) Weit verbreitet ist auch der Wunsch, bereits während der Eingabe von Daten Plausibilität oder weitgehende Querprüfungen durch speziell zugeordnete Routinen vornehmen zu lassen. Die einfachste Methode ist die Grenzwert-Prüfung oder ähnlich einfache Eigenschaften-Kontrollen für die in gewisse Felder eingetragene Daten, z.B. auch die Festlegung "nur Ziffern" bzw. "nur Buchstaben erlaubt". Im allgemeinen Fall muß für derartige Prüfungen ein eigenes Programmstück oder eine bereits existierende Prüfroutine an das jeweilige Eingabefeld gekoppelt werden.

(3) Kombinationen aus Suchen bestimmter Datensätze, Ausblenden gewisser Teilinformationen, Sortieren und Druckerprotokoll-Erzeugung sind recht einfach durch spezielle Maskeneingaben erzeugbar: Beispielsweise werden die Zeichenpositionen einer leeren Maske einfach mit D beschriftet, die zu drucken sind; sodann die Felder des Sortierkriteriums (evtl. Teilfelder) mit S usw. Da bei allen diesen Eingaben die tatsächliche Struktur der gespeicherten Daten dem Benutzer plastisch vor Augen steht, können die gewünschten Operationen viel einfacher als z.B. durch eine rein textuelle Kommandoschnittstelle mitgeteilt werden. Wenn z.B. die Anschriften nach aufsteigender Postleitzahl sortiert werden sollen, so werden im Kommandomodus lauter S-Zeichen in das

Postleitzahl-Feld eingetragen. Dann ist nur noch festzulegen, ob aufsteigend oder absteigend zu sortieren ist und was mit der sortierten Folge der Anschriften zu geschehen hat. Offensichtlich kann der Benutzer diese Vorgänge modellmäßig gut verfolgen und beeinflussen, was letztendlich zu flexiblen und leistungsfähigen Systemen für viele verwaltungstechnische und kommerzielle Datenverarbeitungsprobleme führt. (Es handelt sich hier letztendlich um eine Weiterentwicklung des RPG-Prinzips (RPG = Report Program Generator), siehe auch Gerkens et.al. (1980)).

(4) Da ein maskenverarbeitendes System softwaremäßig völlig unabhängig von der tasächlichen Detail-Struktur der Masken selbst programmiert werden kann, ist auf dieser Basis eine flexible und dennoch kostengünstige Anpassung an beliebig individuelle Anwendungsfälle möglich. Man kann sich ein solches System etwa vorstellen wie einen Texteditor, der statt Textzeilen-Dateien Record-Dateien verwalten und in vielfältiger Weise zu manipulieren gestattet. Der Anwender kann also ohne Programmierkenntnisse und völlig ohne Programmübersetzung und Software-Entwicklung sein interaktives Anwendungssystem definieren und sofort betreiben. Ähnliche Ideen wurden z.B. auch in Blaser und Schauer (1977) entwickelt. Selbstverständlich kann man trotz aller Möglichkeiten der Eigendefinition davon ausgehen, daß der initiale, systemdefinierende Dialog, bei dem im wesentlichen die verschiedenen Maskenstrukturen festgelegt werden, in enger Zusammenarbeit mit einem Experten erfolgt, dieser sollte aber bereits nach wenigen Stunden entbehrlich sein.

Ein grundsätzliches Problem entsteht bei maskenorientiertem Vorgehen, wenn die Anwendung ein kompliziertes und geordnetes Zusammenspiel von Einzelaktivitäten erfordert. Hier muß das System von sich aus die Initiative ergreifen und den Anwender durch gezielte Dialogsteuerung in die Pflicht nehmen können. Das Problem tritt bereits beim konsistenten Abändern von Daten auf, es wird aber besonders in solchen Situationen beobachtet, wo die Benutzeraktivitäten ähnlich wie in der Netzplantechnik mit bestimmten Vorgänger-Nachfolger-Beziehungen aufeinander abzustimmen sind. Eine grundsätzliche Lösung bietet die Auftragsverwaltungstechnik, auf die hier aber nicht im Detail eingegangen werden kann. (Ähnlich wie bei der Prozeßverwaltung in komplexen Betriebssystemen kann man Ordnung in manche komplexe und unübersichtliche Programmieraufgabe bringen, indem man alle zu erledigenden Teilaufgaben als Mikro-Aufträge auffaßt und systematisch - also datenmäßig - verwaltet und nach und nach erledigt.) Durch derartige Steuerungen soll erreicht werden, daß das maskenorientierte interaktive Datenverwaltungssystem auch befähigt wird, komplexe sequentielle Dialogabläufe mit vielen unterschiedlichen Dialogschritten logisch korrekt zu bewältigen. Auch das an die Automatentheorie angelehnte Verfahren von Denert (1977), welches sich an Zustandsdiagrammen und Zustandsübergängen orientiert, kann komplexere Dialogstrategien modellieren.

Die herausragenden Vorteile der Maskentechnik kommen offenbar immer dann zur Geltung, wenn routinemäßiger Umgang mit strukturierten Daten im Dialog - also insbesondere auch in fast allen transaktionsorientierten Anwendungen - zu organisieren ist. Effiziente bzw. optimale maskenorientierte Dialoge sind nur möglich, wenn zwischen Rechner (lokal oder zentral) und Dialogstation auf Zeichen- und nicht etwa auf Zeilenbasis kommuniziert wird. In vielen klassischen Teilnehmer-Rechensystemen sind diese technischen Voraussetzungen gar nicht gegeben, weil z.B. die Leitungsprotokolle für zeichenweisen Informationsaustausch viel zu schwerfällig sind. Außerdem können gerade bei komfortablen Maskendialogen eine größere Anzahl von Funktionstasten sinnvoll eingesetzt werden, da jede solche Taste ein Mikro-Kommando auslösen kann. Insbesondere der hochtrainierte Benutzer fordert eine größere Zahl wohlabgestimmter Mikrokommandos, um die Interaktion optimal steuern zu können. Für den untrainierten Benutzer wird durch die normalerweise vollständig selbsterklärenden Masken sowohl ein hohes Maß an Transparenz als auch viel Modellkenntnis vermittelt. Die Grundfragen des Dialog-Benutzers wie "Where am I?", "What can I do here?", "How did I get here?", "Where else can I go and how do I get there?" (man vergleiche Nievergelt (1982)) sollten zumindest nach einiger Übung beantwortbar sein, denn die auf dem Bildschirm ständig sichtbaren Masken evtl. ergänzt um Kommando-Menüs signalisieren den Zustand des Dialoges recht deutlich. Schließlich sollte nicht übersehen werden, daß auch einfachere textuelle Kommandoschnittstellen - wie z.B. in 3.3.3 vorgestellt - durch Maskentechnik wesentlich verbessert werden können: Ein tabellengesteuerter Kommando-Modul ist geradezu prädestiniert, um im Falle von Parameter-Eingaben für Kommandos diese in Maskengestalt anzufordern, vergleiche Abbildung 3.3-4. Allerdings werden dadurch die Anforderungen an die Terminal-Technik wesentlich ausgeweitet und der tabellengesteuerte Kommandomodul wird deutlich umfangreicher.

3.3.5 Graphische Interaktion

Graphische Techniken des Dialogs sind schon seit 1960 im Labor-Einsatz, dringen aber in den letzten Jahren infolge Hardware-Verbilligung immer weiter vor. Technische Grundlagen findet man z.B. in Newman and Sproull (1979).

Insbesondere bei hochentwickelten CAD-Systemen wurden schon seit langem komfortable graphische Dialogschnittstellen entwickelt, die auf den ersten Blick wenig mit den befehlsorientierten Kommandosprachen gemeinsam haben. Dieser Eindruck täuscht jedoch. Der Unterschied besteht nur darin, daß außer der Tastatur noch weitere Eingabemöglichkeiten für Kommandoparameter bzw. ganze Kommandos existieren:

- Lichtgriffel mit graphischem Bildschirm, simultane Koordinaten- und Menü-Anwahl
- Funktionstasten,
- Cursor-Maus, usw.

Der Dialog ist letztendlich so organisiert, daß das nächste Kommando entweder mit Menü-Anwahl oder Texteingabe signalisiert wird und daß dann das graphische System von sich aus in einen speziellen Wartezustand übergeht, in dem der Benutzer jetzt die Parameter liefern kann. Dabei gibt es z.B. folgende Möglichkeiten:

Wortsymbol-Eingabe: Tastatur oder
Funktionstaste oder
Menü-Anwahl mit Lichtgriffel bzw. Maus.

Zahlen- bzw. Koordinaten-Eingabe: Tastatur (Ziffernbasis)
Lichtgriffel, Maus

Trennzeichen: meistens nicht erforderlich

Bezeichnung von Parametern: wie bei Wortsymbolen

Bei einem einfachen Kommando wie z.B. "Strecke von Punkt A nach Punkt B einfügen" kann das Kommando selbst durch Menü-Auswahl festgelegt werden. Um dann die Parameter "Punkt A" und "Punkt B" einzugeben, sind viele unterschiedliche Varianten denkbar:

(1) Direkte Anwahl des Punktes auf dem graphischen Bildschirm mit Lichtgriffel,
(2) Bezugnahme auf bereits existierenden Punkt mit Lichtgriffel, also assoziative Punktauswahl,
(3) Eingabe der Punktkoordinaten durch Tastatur,
(4) Tastatur-Eingabe von Bezeichnungen von Punkten, die bereits existieren.
(5) Formelmäßige Festlegung der Koordinaten,
(6) Bezugnahme auf Schnittpunkte von bereits existierenden Streckenzügen.

Wenn alle Varianten bei der Eingabe ohne Vorsignalisierung zulässig sind, so ist das System also für alle Eingaben (Tastatur, Lichtgriffel, Funktionstasten, Maus) bereit. Daneben muß evtl. der dargestellte graphische

Bildausschnitt verkleinert oder vergrößert werden (Zooming) können, was durch zwischengeschobene Menü-Eingabe erreicht werden kann. Letztendlich liegt aber trotz der vielfältigen Eingabemöglichkeiten eine befehlsorientierte Kommandosprache vor. Das bedeutet also, daß auch hier ein tabellengesteuerter Kommandomodul, wie in Abschnitt 3.3.3 beschrieben, eingesetzt werden kann, um zu einer wohlstrukturierten und insgesamt günstigen Softwarelösung zu gelangen. Allerdings müssen neben Tastatureingaben auch die graphischen Eingabemöglichkeiten voll in die Varianten-Spezifikation der Parameter eingehen. Auch die oft wechselnden Menü-Hierarchien müssen bereits als Bestandteil der Kommandosprache aufgefaßt werden, möglicherweise sogar die Inhalte des Display-Files. Hier werden selbstverständlich auch die Normungsaktivitäten für graphische Ein-Ausgabe berührt, man vergleiche hierzu den ISO-Normentwurf für das Graphische Kernsystem GKS (ISO (1981)) sowie als Hintergrundinformation Eckert et.al. (1980).

3.4 FORMEL-ORIENTIERTE INTERAKTIVE KOMMANDOSPRACHEN

3.4.1 Anwendungsgebiete

Formelsprachen für die interaktive Rechnernutzung sind historisch gesehen untrennbar mit dem interaktiven Programmieren verbunden. Viele Einzelheiten über die frühe Entwicklung dieses Gebietes sind in Kupka und Wilsing (1975) erläutert. Vergleiche hierzu auch Abschnitt 4.4 über interaktives Programmieren. Eine Wertzuweisung in der elementaren Programmiersprache BASIC (vergleiche Haase und Stucky (1977) Seite 190) kann z.B. wie folgt aussehen:

```
C(f2)=P*(A(F1)+A(F4))+Q*(B(F1)+B(F4))+C(F4)
```

Solche Anweisungen sind neben <u>If</u>-<u>Then</u>-Konstruktionen und Laufschleifen typisch für interaktive numerische Rechnungen. In APL stellt der folgende komplexe Formel-Ausdruck eine Anweisung zum sortierten Ausdrucken der in A (rechteckige Char-Matrix) als Zeilen gespeicherten Zeichenketten dar, wobei die in S (Char-Vektor) gespeicherten Zeichen die alphabetische Reihenfolge definieren:

```
A[⍋(2+⍴S)⊥⍉S⍳A;]
```

Komfortable Tischrechner wie das funktionenorientierte MATHCALC (vergleiche Schmitt (1975)) gestatten es, mit einer knappen Sequenz von (rekursiven) Funktionsdefinitionen z.B. die n-te Primzahl zu berechnen:

```
DIV(X,Y) := Y mod X = 0;
P(N,I,S) := if I>S then true else
            if DIV(I,N) then false else
               P(N,I+1,S) eif eif;
ISTPRIM(N) := P(N,2,SQRT(N));
PR(I,P,N) := if I=N then P else
             if ISTPRIM(P+1) then PR(I+1,P+1,N) else
                PR(I,P+1,N) eif eif;
PRIMZAHL(N) := PR(1,2,N);
PRIMZAHL(10)?
  ...29
```

Nach aller Erfahrung erfordert diese formelorientierte algorithmische Denkweise eine erhebliche Vorbildung auf Seiten des Benutzers.

Weitere Gebiete mit Formeln als wichtigem, wenn nicht sogar unverzichtbarem Bestandteil der Benutzerschnittstelle, sind die Dokumentationssysteme, die Datenbanksysteme sowie Systeme mit komplexer formallogischer Schnittstelle (Formelmanipulation, Expertensysteme, künstliche Intelligenz). Ein Beispiel aus dem Datenbank-Sektor (vergleiche Date (1975)):

```
RANGE P=PX, SP=SPX, SP=SPY
GET W := (S.S#):∀PX(∃SPX(SPX.S#='S2'∧
        SPX.P#=PX.P#)→∃SPY(SPY.S#=S.S#∧
              SPY.P#=PX.P#))
```

Diese Anfrage erzeugt z.B. aus gegebenen Relationen die Menge derjenigen Lieferanten, die mindestens die gleichen Teile wie Lieferant S2 liefern können. Die hier verwendete Formelsprache ist für wenig trainierte Benutzer wohl kaum zu bewältigen, zumindest nicht bei logisch komplexeren Anfragen. Es ist nach wie vor ein wichtiges Forschungsthema, wie der Zugang zu Datenbanksystemen besser gestaltet werden kann, man vergleiche z.B. Lehmann und Blaser (1979) oder Reisner (1981).

Insbesondere ist hierbei auch die Rolle der natürlichen Sprache als Kommandosprache noch nicht abschließend geklärt. (Wir kommen darauf in Abschnitt 3.5 zurück.)

Folgende Grundsätze sollten stets beachtet werden: Formelsprachen sind niemals selbsterklärend, sie sind syntaktisch und meist auch semantisch komplexer als einfachere befehlsorientierte Kommandos und sie sind in aller Regel nur für geschulte Benutzer brauchbar. Die Situation kann sich allerdings durch weitgestreute Vermittlung und Verbreitung von Programmierkenntnissen in den Schulen langsam ändern. Denn wer programmieren kann, sollte auch mit sonstigen Formelsprachen nach kurzer Einarbeitung gut zurechtkommen.

Verbesserungen in Richtung auf fehlertolerante und benutzerfreundlichere Notationen sind bei Formelsprachen kaum möglich. So wird bei mathematischen Formeln gelegentlich gefordert, daß AB die Bedeutung von A*B hat und deshalb auch 3X eigentlich 3*X sein sollte. Aber selbst wenn man viele der im mathematischen Schrifttum vorkommenden vereinfachenden Notationen berücksichtigt, die Situation ändert sich kaum. Auch die Erfahrungen mit neuen Dialogkonzepten, die wohl erstmals bei Visicalc zum Einsatz kamen, bestätigen unsere These, daß nämlich Formelsprachen stets den trainierten Benutzer erfordern. Der große Erfolg von Visicalc (vergleiche auch Beck (1982)) ist wohl dadurch zu erklären, daß arithmetische Ausdrücke nicht in gewohnter Form, sondern durch übersichtliches graphisches Verknüpfen der Operanden spezifiziert werden.

Auch für den Implementierer formelorientierter Kommandoschnittstellen ergeben sich andersartige Probleme, denn die formale Syntax der Ausdrücke sowie ausgefeilte Techniken der Syntaxanalyse werden wesentlich wichtiger. Das technische Know-How des Übersetzer-Bauers kann und muß die technischen Grundlagen dafür liefern (siehe z.B. H.J. Schneider (1975), Aho und Ullmann (1977), Wirth (1977), Goos und Waite (1983)). Allerdings gibt es gerade bei formelorientierten Kommandoschnittstellen häufig im Detail andere Probleme und Lösungen, wie sie im Compilerbau gebräuchlich sind. So hat z.B. Earleys Parser für den Bau von Programmiersprachen-Übersetzern keinerlei Bedeutung, kann aber bei interaktiven Kommandoschnittstellen meist problemlos eingesetzt werden, weil die reine CPU-Effizienz wegen der vergleichsweise kurzen Kommando-Eingaben kein wichtiges Kriterium ist.

3.4.2 Techniken der Formelverarbeitung und Formelmanipulation

3.4.2.1 Die Rolle der formalen Syntax

Durch die formale Syntax wird der strukturelle Aufbau von Formeln einer bestimmten Klasse festgelegt. Sie ist sowohl ein entscheidendes Hilfsmittel für den trainierten Benutzer als auch für den Implementierer. Außerdem ist man normalerweise bestrebt, auch die Semantik der Formeln mit Hilfe ihrer syntaktischen Struktur zu erklären. Durch die in Tabelle 3.4-1 gegebene Beispiel-Syntax in leicht erweiterter Backus-Naur-Form werden mehrere Klassen von Formeln definiert: Arithmetische Formeln (A-Formeln), boolesche Formeln (B-Formeln) und Mengenformeln (M-Formeln).

Bei dieser Syntax wurden die Terminal-Symbole durch Unterstreichung gekennzeichnet. Die nicht bis auf Terminalzeichen-Ebene zurückgeführten primitiven syntaktischen Symbole Individuen-Konstante (Zeile 1), Individuen-Variable (Zeile 2) und Bezeichnung (Zeile 5 und 25) können durch Beispiele genauer erklärt werden:

<Individuen-Konstante>: a, a1, a2, 3.14, 7.851, ...
<Individuen-Variable>: x, x1, x2, y, z, z1, z2, ...
<A-F-Bezeichnungen>: SINUS, RADIUS, ...
<B-F-Bezeichnungen>: PKORREKT, P1, P2, ...

```
(1)      <A-Operand>                    ::=  <Individuen-Konstante>        |
(2)                                          <Individuen-Variable>         |
(3)                                          (<A-Formel>)                  |
(4)                                          <A-Funktion>                  .
(5)      <A-Funktion>                   ::=  <A-F-Bezeichnung>(<A-Argument-Liste>).
(6)      <A-Argument-Liste>             ::=  <A-Formel>                    |
(7)                                          <A-Argument-Liste>,<A-Formel>.
(8)      <A-Faktor>                     ::=  <A-Operand>                   |
(9,10)                                       <A-Faktor>{*,/}<A-Operand>.
(11)     <A-Formel>                     ::=  <A-Faktor>                    |
(12)                                         -<A-Faktor>                   |
(13,14)                                      <A-Formel>{+,-}<A-Faktor>.
(15)     <B-Operand>                    ::=  true                          |
(16)                                         false                         |
(17)                                         <Existenz-Klausel>            |
(18)                                         <Alles-Klausel>               |
(19,20)                                      <A-Formel>{<,=}<A-Formel>     |
(21)                                         <B-Funktion>                  |
(22)                                         (<B-Formel>).
(23)     <Existenz-Klausel>             ::=  ∃<Individuenvariable>(<B-Formel>)
(24)     <Alles-Klausel>                ::=  ∀<Individuenvariable>(<B-Formel>)
(25)     <B-Funktion>                   ::=  <B-F-Bezeichnung>(<A-Argument-Liste>)
(26)     <Negation>                     ::=  <B-Operand>                   |
(27)                                         ¬<B-Operand>.
(28)     <Konjunktion>                  ::=  <Negation>                    |
(29)                                         <Konjunktion>∧<Negation>
(30)     <Disjunktion>                  ::=  <Konjunktion>                 |
(31)                                         <Disjunktion>∨<Konjunktion>
(32)     <B-Formel>                     ::=  <Disjunktion>                 |
(33)                                         <B-Formel>→<Disjunktion>
(34)     <M-Operand>                    ::=  {<Aufzählung>}                |
(35)                                         <Prädikatbestimmte Menge>     |
(36)                                         (<M-Formel>).
(37)     <Aufzählung>                   ::=  <A-Formel>                    |
(38)                                         <Aufzählung>,<A-Formel>
(39)     <Prädikatbestimmte Menge>      ::=  {<Individuenvariable>|<B-Formel>}.
(40)     <M-Formel>                     ::=  <M-Operand>                   |
(41,42)                                      <M-Formel>{∩,∪}<M-Operand>.
```

<u>Tabelle 3.4-1:</u>

Beispiel-Syntax für arithmetische Formeln (A-Formeln), boolesche Formeln (B-Formeln) und Mengen-Formeln (M-Formeln).

Die aufeinander aufbauend definierten Formelklassen sind nicht für eine spezielle Anwendung ausgelegt, sondern dienen als Beispiel für die weiteren Überlegungen. Für weitere Hinweise zur syntaktischen Spezifikation formaler Sprachen siehe z.B. H.J. Schneider (1981).

3.4.2.2 Syntaxanalyse und Operatorbaum

Wenn eine Formel verarbeitet werden soll, muß zunächst eine syntaktische Analyse durchgeführt werden. Je nach den spezifischen Gegebenheiten kann diese Tätigkeit aber bereits in vielfältiger Weise mit anderen Aktivitäten verzahnt und gekoppelt sein, worauf wir noch ausführlich in Abschnitt 4.4 (Interaktives Programmieren) zu sprechen kommen. Die syntaktische Analyse hat die Aufgabe, sowohl die Struktur der Formel zu prüfen als auch - falls die Formel syntaktisch korrekt ist - einen Strukturbaum zu liefern. Die vielfältigen Forschungsergebnisse der letzten 20 Jahre im Bereich der formalen Sprachen sowie der Syntaxanalyse haben dazu geführt, daß die dabei zu lösenden Probleme sehr gut verstanden werden. Für die Formelbearbeitung sind die für größere Programmiersprachen-Übersetzer gut geeigneten tabellenorientierten Verfahren wie z.B. die LR- bzw. LALR-Verfahren zwar ebenfalls brauchbar, erscheinen aber in der Regel doch als technisch zu anspruchsvoll. Denn bei der Formelübersetzung kommt es praktisch nie auf hohe CPU-Effizienz an. Daher ist die Methode des rekursiven Abstiegs in aller Regel die Methode der Wahl, sie wird wohl auch in fast allen Kommandointerfaces für Formeln eingesetzt. Erwähnenswert erscheint auch noch die Übersetzung mit Vorrang-Tabelle, die zu einer sehr speichergünstigen und auch schnellen Syntaxanalyse führen kann (vergleiche H.J. Schneider (1975)). (Aus moderner Software-Sicht ist der rekursive Abstieg allerdings deshalb nachteilig, weil vollautomatische Generierung solcher Programme keine geläufige Methode ist.)

Wenn wir ähnlich wie bei der Diskussion des tabellengesteuerten (befehlsorientierten) Kommando-Moduls extreme Transparenz und Modularität der Software fordern, bietet sich jedoch noch eine weitere, sehr elegante Lösung an: Wir können einen ganz allgemeinen Syntax-Analyse-Algorithmus wie z.B. Earleys Parser (Jay Earley (1970)) einsetzen. Die von Earley erarbeitete Lösung hat folgende wichtige Eigenschaften:

- Das Verfahren bewältigt jede kontextfreie Sprache, eine Umformung der gegebenen Syntax (=Produktionen) ist also überflüssig.

- Die Grammatik wird in Produktionen-Gestalt gespeichert, was bei optimaler Codierung mit sehr geringem Speicheraufwand möglich ist und zu einer transparenten Lösung führt: Der Parser kann z.B. jederzeit die intern gespeicherte Grammatik zur Kontrolle ausgeben und es können bei Bedarf ganz unterschiedliche Grammatiken in den Parser geladen werden, ohne daß an den Parser-Programmen etwas zu ändern wäre.

- Die Rechenzeit des Verfahrens ist für günstige Grammatiken (z.B. LR(1)) von der Ordnung O(n), wobei n die Länge der Eingabekette (=Formel) angibt. (Bei ungünstigen, insbesondere bei stark mehrdeutigen Grammatiken kann auch der Fall $O(n^3)$ auftreten, jedoch führen eindeutige Grammatiken im schlechtesten Fall zu einem Rechenzeitbedarf von $O(n^2)$. Da n jedoch in unserem Fall stets recht klein ist, ist selbst ein $O(n^2)$-Verfahren noch tolerierbar.)

- Das Verfahren liefert bei einer mehrdeutigen Grammatik alle möglichen Strukturbäume. Bei Formelsprachen werden solche Situationen möglichst vermieden. Bei anderen syntaktischen Strukturen - z.B. bei natürlicher Sprache - kann die Verarbeitung der Mehrdeutigkeit sogar erwünscht sein.

- Der von Earley spezifizierte Algorithmus ist sehr kurz und kann leicht so erweitert werden, daß Syntaxbäume mitgeliefert werden.

Den Nachteilen wie geringere CPU-Effizienz sowie ein nicht ganz vorhersehbarer Speicherbedarf für Zwischenzustände stehen massive Vorteile auf struktureller Ebene gegenüber. Letztendlich müssen also derartige allgemeine Verfahren auch für die Verarbeitung von Formelsprachen in Erwägung gezogen werden, um strukturell und preislich attraktive Dialogsoftware zu erhalten.

In Abbildung 3.4-2 ist eine etwas komplexere Mengenformel zusammen mit ihrem syntaktischen Strukturbaum angegeben. In jedem Knoten des Baumes ist genau eine der Produktionen der Grammatik angewandt. Die Nummern geben folglich die jeweilige Produktionsnummer der Beispielsyntax von Tabelle 3.4-1 an. Man erkennt z.B., daß einige Syntax-Zeilen wie (19,20) wegen der zwei zulässigen Operatoren < und = als zwei verschiedene Produktionen zu werten sind. Aus der Nummer der Wurzel von Teilbäumen ergibt sich auch sofort die syntaktische Qualität des Teilbaumes: So sind z.B. die Nummern 15 bis 22 B-Operanden, wie sich aus der Syntax sofort ablesen läßt.

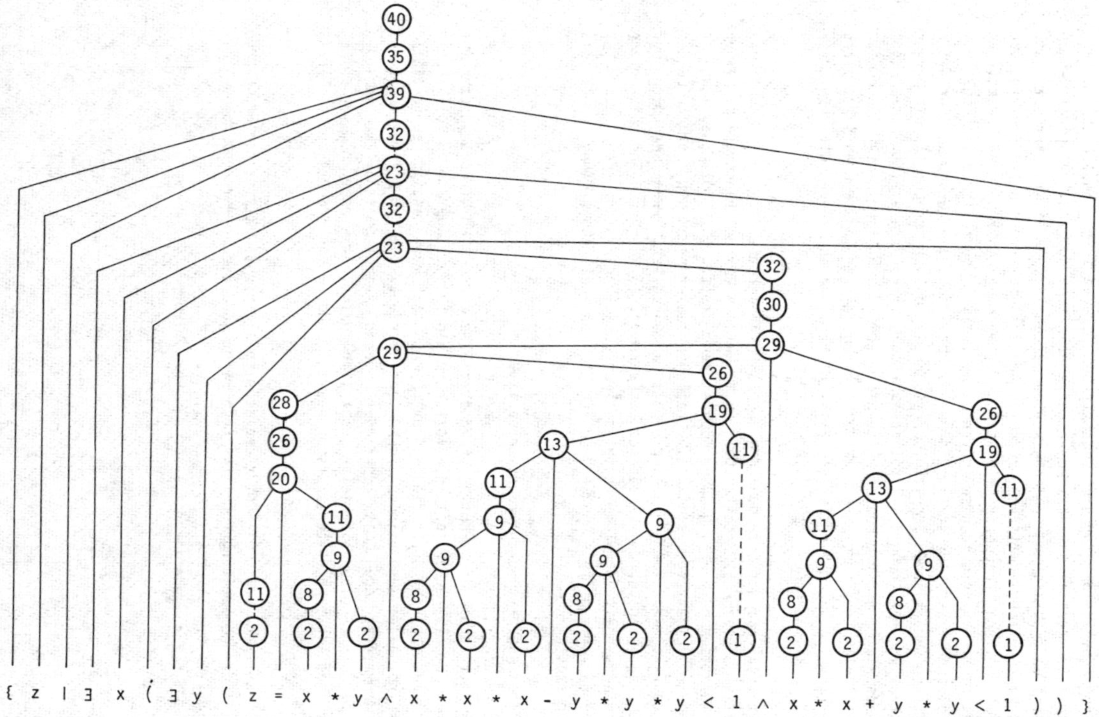

Abbildung 3.4-2:
Eine Mengenformel im Sinne der Syntax von Tabelle 3.2-1 und ihr syntaktischer Strukturbaum, der durch ein Syntax-Analyse-Verfahren, z.B. durch Earleys Parser, automatisch erzeugt werden kann. Bei den gepunkteten Verbindungen wie z.B. (11) .... (1) liegen nur Kettenproduktionen vor, die - abgesehen vom Anfangs- und Endknoten - semantisch meist unwichtig sind.

Stärker noch als beim Übersetzerbau kann die syntaktische Struktur von Formeln unmittelbar für die semantische Verarbeitung eingesetzt werden. Denn der für die semantische Weiterverarbeitung so wichtige Operator-Baum läßt sich praktisch ohne nennenswerten Aufwand aus dem Syntaxbaum erzeugen. Die von Kettenproduktionen verursachten Ein-Bein-Knoten können in der Regel entfernt werden. Alle durch Klammerung und ähnliche syntaktische Konstruktionen verursachten Knoten können meist ebenfalls entfallen. Die verbleibende Struktur stellt den Operatorbaum dar, die Grundlage für alle weiteren semantischen Schritte. Der so erzeugte Operatorbaum für die Mengen -Formel von Abbildung 3.4-2 ist in Abbildung 3.4-3 dargestellt. Man erkennt insbesondere, daß die Knoten weiterhin mit der jeweiligen Produktionsnummer der Syntax gekennzeichnet werden können. Allerdings können jetzt viele überflüssige "Beine" entfallen, da alle Teilbäume nur noch die (semantische) Qualität eines "Operanden" haben.

Spätestens bei der Erzeugung des Operatorbaumes tritt ein von Praktikern häufig übersehenes Detail-Problem auf: Welchen Vorrang haben die einzelnen arithmetischen und logischen Operatoren wie z.B. *,-,¬,∧,∨,→ und in welcher Reihenfolge sind die Operationen auszuführen? Nun, Formeln werden heute fast immer von links nach rechts abgearbeitet, wobei es dann nur noch auf den Vorrang der Operatoren ankommt, in welcher Reihenfolge diese bei Abwesenheit von Klammern tatsächlich auszuführen sind. Wenn z.B. *,/ höheren Vorrang als +,- haben, so ergibt sich bei Abarbeitung von links nach rechts

$$3-5-8/4/2 = -3$$

und bei Abarbeitung von rechts nach links

$$3-5-8/4/2 = 2.$$

Es gilt nun der wichtige Grundsatz: Eine korrekt entwickelte Syntax für eine Formelsprache legt die Vorrangregeln für die Operatoren vollständig fest. Jedoch kann durch die Syntax nicht die vollständige sequentielle Abfolge aller Operationen festgelegt werden. Daher muß insbesonder bei Programmiersprachen mit Funktionen, deren Aufruf Seiteneffekte auslösen können, noch eine Reihenfolge zusätzlich festgelegt werden, nämlich entweder "von links nach rechts" (sehr häufig) oder "von rechts nach links" (wie z.B. bei APL).

Aus unserer Beispiel-Syntax ergibt sich bei nicht geklammerten Strukturen stets die Abarbeitung von links nach rechts und die Operatoren haben folgende Vorrang-Struktur:

*,/ <u>vor</u> -(unär) <u>vor</u> +,- <u>vor</u> <,= <u>vor</u> ¬ <u>vor</u> ∧ <u>vor</u> ∨ <u>vor</u> →.

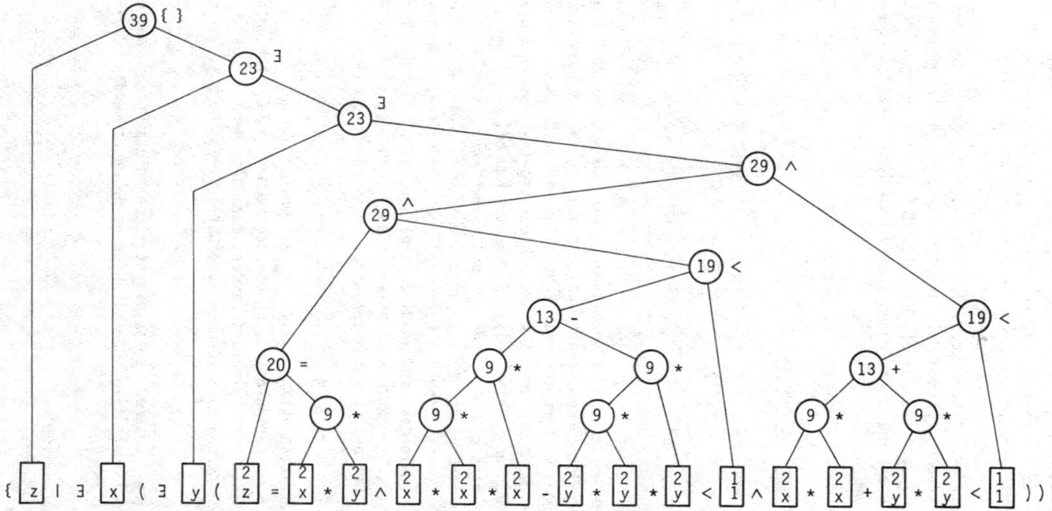

Präfixcode, textuell und klammerfrei:

<u>Menge</u> z ∃ x ∃ y ∧ ∧ = z * x y < - * * x x x * * y y y 1 < + * x x * y y 1

Postfixcode, textuell:

z x y z x y * = x x * x * y y * y * - 1 < ∧ x x * y y * + 1 < ∧ ∃ ∃ <u>Menge</u>

Abbildung 3.4-3:
Operatorbaum für die Mengenformel von Abbildung 3.4-2. Die Nummern der Knoten beziehen sich immer noch auf Produktionen der Grammatik, so stellt z.B. ein Knoten mit der Nummer 29 eine logische Und-Operation dar.

Zwingend geklammerte Konstruktionen wie Alles- und Existenz-Quantoren sowie Argumentlisten sind selbstverständlich erst auszuwerten, bevor ihr Ergebnis weitergegeben werden kann. Dies wird durch die Syntax ebenfalls richtig wiedergegeben. Da Linksrekursionen wie z.B. in der Produktion

<A-Faktor> ::= <A-Faktor>*<A-Operand>

bei manchen Syntax-Analyse-Verfahren (z.B. beim naiven rekursiven Abstieg) Schwierigkeiten verursachen, werden sie häufig durch Rechtsrekursionen ersetzt. Allerdings verändert man dabei die in die Syntax eingebauten Vorrangregeln für die Operatoren, was durch andere Maßnahmen wieder rückgängig gemacht werden muß.

3.4.2.3 Speicherung von Operator-Bäumen

Die Operatorbäume können auf sehr verschiedene Weise gespeichert werden. Am häufigsten benutzt werden (vergleiche Abbildung 3.4-3)

- die Präfix-Notation,
- die Postfix-Notation und
- die baumartige Speicherung.

Die Präfix- und Postfix-Notationen sind linear, sie können daher auch leicht rein textuell wiedergegeben werden. Bei der u.a. in der Programmiersprache LOGO konsequent verwendeten Präfix-Notation wird jeder Knoten des Operatorbaumes als eine Funktion mit k Argumenten aufgefaßt, wobei k die Anzahl der abgehenden Kanten ("Beine") ist. Der Wert k muß bei jedem Operator bekannt sein, wenn eine klammer- oder trennzeichenfreie Gestalt mit eindeutiger Rückkonvertierungsmöglichkeit angestrebt wird. Die linearen Darstellungen erfordern verhältnismäßig wenig Speicher, da keinerlei Trennzeichen und Klammern erforderlich sind. Demgegenüber ist die baumartige Speicherung aufwendiger, in manchen Situationen aber auch wesentlich flexibler, insbesondere bei der Formelmanipulation, also bei Umformungen von Formeln.

Wegen der oft beobachteten Unsicherheit bei der Implementierung entsprechender Programmteile mit Manipulation von Operatorbäumen sollen hier noch einige wichtige Techniken kurz erläutert werden, für weitergehende Ausführungen über die Speicherung von Bäumen und Geflechte siehe z.B. Waite (1973).

Für B-Formeln im Sinne unserer Beispielsyntax können die Operatorbäume durch Knoten (Records) der folgenden Struktur gespeichert werden, wobei wir uns hier an Pascal anlehnen:

```
type   OperatorbaumKnotenarten =
```

```
     (IndividuenKonstante,
      IndividuenVariable,
      AFunktion,
      FArgument,
      Multiplikation,
      Division,
      Minus,
      Addition,
      Subtraktion,
      Boolwert,
      ExistenzKlausel,
      AllesKlausel,
      BFunktion,
      Negation,
      Konjunktion,
      Disjunktion,
      Konklusion);

type  OBaumknoten =
  record
    case  Art: OperatorbaumKnotenarten  of
      IndividuenKonstante: (IKonst:Text);
      IndividuenVariable : (IVar:Text);
      AFunktion          : (FuBez:Text;
                            Argumente:Pointer OBaumknoten);
      FArgument          : (Argu,Nachfolger:Pointer OBaumknoten);
      Multiplikation     : (Mlinks,Mrechts:Pointer OBaumknoten);
      Division           : (Dlinks,Drechts:Pointer OBaumknoten);
      Minus              : (MOp:Pointer OBaumknoten);
      Addition           : (Alinks,Arechts:Pointer OBaumknoten);
      Subtraktion        : (Slinks,Srechts:Pointer OBaumknoten);
      Boolwert           : (Bwert:Boolean);
      ExistenzKlausel    : (EVar:Text; ERumpf:Pointer OBaumknoten);
      AllesKlausel       : (AVar:Text; ARumpf:Pointer OBaumknoten);
      BFunktion          : (BFuBez:Text;
                             BFArgumente:Pointer OBaumknoten);
      Negation           : (Nop:Pointer OBaumknoten);
      Konjunktion        : (Klinks,Krechts:Pointer OBaumknoten);
      Disjunktion        : (Ulinks,Urechts:Pointer OBaumknoten);
      Konklusion         : (Ilinks,Irechts:Pointer OBaumknoten)
  end;
```

Die recht umfangreiche Case-Konstruktion führt zwar zu einem wohlstrukturierten Aufbau der Datenstrukturen, ist aber doch etwas lästig, wenn z.B.

eine rekursive Kopierfunktion programmiert werden soll. Daher wäre zu überlegen, ob nicht eine einfachere Struktur günstiger ist:

```
type  OBaumknoten1 =
  record
    Art: OperatorbaumKnotenarten;
    T  : Text;
    B  : Boolean;
    P1 : Pointer OBaumknoten;
    P2 : Pointer OBaumknoten
  end;
```

Für die einzelnen Knotenarten sind jeweils genügend Komponenten angelegt, so daß jeder Knoten gemäß der Struktur von OBaumknoten1 gespeichert werden kann.

Wird nun aber ein Programmiersystem wie z.B. FORTRAN, Assembler oder manche einfachen Pascal-Systeme benutzt, so steht keine flexible Haldenverwaltung mit automatischer Speicherbereinigung zur Verfügung. In solchen Fällen müssen die Knoten der Operatorbäume in entsprechend strukturierten Arrays abgelegt werden und es ist Aufgabe des Programmierers, die Speicherverwaltung einschließlich evtl. notwendiger Speicherbereinigungen selbst zu organisieren. Die wichtigsten Methoden hierfür sind:

- Fädeltechnik zur Verwaltung des freien Speichers, falls alle Records die gleiche Struktur haben. Diese einfach zu realisierende Methode wäre z.B. ausreichend für Knoten der Art OBaumknoten1.

- Schablonen-Tabellen-Technik zur Erfassung der unterschiedlichen Strukturen der gespeicherten Records zusammen mit einem allgemeinen Verfahren der Speicherbereinigung ("garbage collection").

Eine weitere Lösung geht wie folgt: Speicherplatz für Records der gleichen Struktur wird mit der new-Funktion in der Halde belegt, freiwerdende Records werden mit Pointer-Verweisen aufgefädelt und bei Bedarf wieder verwendet.

3.4.2.4 Formel-Evaluation

In nahezu allen Anwendungen von Formeln als Bestandteile einer interaktiven Kommandosprache müssen diese ausgewertet werden. Den Vorgang der Werte-Berechnung von Formeln nennen wir Evaluation. Liegt die Formel in Präfix- oder Postfix-Notation vor, so kann die Evaluation am einfachsten mit dem

Kellerverfahren durchgeführt werden. Allgemeiner ist jedoch die direkte rekursive Evaluation von Formeln, die als Operatorbaum vorliegen.

Beispiel: Die Auswertung der arithmetischen Teile von Operatorbäumen mit der früher spezifizierten Struktur OBaumknoten würde sich z.B. etwa wie folgt gestalten lassen:

```
function Eval(X:Pointer OBaumknoten):real; ...
  begin
    case  X↑.Art  of
      IndividuenKonstante: Eval:=Wert(X↑.IKonst);
      IndividuenVariable : Eval:=Wert(X↑.IVar);
      Multiplikation     : Eval:=Eval(X↑.Mlinks)*Eval(X↑.Mrechts);
      Division           : Eval:=Eval(X↑.Dlinks)/Eval(X↑.Drechts);
      Minus              : Eval:=-Eval(X↑.Mop);
      Addition           : Eval:=Eval(X↑.Alinks)+Eval(X↑.Arechts);
      Subtraktion        : Eval:=Eval(X↑.Slinks)-Eval(X↑.Srechts)
    end
  end (*Eval*);
```

Hierbei müßte die Hilfsprozedur Wert die tatsächlich gegebenen Werte für die Individuenkonstanten und Individuenvariablen liefern, z.B. durch Inspektion von Tabellen. Die Operator-Knoten werden stets nach dem gleichen Schema erledigt. Das Grundprinzip ist sehr verallgemeinerungsfähig, insbesondere wenn die sich ergebenden Werte sehr komplexe Gebilde wie z.B. endliche Mengen oder gar formale Formeln sind. Auch komplexer erscheinende Gebilde wie Laufschleifen und Quantoren-Formeln können recht bequem evaluiert werden. Zwar ist bei unseren Beispiel-Formeln z.B. die Alles-Klausel mit direkter algorithmischer Methode nicht evaluierbar, weil die reellen Zahlen als Individuenbereich keine endliche Menge sind. Nehmen wir jedoch vereinfachend an, daß nur die ganzen Zahlen von 0 bis 100 den Individuenbereich bilden, so können Alles-Klauseln durch das folgende Programmfragment evaluiert werden:

```
B := true;
Wertrettung := Wert(X↑.AVar); I := 1;
while B and I ≤ 100 do
  begin Wert(X↑.AVar) := I;
        B := Eval(X↑.ARumpf);
        I := I+1;
  end;
Wert(X↑.AVar) := Wertrettung;
Eval := B;
```

Die Variable "Wertrettung" nimmt den evtl. real existierenden Wert der quantifizierten formalen Variablen X↑.AVar auf, wodurch die formale Individuenvariable des Alles-Quantors auf ihren lokalen Gültigkeitsbereich beschränkt wird. Man erkennt auch, daß die unterschiedlichen Ergebnis-Typen bei komplexeren Eval-Prozeduren (zumindest in Pascal) letztendlich nur dann sinnvoll gehandhabt werden können, wenn die Ergebniswerte stets durch einen Record mit Varianten z.B. für Real-, Integer-, Boolean-Ergebnisse usw. codiert werden. Die oben angedeutete Umsetzung von Quantoren in Laufschleifen ist insbesondere für Datenbank-Abfragen namentlich beim relationalen Datenmodell anwendbar, da alle beteiligten Daten-Mengen und Relationen endlich sind. Allerdings erzeugen geschachtelte Laufschleifen gekoppelt mit Dateizugriffen leicht eine große Rechenlast. Das will man durch geschickte Vorverarbeitung, gepaart mit Formelumformungen vermeiden.

Die kellerorientierten Evaluations-Verfahren können im Vergleich zu den besprochenen baumorientierten Verfahren meistens mit besserer Laufzeiteffizienz realisiert werden und erfordern keinen rekursiven Prozedurmechanismus. Im Falle von Postfix-Code wird nur ein Wertekeller benötigt. Bei Präfix-Code müssen zusätzlich auch die Operatoren gekellert werden, was zu Nachteilen führt.

Wenn z.B. nur einfache arithmetische Formeln evaluiert werden sollen, so kann Postfix- bzw. Präfix-Code wie folgt strukturiert werden:

```
type  Befehlsart = (Variableladen, Konstanteladen,
                    Minusop, Multiplikation, Division,
                    Addition, Subtraktion, Endeop);

type  Befehl =
  record
    case  Art: Befehlsart  of
      Variableladen : (Var:Text);
      Konstanteladen: (Kon:Real);
      Minusop, Multiplikation, Division, Addition,
      Subtraktion, Endeop: ()
  end;

type  Code = array [1..n] of Befehl;
```

Der Ausdruck -a+b*3.1*d+5.8 führt nun zu folgenden Befehlssequenzen:

Präfix-Code	Postfix-Code
+ (Addition)	a
+ (Addition)	-
- (Minusop)	b

```
a   (Variableladen)          3.1
*   (Multiplikation)         *
*   (Multiplikation)         d
b   (Variableladen)          *
3.1 (Konstanteladen)         +
d   (Variableladen)          5.8
5.8 (Konstanteladen)         +
#   (Endeoperation)          #   (Endeoperation)
```

Die Funktion zur Abarbeitung des Postfix-Codes ist verhältnismäßig einfach und hat die folgende Gestalt:

```
function PostfixEval(B:Code):Real;
var Befehlszähler,Kellerpegel:Integer;
    Keller:Array[1..n]of Real;
    Finis:Boolean;
begin Befehlszähler:=0;Kellerpegel:=0;Finis:=false;
  repeat Befehlszähler:=Befehlszähler+1;
    case B[Befehlszähler].Art of
    Variableladen:  begin Kellerpegel:=Kellerpegel+1;
                          Keller[Kellerpegel]:=
                            Wert(B[Befehlszähler].Var)
                    end;
    Konstanteladen: begin Kellerpegel:=Kellerpegel+1;
                          Keller[Kellerpegel]:=
                            B[Befehlszähler].Kon
                    end;
    Minusop:        Keller[Kellerpegel]:=-Keller[Kellerpegel];
    Multiplikation: begin Kellerpegel:=Kellerpegel-1;
                          Keller[Kellerpegel]:=Keller[Kellerpegel]*
                                               Keller[Kellerpegel+1]
                    end;
    Division:       begin Kellerpegel:=Kellerpegel-1;
                          Keller[Kellerpegel]:=Keller[Kellerpegel]/
                                               Keller[Kellerpegel+1]
                    end;
    Addition:       begin Kellerpegel:=Kellerpegel-1;
                          Keller[Kellerpegel]:=Keller[Kellerpegel]+
                                               Keller[Kellerpegel+1]
                    end;
    Subtraktion:    begin Kellerpegel:=Kellerpegel-1;
                          Keller[Kellerpegel]:=Keller[Kellerpegel]-
                                               Keller[Kellerpegel+1]
                    end;
```

```
    Endeop:          begin PostfixEval:=Keller[Kellerpegel];
                       if Kellerpegel≠1 then Fehlermeldung;
                       Finis:=true
                     end
    end

  until Finis;
end (*PostfixEval*);
```

Die entsprechende Lösung für den Fall des Präfix-Codes erfordert eine etwas kompliziertere Kellerorganisation mit einem Werte- und einem Operationenkeller.

Der Mehraufwand für die Präfixcode-Evaluation bedeutet letztendlich, daß dieses Verfahren vermieden werden sollte.

3.4.2.5 Formelmanipulation

Oft besteht der Wunsch, gegebene Formeln nach gewissen Kriterien umzuformen, meist äquivalenzerhaltend, oder neue Formeln aus gegebenen zu erzeugen. Selbstverständlich kann der Rechner dabei letztendlich qualitativ keine anderen Verfahren anwenden als auch mit Handrechnung möglich wäre. Allerdings können groß ausgebaute Formelmanipulationssysteme noch Formeln mit vielen tausend Operatoren fehlerfrei handhaben, was in einigen Bereichen der Wissenschaft Anwendung findet.

Alle Algorithmen der Formelmanipulation beruhen letztendlich auf einem einzigen Prinzip: Gewisse Strukturen in der Ausgangsformel werden gesucht und, falls gefunden, durch andere Strukturen ersetzt. Dabei spielen auch Formelkopien und Funktionen, die neue Formeln aus gegebenen Argumenten erzeugen, eine wichtige Rolle.

Eine Formel ist zunächst in Gestalt eines Operatorbaumes, also eines Graphen gegeben. Jeder solche Operatorbaum kann durch die Präfix-Notation, oder, falls eine sogenannte strikte Klammerung eingeführt wird, auch in der gewöhnlichen Infix-Notation, eindeutig dargestellt werden:
Der Ausdruck

-a*b+r*sin(a*x)/exp(x)

hat bei strikter Klammerung die Gestalt

((-(a*b))+((r*sin(a*x))/exp(x))).

Jetzt sind alle Vorrangregeln durch Klammerung erzwungen. Die strikte Klammerung der Formel in Infix-Notation ist also strukturell völllig äquivalent zu dem Operatorbaum, sie hat aber den großen Vorteil, daß sie linear ist. Daher lassen sich auch durch Zeichenketten Strukturen in Operatorbäumen beschreiben, insbesondere auch Ersetzungsregeln. Als erstes Beispiel geben wir ein Regelsystem an, durch das die Konstanten 0 und 1 - sofern möglich - aus arithmetischen Formeln entfernt werden:

Regelsystem 1:

(0*A) → 0, (A*0) → 0, (1*A) → A, (A*1) → A,
(0/A) → 0, (A/1) → A, (A/A) → 1,
(A+0) → A, (0+A) → A, (-(-A)) → A.

Dabei steht das Symbol A stets für eine beliebige Unterformel, deren Struktur nicht interessiert, ausgenommen natürlich bei (A/A), wo beide Formeln übereinstimmen müssen. Der Vereinfachungsalgorithmus hat folgende einfache Gestalt: "Suche in der zu vereinfachenden Formel (iterativ) Teilstrukturen, die mit der linken Seite einer Ersetzungsregel übereinstimmen und ersetze sie (textuell) durch die entsprechende rechte Seite." Der Algorithmus legt also keine Reihenfolge bei den Ersetzungen fest, die ist in vielen Fällen beliebig. Er terminiert, wenn keine Ersetzungsregel mehr angewandt werden kann. Ein Beispiel für die Anwendung:

Zu vereinfachende Formel:	(((a+0)*1)-(1-1))
Regel (A*1) → A:	((a+0) -(1-1))
Regel (A+0) → A:	(a -(1-1))
Ergebnis:	(a-(1-1))

Auf das Ergebnis sind keine Regeln von Regelsystem 1 mehr anwendbar. Die Regel (A/A) → 1 ist übrigens ziemlich nutzlos, da sie nur bei vollständiger Übereinstimmung von Nenner und Zähler anwendbar ist. Hingegen würde die Regel (A-A) → 0 bei obigem Beispiel einen Vorteil bringen.

Wenn etwas komplexere Regelsysteme erstellt werden sollen, so müssen auch Attribute von Teilformeln in die Bedingungen mit einbezogen werden. Ein Beispiel liefert folgendes Teil-Regelsystem zum kanonischen Umformen von Ausdrücken:

Regelsystem 2:

(A*(B+C)) → ((A*B)+(A*C))
((A+B)*C) → ((A*C)+(B*C))
(A*(B*C)) → ((A*B)*C)
(A+(B+C)) → ((A+B)+C)
Ordnung(B,A): (A*B) → (B*A)
Ordnung(B,A): (A+B) → (B+A)
Ordnung(C,B): ((A*B)*C) → ((A*C)*B)
Ordnung(C,B): ((A+B)+C) → ((A+C)+B)

Hierbei wird angenommen, daß zwischen den Bestandteilen der Formeln eine (partielle) Ordnungsstruktur vorgegeben ist. Diese kann z.B. zwischen Variablen durch die alphabetische Ordnung festgelegt sein, wobei Konstanten alphabetisch noch vor a eingeordnet werden. Auch bei dem Regelsystem 2 verläuft die Anwendung offensichtlich analog wie bei Regelsystem 1.

Etwas anders gestaltet sich z.B. das Problem, Formeln formal zu differenzieren. Hierbei werden keine Ersetzungsregeln aufgestellt, sondern es wird eine Funktion (rekursiv) definiert. Das grundsätzliche Vorgehen wird bereits bei der Spezifikation des Kopierens von Formeln klar:

```
Funktion Copy(A):
case
A = (X+Y)    : Copy := (Copy(X)+Copy(Y));
A = (X*Y)    : Copy := (Copy(X)*Copy(Y));
A = (-X)     : Copy := (-Copy(X));
Variable(A) : Copy := A;
Konstante(A): Copy := A;
A = (X(Y))  : Copy := (X(Copy(Y)))     (* Funktionen! *);
usw.
end;
```

Die Funktion Copy stellt nur ein zweites Exemplar der als Argument eingesetzten Formel her. Die rekursive Spezifikation entspricht weitgehend der für das Kopieren von Bäumen oft programmierten Prozedur. Die Copy-Funktion ist korrekt spezifiziert, wenn jedes mögliche Argument A durch genau einen Case-Fall abgedeckt ist. Das formale Differenzieren kann wie folgt präzisiert werden:

```
Funktion Diff(V,A):
case
Variable(A)∧V=A : Diff := 1;
Variable(A)∧V≠A : Diff := 0;
Konstante(A)     : Diff := 0;
A = (X+Y)        : Diff := (Diff(V,X)+Diff(V,Y));
A = (X*Y)        : Diff := ((Diff(V,X)*Copy(Y))+
                              (Copy(X)*Diff(V,Y)));
usw.
end;
```

Das Differenzieren ist für manche Formeln sicher nicht sinnvoll möglich, z.B. nicht für logische Operationen. Daher umfaßt hier die Case-Konstruktion nur die Fälle bzw. Strukturen, die tatsächlich differenzierbar sind. Die Diff-Funktion muß zwar eindeutig sein, aber es handelt sich nur um eine partielle Funktion, die nicht für beliebige Formeln A ein Ergebnis liefert.

In ähnlicher Weise kann z.B. auch eine Druckfunktion definiert werden, die die strikt geklammerte Formel als Vorlage für die Druckausgabe nimmt, die aber nur solche Klammern im Druckbild stehen läßt, die wegen der Operator-Vorrangregeln notwendig sind.

Ersetzungsregeln für Terme sind seit langem von großer Bedeutung in der Algebra. In diesem Zusammenhang sei auch auf Semi-Thue-Systeme und Gruppensysteme verwiesen. Neuere Entwicklungen dieses Gebietes, das auch enge Beziehungen zur Theorie der formalen Sprachen aufweist, sind z.B. in Knuth und Bendix (1970), Huet (1980) und Loos (1981) dokumentiert. Das algebraische Vereinfachen wird ausführlich in Buchberger und Loos (1982) untersucht, andere Problembereiche der Formelmanipulation werden in verschiedenen Einzelarbeiten in Buchberger, Collins und Loos (1982) behandelt, wo auch viel weiterführende Literatur zu finden ist. Das formale Differenzieren wird in Rall (1981) ausführlich besprochen, ein Formelmanipulationssystem von Degen (1980) vorgestellt. Da Compiler-Generatoren bei der Implementierung von Formelsprachen sicher ein wirkungsvolles Hilfsmittel sein können, sei auf Kastens, Hutt und Zimmermann (1982) hingewiesen.

3.5 NATÜRLICHE SPRACHE ALS DIALOGSPRACHE

In einer Reihe von Veröffentlichungen wird die Überzeugung geäußert, daß die natürliche Sprache in vielen Fällen auch die ideale Kommandosprache für den untrainierten Benutzer darstellt. Ohne Zweifel kann nahezu jeder Befehl an einen Rechner auch in natürlicher Sprache formuliert werden. Die Semantik solcher rein natürlichsprachlicher Anweisungen ist zwar dem Menschen weitgehend geläufig, ist aber vom Rechner oft nicht eindeutig zu entschlüsseln.

Allerdings: Die natürliche Sprache stellt neben dem visuellen Erkennungssystem die wohl mit Abstand komplexeste kommunikative Schnittstelle dar, über die potentielle Dialoganwender verfügen. Die Komplexität hat mehrere Ursachen: Da ist zunächst das Vokabular mit 40 000 bis 300 000 semantisch miteinander verzahnten Begriffen zu nennen, dann die Syntax und schließlich die kaum noch faßbaren semantischen Ausdrucksmöglichkeiten. Es ist klar, daß die natürliche Sprache eigentlich auch immer Maßstab und Endziel aller Überlegungen zur Verbesserung der Mensch-Maschine-Kommunikation darstellt. Daher hat es auch seit den Anfängen der interaktiven Rechnernutzung nicht an Versuchen gefehlt, sie direkt als Kommandosprache einzusetzen. Die Vorteile des Verfahrens liegen auf der Hand: Syntax und Semantik sind dem Benutzer im Grundsatz wohlvertraut, allenfalls müssen gewisse Eigenheiten des Anwendungsgebietes zusätzlich erlernt werden. Nachteilig ist der hohe Tippaufwand, der den untrainierten Benutzer stark behindert und den trainierten Benutzer letztendlich verärgert, da er weiß, daß der Rechner extrem abgekürzte Eingaben meist viel besser versteht als die langatmige Formulierung von Anfragen in natürlicher Sprache. (Die recht hohe Redundanz der natürlichen Sprache - 1 bis 2 Bit Information pro Alphabet-Zeichen, also 3 bis 4 Bit Redundanz pro Zeichen - stellt für den geübteren Benutzer ein permanentes Problem dar.)

Das deutet auch bereits eine der zentralen Fragen an, die sich hier stellen: Für welche Anwendungen ist die natürliche Sprache eine akzeptable interaktive Kommandosprache? Die bisher dokumentierten Implementierungen befassen sich nahezu ausschließlich mit Anfragen an Datenbanken. Gerade bei derartigen Anwendungen ist es notwendig, daß auch untrainierte Benutzer sofort sinnvolle Fragen an das System formulieren können. Bereits nach kurzer Zeit ist zu vermuten, daß der zunächst untrainierte Benutzer "lernt", wie man die Fragen formulieren muß, um von dem Dialogsystem verstanden zu werden. Dieses Gebiet ist auch von der semantischen Seite her sehr gut geeignet, denn mit natürlicher Sprache lassen sich die Anforderungen an die gewünschten Daten oftmals besser und verständlicher formulieren. Ein Beispiel einer Anfrage, wie sie das später noch näher behandelte System PLANES (Waltz (1978)) versteht, kann dies verdeutlichen:

"Did any planes which had engine maintenance in May have 10 or fewer flight hours in June?"

Es geht hier offensichtlich um einen größeren Flugzeugpark (der amerikanischen Marine). Aus den gespeicherten Daten sollen durch solche und ähnliche Anfragen gewisse Informationen herausgezogen werden. Diese Anfrage zeigt, daß gewisse logisch durchaus komplexe Sachverhalte in natürlicher Sprache einfach und semantisch eindeutig formuliert werden können. In Formelschreibweise hätte eine äquivalente Anfrage etwa den Aufbau

$0 \neq \{X \mid X \in \text{PLANES} \wedge X \in \text{MAINTENANCE.ENGINE.MAY} \wedge$
$\text{TOTAL(FLIGHTHOURS.X.JUNE)} \leq 10\}$?

Der Tippaufwand ist nur unwesentlich geringer und die semantische Bedeutung ist für den Untrainierten kaum festzustellen. Außerdem sind Formelsprachen - wie schon früher festgestellt wurde - praktisch niemals selbsterklärend und erfordern praktisch immer zusätzliche Schulung des Endbenutzers. (Es darf aber auch nicht übersehen werden, daß komplizierte Formulierungen in natürlicher Sprache für den Menschen nahezu unverständlich sein können. Beispiel: "Zu jedem von Null verschiedenem A und beliebigem C gibt es ein X, so daß A*X größer ist als C." Unverständlichkeit natürlicher Sprache ist - wie das Beispiel andeutet - offensichtlich leicht zu erreichen, wenn man Alles- und Existenz-Quantoren schachtelt.)

Technisches Vorgehen bei der Implementierung

In Abbildung 3.5-1 ist der Grobaufbau der meisten bekanntgewordenen Systeme zur Verarbeitung natürlicher Sprache dargestellt. Als Kommandosprache eignet sich immer nur eine Teilsprache der natürlichen Sprache, in der letztendlich nur die Formulierungen zusammengefaßt sind, die von dem Dialogsystem semantisch bewältigt werden. Diese Teilsprachen entstehen durch Festlegung eines beschränkten Vokabulares, also der zulässigen Wörter- bzw. Begriffsmenge sowie durch die Präzisierung der zulässigen syntaktischen Strukturen. Bei der Verarbeitung der Benutzereingaben werden zunächst die Wörter durch Vokabular-Zeichen ersetzt. Dabei müssen auch Zahlenangaben, Abkürzungen usw. richtig gedeutet werden. Die syntaktische Analyse schließt sich an, sie kann wegen der geringen Länge der Eingaben stets mit einem nichtoptimierten allgemeinen Verfahren wie z.B. Earleys Parser (Earley (1970)) oder Woods "augmented transition networks" (ATN) (Wood (1970)) durchgeführt werden. Allerdings können Mehrdeutigkeiten oft nicht ausgeschlossen werden, wie z.B. die folgenden der Literatur entnommenen Beispiele zeigen:

They are flying planes.

She was given more difficult books by her uncle.
Außerdem liefert erst die syntaktische Struktur gewisse wichtige Attribute wie Mehrzahl-Einzahl, männlich-weiblich-sächlich usw.

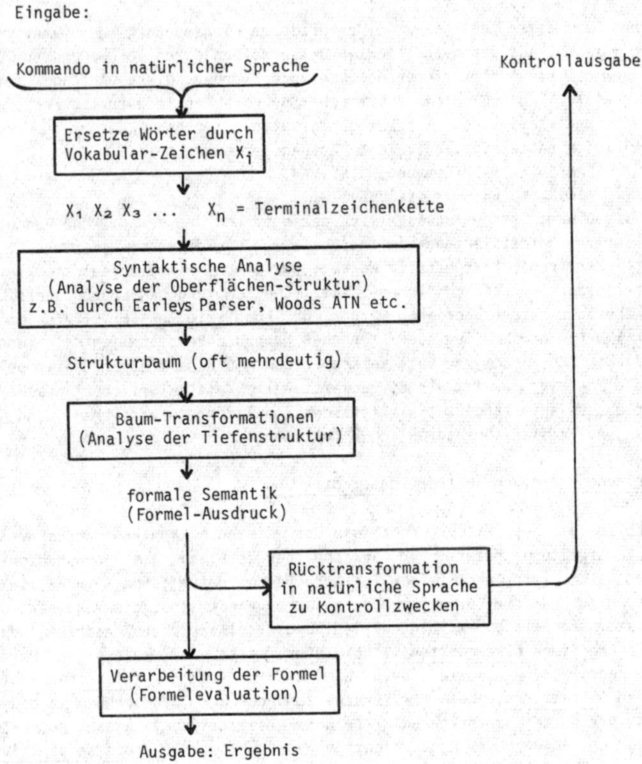

Abbildung 3.5-1:

Verarbeitung von Kommandos in natürlicher Sprache

Im nächsten Schritt muß die Semantik analysiert werden. Dazu werden die Strukturbäume auf gewisse Muster hin untersucht und aus der Existenz bzw. Nichtexistenz von Mustern kann geschlossen werden, welche semantische Struktur vorliegt. Bei Anwendungen im Dialogbereich wird die Semantik meist in die Gestalt einer logischen, mengentheoretischen oder relationalen Formel gebracht, die dann auszuwerten ist. Diese Formel kann im Prinzip durch Regeln genau wie bei der Formelmanipulation aus dem Syntax-Strukturbaum generiert werden. Das konkrete Ziel der semantischen Analyse ist es also, die Bedeutung der natürlichsprachigen Eingabe formelmäßig festzuschreiben. Wenn dieses Zwischenziel erreicht ist, kann die Formel mit bewährten Methoden der Formelmanipulation weiterverarbeitet werden und es kann auch versucht werden, die formale Semantik wieder in natürliche Sprache zurückzuübersetzen, was meist recht einfach ist, um dem Benutzer deutlich machen zu können, wie der Rechner seine Eingabe interpretiert hat.

Erläuterungen zu dem System PLANES von Waltz

Das bereits erwähnte System PLANES von Waltz (1978) ist ein typisches Beispiel für die meisten auf Datenbank-Zugriff hinzielenden Systeme. So bewältigt z.B. PLANES auch die folgenden Kommandos:

- Syntaktisch inkorrekte Eingaben:
  "Flight hours plane 3 January 1974?"
  "January 1973 plane 3 damages?"
- Relativsätze:
  "Which A7's had engine damage in Jan. 1973 flew in Feb. 1973?"
  "Which maintenances that occurred to plane 3 in Jan. 1973 occurred to plane 4 in Jan. 1973?"
- Vergleiche:
  "In 1973 which A7's had more flights in March than plane 3?"
  "Did plane 3 have more flights in March than in April 1974?"
- Und-Verknüpfungen:
  "How many flight hours did plane 3 and 5 fly in 1974?"
  "What damages and maintenances occurred to plane 3 on Jan. 1973?"
- Ausnahme-Regeln:
  "How many A7's, excluding plane 3, flew in 1972?"
  "Exclude engine damages from now on."
  "What damages occurred to A7's in July 1972?"
- Benutzer-Definitionen:
  "Let my favorite plane mean plane 7."
  "Let exclusion 1 stand for exclude all damages."
  "Define USA to mean United States of America."

Die Benutzer-Eingabe
  "How many flights did plane 3 make in Jan. 1973?"

wird von dem System in folgende formale Semantik umgesetzt:

```
(FIND 'ALL
      '((V O))
      '((SUM (V TOTFLTS)))
      '(AND  (EQU (V ACTDATEMON) 1.)
             (EQU (V ACTDATEYR) 3.)
             (EQU (V BUSER) 3.))
      'NIL)
```

Diese Formel kann wieder zurückübersetzt werden und liefert dann folgende Kontrollausgabe: "PLANES searches the MONTHLY FLIGHT AND MAINTENANCE SUMMARIES and returns: The value of TOTAL FLIGHTS for plane SERIAL #3 during January 1973." Der Dialog mit dem System kann über mehrere Anfragen hinweg konsistent geführt werden, da die Parameter-Variablen ("Kontext-Register") intern nicht gelöscht werden, wenn eine Eingabe abgearbeitet ist. Daher können z.B. die nachfolgenden Anfragen im Kontext korrekt abgearbeitet werden:

"How many flights did it make in February 1973?"

..

"During April?"

..

"March?"

..

"All of 1973?"

Das PLANES System arbeitet intern wie viele andere Systeme mit den von Wood (1970) eingeführten syntaktischen Netzen (ATN = augmented transition network), mit denen alle die syntaktischen Strukturen identifiziert werden, für die eine semantische Interpretation möglich ist. Das syntaktische Netz für die Erfassung von Zahlen und Zahlbereichen ist in Abbildung 3.5-2 dargestellt. Es verarbeitet z.B. Satzteile wie "less than 5 times and more than ONE time" und kann solche AMOUNT-Angaben relativ einfach in Formelgestalt bringen. Die Formeln sind letztendlich Anfragen an eine relationale Datenbank und können daher mit entsprechenden Routinen evaluiert werden.

Weitere Hinweise zur Literatur und zu aktuellen Problemen

Eine sehr umfassende Übersicht der Literatur zum Thema Anfragesprachen für Datenbanken (querry languages in data base systems) geben Lehmann und Blaser (1979). Hier werden auch Systeme für deutsche Sprache mit betrachtet, so z.B. KAIFAS (Krägeloh (1976)), USL (Ott und Zoeppritz (1979)) und HAM-RPM (Jameson, Hoeppner und Wahlster (1980)). Die deutsche Sprache wirft im wesentlichen die gleichen Probleme wie das Englische auf. USL und das am Bibliographischen Institut in Mannheim entstandene ebenfalls deutschsprachige System PLIDIS werden in Krause (1982) gegenübergestellt.

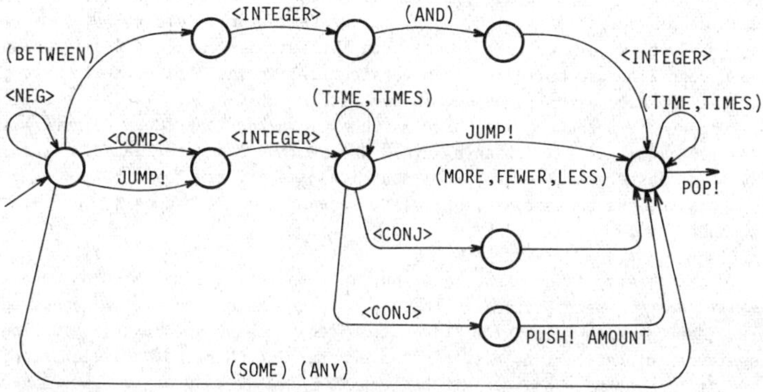

<COMP>	<CONJ>	<INTEGER>	<NEG>
MORE THAN	AND	1,2,3...	NO
AT LEAST	BUT	ONE	NONE
EXACTLY	OR	TWO	NOT
APPROXIMATELY	:	THREE	:
AS MANY AS		:	
:			

Abbildung 3.5-2:
Syntaktisches Netz (ATN) für Zahlangaben (AMOUNT-Teilnetz),

Eine gute allgemeine Analyse des Problems - allerdings ohne nennenswerte technische Lösungsvorschläge - findet man in Petrick (1976). Weitere mit dem Ansatz von PLANES nicht ganz vergleichbare Systeme sind die Fragen-Antwort-Systeme REQUEST (Plath (1976)) sowie das klassische System von Corbonell (1969). Eine größere, für Dialoge in Englisch entwickelte Grammatik bringt Robinson (1982), wobei insbesondere syntaktische Spezialfragen ausführlich behandelt werden. Eine umfangreiche Dokumentation für ein System für den Datenbankzugriff findet man in Hendrix et.al. (1978).

Mehr in die Kategorie der Konversationssysteme ist Weizenbaums (1966) ELIZA einzuordnen. Eine neuere Arbeit in diesem Kontext ist z.B. von Shapiro und Kwasny (1976). Einfache ELIZA-Programme sind inzwischen auch in BASIC geschrieben worden und sind daher auch auf sehr kleinen Rechnern lauffähig. Es sollte eine wichtige von Marvin Minski stammende These nicht unerwähnt bleiben: Als etwa um 1970 klar wurde, daß qualitativ hochwertige automatische Übersetzungen zwischen natürlichen Sprachen vorerst nicht realisierbar sind, wurde als Ursache für das Versagen die mangelnde semantische Kompetenz der Übersetzungsprogramme festgestellt. Das bedeutet jedoch auch, daß hochwertige Verarbeitung natürlicher Sprache letztendlich nur dann möglich sein wird, wenn das Übersetzprogramm die vollen semantischen (und sogar kulturell bedingten) Beziehungen zwischen Begriffen und auch den Sinn der Formulierungen versteht. Allerdings ist es trotz umfangreicher Forschungsanstrengungen in den letzten 20 Jahren bis heute nicht gelungen, die Bedeutung von Formulierungen in natürlicher Sprache zuverlässig automatisch zu entschlüsseln. Der heutige Stand der Technik wird in Bublies, Jasper und Kreitz (1980) deutlich gemacht. Z.B. bereitet es nahezu unüberwindliche Schwierigkeiten, einem Rechner ein Verständnis für Witze beizubringen.

Da Dialogsysteme in der Regel aber nur in einem engen semantischen Kontext, meist "Welt" genannt, arbeiten, besteht die erwähnte Problematik keineswegs für den Bereich der interaktiven Kommandosprachen. Bei konkreten Dialogsystemen interessiert zumeist nicht die natürliche Sprache in voller Allgemeinheit, sondern nur eine eingeschränkte Anwendungssprache. Daher kann oft die Syntax und in noch viel größerem Umfang die Semantik eingeschränkt werden, ohne daß die Funktionsfähigkeit leidet. In einigen Bereichen können natürliche Sprachen durchaus als Kommunikationsbasis eingesetzt werden, jedoch werden dadurch - wie dies auch Lehmann und Blaser (1979) zum Ausdruck bringen - nicht alle Probleme des Dialogs mit einem Schlag gelöst. Benutzerakzeptanz, Benutzerfreundlichkeit, Redundanz der Eingabe, Implementierungsaufwand und Antwortzeiten werfen weiterhin Probleme auf. Außerdem ist eine nennenswerte ästhetische Qualität des natürlichsprachigen Dialoges mit dem Rechner für die vorhersehbare Zukunft ausgeschlossen.

Die Eingabe natürlichsprachiger Kommandos über Tastaturen ist technisch unvollkommen, mit akustischer Eingabe ließe sich hier viel gewinnen. Die Umsetzung des gesprochenen Wortes in Text ist aber technisch sehr schwierig. Neuere Ergebnisse (z.B. Bahl (1981)) lassen aber erkennen, daß die schreibende Diktiermaschine heute auch kostengünstig realisierbar ist. Die akustische Ausgabe natürlicher Sprache durch den Rechner ist weit weniger schwierig und kann im einfachsten Fall durch phonetische Umschreibungen geschehen. Offen ist nur die Frage, bis zu welcher Qualitätsstufe die synthetische akustische Ausgabe hochgeschraubt werden kann. Durch die VLSI-Technologie können heute selbst aufwendige Spezialalgorithmen kostengünstig bereitgestellt werden, wenn nur der Markt eine entsprechende Anzahl von Geräten aufnehmen kann. Daher ist es nicht ausgeschlossen, daß die Ein- und Ausgabe von Sprache in absehbarer Zeit durch spezielle Hardware-Module auf qualitativ und kostenmäßig akzeptablem Niveau realisierbar wird.

3.6 ZUR SYSTEMANALYSE INTERAKTIVER KOMMANDOSCHNITTSTELLEN

Handbücher und Begleitaktivitäten

In fast allen heute realisierten Dialogsystemen sind zukunftsweisende Konzepte wie z.B. Selbsterklärung, massive Hilfestellungen für untrainierte Benutzer usw. nicht realisiert. Dem Benutzer muß daher in aller Regel eine Beschreibung der Kommandosprache in die Hand gegeben werden. Es hat sich in der Praxis immer wieder gezeigt, daß (a) eine ausführliche Beschreibung der Kommandosprache und (b) eine Kurzbeschreibung erforderlich sind. Die Kurzbeschreibungen werden üblicherweise auf handlichen Karten oder Faltkartons gedruckt, während die ausführlichen Beschreibungen leicht großen Umfang annehmen können.

Ziel der Beschreibungen muß es sein, die Kommandosprache schnell zu vermitteln. Dabei sind die drei Gesichtspunkte a) Syntax, b) Semantik, c) Strategie der Dialogführung besonders zu unterscheiden.

Die Syntax sollte möglichst in graphischen Diagrammen festgehalten werden, man vergleiche z.B. Abbildung 3.3-2. Eine Spezifikation in BNF oder ähnlichen formal-textuellen Verfahren hat sich als weniger günstig erwiesen. Für die Beschreibung der Semantik sind hinreichend leistungsfähige formale Verfahren zumindest nicht für den Endbenutzer geeignet, so daß hier die natürliche Sprache als einziges Ausdrucksmittel zur Verfügung steht. Da unstrukturiert dargebotene Textteile meistens sehr schlecht mit den graphischen Diagrammen in Beziehung gesetzt werden können, kann mit einem Verfahren ähnlich wie in Abbildung 3.6-1 ein direkter Bezug zwischen Syntax und erklärendem Text hergestellt werden.

Das bedeutet nun nicht, daß damit das Problem der Beschreibung gelöst ist. Was jedem aus dem Alltag als verbriefte Tatsache bekannt ist, konnte auch in umfangreichen psychologischen Untersuchungen zweifelsfrei festgestellt werden: Die Verständlichkeit von Texten insbesondere technischen Inhalts schwankt sehr starkt, je nachdem, welche Stilmerkmale vom Autor gewählt werden. In Langer, Schulz, von Thun und Tausch (1974) wird über diese Untersuchungen berichtet, siehe auch in Abschnitt 3.2.4 die Bemerkungen zur textuellen Informationsdarstellung. Das Buch sei jedem zur Lektüre empfohlen, der Benutzerhandbücher verfaßt bzw. zukünftig zu verfassen gedenkt.

A = Strecke bzw. Streckenfolge eingeben

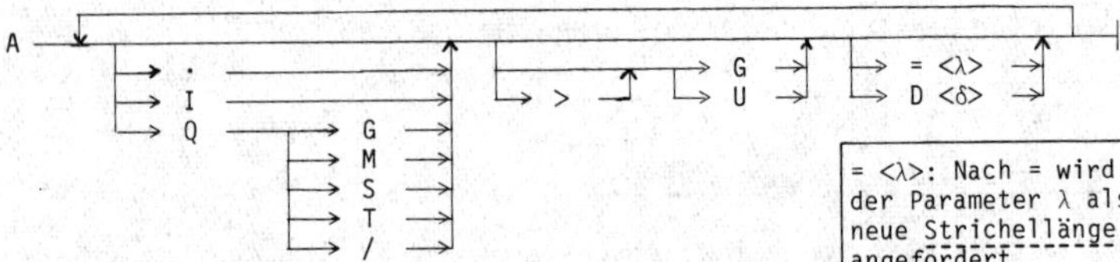

A: Anfangspunkt einer Strecke oder Folge von Strecken. Als Arbeitspunkt wird die aktuelle Fadenkreuzposition genommen, wenn nicht mit einem Kommando I oder Q zuvor ein anderer Arbeitspunkt bestimmt wurde (vom alten zum neuen Arbeitspunkt wird ein Dunkelvektor gezeichnet).

>: Die danach gezeichnete Strecke erhält eine Pfeilspitze. (Beim Löschen der Pfeilspitze muß jeder Strich einzeln gelöscht werden.)

= <λ>: Nach = wird der Parameter λ als neue Strichellänge angefordert. ($3 \leq \lambda \leq 100$, vorbesetzt mit 10)

D <δ>: Nach D wird der Parameter δ als neue Strichdicke angefordert. ($1 \leq \delta \leq 30$, vorbesetzt mit 20)

G: Es wird eine durchgezogene Strecke vom alten zum neuen Arbeitspunkt gezogen.

U: Es wird eine unterbrochene Strecke vom alten zum neuen Arbeitspunkt gezogen.

.: Bestimmung eines Arbeitspunktes als Mittelpunkt der nächstliegenden Strecke.

I: Bestimmung eines Arbeitspunktes waagrecht oder senkrecht zum alten Arbeitspunkt. Es sei XA,YA alter Arbeitspunkt, XF,YF Fadenkreuzposition. Dann gilt (XA,YA) als neuer Arbeitspunkt, wenn $|XA-XF| \leq |YA-YF|$ und (XF,YF) sonst.

Q: Bestimmung eines Arbeitspunktes als Anfangspunkt einer Strecke (g), als Mittelpunkt eines Kreises/Elipse (M), als Anfangspunkt einer Splinefunktion (S), als Anfangspunkt eines Textes (T), als Teilpunkt einer äquidistanten Zerlegung (/).

Abbildung 3.6-1:

Das graphische Syntaxdiagramm verdeutlicht die möglichen Eingaben sofort, während die Semantik-Kästen jeweils erläutern, was das Dialogsystem bei den jeweiligen Eingaben tut. Der Benutzer bewegt auf dem Bildschirm ein Fadenkreuz und gibt über die Tastatur Einzelzeichen ein.

Schließlich ist noch die Strategie der Dialogführung herauszuheben. Durch eine didaktisch geschickte Einführung soll der Benutzer nicht nur die Syntax und Semantik der Kommandosprache erlernen, sondern auch in die zweckmäßigen Verhaltensweisen eingeführt werden. So ist es z.B. sinnlos, den Benutzer mit einer alphabetischen Tabelle der Kommandos zu konfrontieren. Kein Anfänger ist in der Lage, aus einer solchen Tabelle die für ihn zunächst wichtigen Kommandos zu entnehmen. Deshalb sollten die wichtigsten Kommandos in einem einführenden Abschnitt im semantischen Zusammenhang dargestellt werden: Der wenig trainierte Endbenutzer kann dieser Liste entnehmen, mit welcher Teilmenge der Kommandosprache er zunächst arbeiten sollte.

Solange keine bessere Definition für die Wichtigkeit von Kommandos existiert, kann man sich auf den Standpunkt stellen, daß die im durchschnittlichen Betrieb am häufigsten benutzten Kommandos auch die wichtigsten Kommandos sind. Genaue Einblicke liefert das im rechnergestützten Unterricht bewährte Verfahren, sämtliche Benutzereingaben aufzuzeichnen ("Recording"). Es kann dann leicht festgestellt werden,
- wie häufig die einzelnen Kommandos benutzt werden,
- wie groß die Reaktionszeiten des Benutzers sind,
- wie häufig bei den einzelnen Kommandos syntaktische und semantische Fehler vorkommen.

Diese Informationen können dazu verwendet werden, um die Kommandosprache laufend zu verbessern und Fußangeln insbesondere bei der Beschreibung einzelner Kommandos abzubauen. Es ist aber auch sehr sinnvoll, die Wichtigkeit der Kommandos durch einen Wichtigkeitsindex (z.B. %-Zahl des durchschnittlichen Vorkommens in Dialogen) deutlich herauszustellen.

Einen guten Einstieg bietet auch die ausführlich kommentierte Mustersitzung. Sie sollte in keiner ausführlichen Beschreibung einer guten Kommandosprache fehlen. Dabei wird zunächst an sehr einfachen, später komplizierteren Aufgaben geschildert, wie die Kommandos des Benutzers in allen Einzelheiten aussehen und wie das System reagiert. Diese Sitzung sollte so geartet sein, daß sie jederzeit wiederholbar ist.

Da man nicht annehmen kann, daß ein Benutzer Unterlagen über die Kommandosprache zur Verfügung hat, sollte in Gestalt des Hilfe-Kommandos, welches in keiner Kommando-Sprache fehlen darf, eine Nachschlagmöglichkeit bestehen.

In einigen wenigen Fällen wie z.B. bei sicherheitskritischen Anwendungen sowie bei Transaktionssystemen mit hohen Fehlerrisiken (z.B. integrierte Systeme für Kreditinstitute) müssen die Benutzer vor dem Einsatz ein kursmäßiges Training durchlaufen. Insbesondere bei manchen komplexen Systemen, die nur für trainierte Benutzer handhabbar sind, muß die Qualifikation zusätzlich durch Tests und Prüfungen sichergestellt werden. Hierbei können bei entsprechend hohem Anwender-Aufkommen auch Methoden des rechnergestützten Unterrichtes eingesetzt werden.

Globale Design-Strategien für alte und neue Kommandosprachen

Wer eine neue interaktive Kommandosprache implementieren will, muß einige grundsätzliche Entscheidungen treffen: Soll die Sprache textuell-zeilenorientiert, textuell-zeichenorientiert, maskenorientiert oder gar Graphik bzw. natürliche Sprache beinhalten? Eine gute Faustregel für Neuentwicklungen besagt: Die Analyse der auf dem Markt befindlichen vergleichbaren Produkte - insbesondere der Marktführer - sollte zu 70 % in den Neuentwurf eingehen, während zu 30 % auf neue progressive Entwicklungen in Richtung auf mehr Benutzerfreundlichkeit abzuheben ist. Die heute für die Praxis relevanten Konzepte zur Verbesserung der Benutzerfreundlichkeit sind in Abschnitt 3.3 größtenteils dargestellt bzw. angesprochen. Daß auch beim Neuentwurf heute in großem Umfang auf bewährte bzw. im Markt verbreitete Konzepte zurückgegriffen werden muß, ist zunächst wenig einsichtig. Tatsächlich unterliegen aber alle kommunikativen Schnittstellen durch ihre praktische Nutzung einem ständigen starken Normungsdruck, man vergleiche hierzu auch Abschnitt 2.1. Dadurch gewinnen einmal eingeführte Verfahren und Strukturen unabhängig von der technischen Qualität und Zweckmäßigkeit einen immer stärkeren Normungscharakter. Die Anwender gewöhnen sich im Laufe der Zeit so sehr an bereits eingeführte Kommandosprachen, daß sie fast immer die von ihnen selbst benutzten Dialogsprachen auch für die technisch beste Lösung halten. (Daher ist das Urteil des Anwenders mindestens in den Fällen fast nichts wert, wo nur ein einziges Software-System, z.B. ein bestimmtes Telnehmer-Rechensystem betrachtet wird und wo nur über dieses Anwendungserfahrung vorliegt.)

Für die Gestaltung von Dialoginterfaces ist aber noch ein weiteres allgemeines Prinzip zu beachten: Die Tendenz zu immer weitergehender Perfektion an der Schnittstelle zwischen Mensch und Informationsträger (=Bildschirm). Als Beweis kann auf ähnliche Entwicklungen in allen Massenkommunikationssystemen hingewiesen werden; z.B. Stummfilm, Tonfilm, Farbfilm; Langwellen-Mittelwellen-Rundfunk, UKW-Rundfunk, Stereo-UKW-Rundfunk. Das Prinzip wird letztendlich dazu führen, daß Dialogstationen mit hoch auflösenden Farbbildschirmen mit ästhetisch gestalteten Schriftarten ähnlich wie heute beim hochwertigen Geschäftsbrief ausgestattet werden, auch wenn die Kosten (wie z.B. bei der Farbphotographie) deutlich höher sein werden. Außerdem wird die graphische Darstellung von Information immer mehr an Boden gewinnen, da ohne sie in vielen Bereichen keine Perfektion erreichbar ist.

Die Software-Gestaltung selbst ist in 3.3 schon mehrfach angesprochen worden: die wachsenden Leistungsdaten (CPU und Speicher) neuerer Rechner erlauben es, die dialogführenden Programme voll zu modularisieren. Tabellengesteuerte und syntaxgetriebene Dialogschnittstellen können mit geringem zusätzlichem Anpassungsaufwand auf vielen verschiedenen Gebieten angewandt werden. Größere Probleme ergeben sich durch die intelligenten Terminals, denn selbst mit dem Konzept des virtuellen Terminals ist die volle Leistungsfähigkeit der meisten heutigen Endgeräte kaum ausnutzbar, so daß eine Dreiteilung der Dialogsoftware ins Auge gefaßt werden muß:

a) Terminalresidenter Software-Teil,
b) zentraler Kommandoprozessor und
c) Anwendungssystem mit starrer Kommandoschnittstelle.

Benutzer-Psychologie

Bereits bei der Diskussion des Normungsdrucks, der auf alle aktiv benutzten kommunikativen Schnittstellen wirkt, wurde klar, daß letztendlich der Benutzer diesen Druck auslöst. Bei kommunikativen Schnittstellen füllt der Benutzer quasi die Verbraucherrolle aus und gewinnt dadurch erheblichen Einfluß auf die Entwicklung. Es wäre daher falsch, die Anregungen des Benutzers für technische Verbesserungen zu ignorieren. Das kann schnell zu Verärgerungen führen. Insbesondere bei größeren Softwareprodukten mit großen Benutzergemeinschaften (Betriebssysteme, Texteditoren) müssen daher in regelmäßigen Abständen Verbesserungen angekündigt und durchgeführt werden, unabhängig davon, ob sie technisch zwingend notwendig sind. Offenbar kann nur mit diesem in der DV Industrie ja seit langem praktizierten Verfahren ein zufriedenstellendes psychologisches Klima zwischen Hersteller /Softwarehaus und Benutzer gesichert werden.

Die Zufriedenheit des Dialogbenutzers mit seinem System hängt offenbar auch sehr davon ab, wie berechenbar das System reagiert. Die Berechenbarkeit kann übrigens durch einen einfachen Kunstgriff erhöht werden. Das System liefert die Ausgaben nicht mehr auf der Zeitachse statistisch gestreut, sondern nach definierten Verzögerungszeiten. Die mittlere Antwortzeit wird dadurch zwar deutlich erhöht, aber sie wird für den Benutzer berechenbarer. Dabei sollten auch z.B. Textausgaben von mehreren Zeilen auf dem Bildschirm in einem völlig gleichmäßigen Takt erfolgen. Der tiefere Grund für die dadurch gesteigerte Dialogqualität liegt in der Informationstheorie verborgen. Jede Form von Unregelmäßigkeiten in der Informationsdarstellung (z.B. Handschrift, unausgebildete Sprecher, mangelnde Randschärfe von Druckbuchstaben) erfordert zusätzlichen geistigen (Blind-) Aufwand zu ihrem Abbau und verlängert unweigerlich Bearbeitungs- und Erkennungszeiten. Selbstverständlich sind hier auch die technische Zuverlässigkeit sowie die semantische Berechenbarkeit des Systems angesprochen. Rechenzentrumsleiter wissen daher seit langem, wie schädlich sich selbst einzelne Systemzusammenbrüche auf die psychische Verfassung mancher Benutzer auswirken.

4 AUSGEWÄHLTE ANWENDUNGSGEBIETE

4.1 ALLGEMEINE ANALYSE UND KLASSIFIKATION

Ähnlich wie in vielen anderen Wissensgebieten kann der Bereich der Dialoganwendungen besser und klarer überblickt werden, wenn durch ein Klassifikationssystem ein Ordnungsrahmen geschaffen wird. Allerdings sind viele verschiedene Ordnungssysteme denkbar, denn nahezu jedes technische Merkmal läßt sich als Unterscheidungskriterium verwenden. Zwei Beispiele aus der Literatur mögen dies verdeutlichen:
Seegmüller (1977) konzentriert sich bei seiner Systemklassifikation auf das Kriterium "Programmierfähigkeit" und kommt so zu 5 Systemklassen:

(1) Starre, problemorientierte, nichtprogrammierbare Systeme (Beispiel: einfache transaktionsorientierte Systeme),

(2) Flexiblere, aber noch problemorientierte und nichtprogrammierbare Systeme (Beispiel: interaktive Steuer- und Regelsysteme),

(3) Problemneutrale und durch Kommandos zum Teil programmierbare Systeme (Beispiel: allgemeine Datenbanksysteme),

(4) Anwendungsneutrale, bereits zur Programmerstellung geeignete Systeme (Beispiel: klassische Teilnehmer-Rechensysteme, vergleiche Abschnitt 4.3.1),

(5) Direkt interaktiv programmierbare Systeme (Beispiele: BASIC, APL, INTERLISP).

Jede dieser Systemklassen erfordert ein bestimmtes intellektuelles Niveau des Benutzers. Man könnte also auch verfeinerte Benutzerkategorien aus diesen Klassen ableiten, wobei es hier wohl um die Dimension "Programmier-Kompetenz" geht.

Die Klassifikation von Scherr (1977) geht von rein technischen Gegebenheiten aus, um Fragen der Implementierung von Dialogsystemen besser behandeln zu können. Wichtig sind ihm die Relationen zwischen Daten und Programmen (Möglichkeiten: Private oder Shared Data). Die resultierenden Systemkonzepte sind ganz ähnlich zu den Strukturen von Dialogsystemen wie sie in Abschnitt 2.6 diskutiert wurden.

Unser eigenes Klassifikationssystem basiert auf den unterschiedlichen Anwendungsmotiven von Dialogsystemen. Zu einer solchen Klassifikation kommt man, wenn man die im Dialogsystem manipulierten Datenobjekte und die Art und Weise ihrer Manipulation analysiert und dabei untersucht, was der zentrale Grund für die Anwendung ist.

Auch bei Dialogsystemen kommt eine Datenverarbeitungsleistung dadurch zustande, daß aus gegebenen Datenobjekten durch bestimmte Verknüpfungen (z.B. spezifiziert durch Programme, welche wiederum Datenobjekte sind) neue Datenobjekte gewonnen werden. Wir nehmen insofern einen allgemeinen Standpunkt ein, als wir z.B. auch eine technische oder künstlerische Zeichnung, ein Buch, ein Druckerprotokoll jeweils als Datenobjekt auffassen. Aus der Sicht des Benutzers oder Anwenders stellt sich also ein Dialogsystem stets als ein Instrument zur Abwicklung bestimmter Datenverarbeitungsleistungen dar. Ihn interessiert z.B., ob die gegebene Kommandosprache angemessen ausdrucksfähig ist, ob die Datenhaltung und die verfügbaren Datenstrukturen hinreichend flexibel sind und ob das System mit seinen Dialogstationen, den sonstigen Geräten und insbesondere dem Antwortzeitverhalten einen arbeitstechnisch befriedigenden Einsatz ermöglicht. Das System kann aber letztendlich den Benutzer nur dann zufriedenstellen, wenn es auf seine Motivstruktur optimal eingestellt ist.

Als wesentliche Motive für die Manipulation von Datenobjekten in Dialogsystemen wurden von uns ermittelt:

(1) Entwurfs-Motiv

Hierbei geht es darum, gewisse Datenobjekte interaktiv zu erstellen. Es ist für die Systematik gleichgültig, um welche Formen oder Arten von Datenobjekten es sich handelt. Textdateien, also insbesondere Texte, Konstruktionszeichnungen, Programme, selbst einfache Datensequenzen in der Datenerfassung gehören selbstverständlich dazu. Die wichtigsten von Entwurfssystemen zu befriedigenden Aktivitäten mit den jeweiligen Datenobjekten sind:

- Einschleusen in das Dialogsystem,
- Speichern,
- Verändern,
- Inspizieren und Verifizieren,
- Ausschleusen aus dem System.

Im Vordergrund steht der Entwurf durch manuelle Interaktion mit dem Dialogsystem, nicht etwa durch ablaufende Entwurfsalgorithmen, die eher unter

Dienstleistungen unterzuordnen wären. Wichtig ist auch die sachgerechte, semantisch befriedigende Gestaltung der Datenobjekte sowie ein gewisser Komfort bei ihrem Entwurf, bei der Veränderung sowie der Inspektion. Das Entwurfs-Motiv dominiert bei nahezu allen interaktiven Texteditoren sowie bei sonstigen interaktiven Systemen des rechnergestützten Entwurfs (CAD). Aber auch das interaktive Programmieren ist zunächst eine Entwurfs-Aufgabe, bei der ebenfalls Datenobjekte, nämlich Programme, erstellt werden. Allerdings ist ein interaktiv angestoßener Übersetzerlauf als Dienstleistung aufzufassen, während die interaktive Überwachung von Testläufen hauptsächlich vom Steuerungs-Motiv geprägt ist.
Ein Dialogsystem mit dominierendem Entwurfs-Motiv nennen wir auch Entwurfssystem. In den Abschnitten 4.2 bis 4.4 werden Texteditoren, interaktives Programmieren und CAD als Beispiele näher erläutert. Hoffmann (1977) nennt diese Klasse von Systemen "Systeme zum rechnergestützten Konstruieren" und subsumiert hier ebenfalls ausdrücklich das interaktive Programmieren und Texteditieren.

(2) Dienstleistungs-Motiv

Hierbei dient der Dialog mit dem Rechner hauptsächlich dem Ziel, Datenobjekte durch bestimmte Algorithmen (=Dienste) bearbeiten zu lassen. Die Algorithmen liegen in Gestalt von gespeicherten, ausgetesteten und betriebsbereiten Programmen vor. Die Ausführung der bereits vorhandenen Programme wirft letztendlich den Hauptnutzen ab. Die wichtigsten Aktivitäten des Systemes sind demgemäß

- Einschleusen von Objekten in das System,
- Verifizieren von Objekten,
- Anwendung der Dienst-Algorithmen,
- Ausschleusen bzw. Sicherstellen der Ergebnisse.

Im Vordergrund stehen in jedem Fall die Dienst-Algorithmen und ihre Leistungen. Die interaktive Nutzung - obwohl von der Sache her oft nicht notwendig - erlaubt schnelle Reaktionen auf unvorhergesehene Ereignisse sowie schnelle Entscheidungen für den weiteren Fortgang der Arbeiten, auch wird durch die kurzen Antwortzeiten der Arbeitsrythmus gegenüber Stapelbetrieb wesentlich beschleunigt.

Das Dienstleistungs-Motiv dominiert eindeutig bei interaktiv betriebenen Methodenbanken, man vergleiche z.B. Dittrich, Hüber und Lockemann (1979). Solche Methodenbanken sollen darüberhinaus insbesondere auch einen arbeitstechnisch günstigen Zugang zu den gespeicherten Algorithmen - auch Methoden genannt - liefern, was letztendlich nur durch logisch ausgefeilte Schnittstellen, Schnittstellenumsetzer und Prüfvorgänge für die durchgereichten Datenobjekte zu leisten ist. Selbstverständlich ist auch ein interaktiv betriebener Übersetzer für Programme eine Dienstleistung, ebenso ein Formatierprogramm, welches Text nach gegebenen Vorschriften für den Druck vorbereitet. Aber auch bei interaktiven Systemen für Formelmanipulation, für die statistische Analyse von Daten sowie bei interaktiv angesprochenen Programmsammlungen für die numerische Mathematik dominiert das Dienstleistungs-Motiv. Ein Dialogsystem mit dominierendem Dienstleistungs-Motiv nennen wir Dienstleistungssystem. Rein auf Dienstleistungen zugeschnittene Systeme wurden z.B. von Thoma, Mayr, Lindenthal und Dürre (1981) und von Erbe und Walch (1975) vorgestellt. Die von Smith (1970) beschriebenen interaktiven graphischen Systeme für Mathematik-Probleme sind ebenfalls vom Dienstleistungsmotiv beherrscht. Viele Dienstleistungssysteme sind für die statistische Analyse von Daten geschaffen worden.

(3) Informationsspeicher-Motiv

Die Leistungen des Dialogsystems sind auf das Speichern und Wiederauffinden von Informationen konzentriert. Es können besonders große Informationsmengen vorliegen, auch der gleichzeitige Zugriff von vielen verschiedenen Benutzern kann wichtig sein. Hingegen soll die schnelle Veränderung und Aktualisierung der Informationen nicht dominierend sein, da dies das wesentliche Merkmal der transaktionsorientierten Systeme ist.

Die wichtigsten abzuwickelnden Aktivitäten sind:

- Einschleusen, Speichern und Löschen von Datenobjekten,
- Anfragen nach gespeicherten Datenobjekten befriedigen.

Die gespeicherte Datenmenge (Datenbank) ist relativ statisch. Die Auskunft über gespeicherte Information bzw. die im Sinne der Anfrage semantisch korrekte Verknüpfung gespeicherter Daten ist die aus Benutzersicht dominante Operation, also nicht etwa das Einschleusen, Speichern und Löschen von Datenobjekten der Datenmenge. Gespeicherte Algorithmen werden nur indirekt angesprochen und die gespeicherte Datenmenge wird nur in unwesentlichem Umfang verändert. Das Informationsspeicher-Motiv ist nicht nur bei Informations- und Dokumentationssystemen ausgeprägt, es kommt - allerdings meist nicht so dominierend - bei nahezu allen Anwendungen vor. Grundlage für die technische Realisierung sind die Massenspeicher-Einrichtungen sowie die Datei-Verwaltungssysteme, die ein mehr oder weniger ausgeprägter Bestandteil der Betriebssysteme sind. Datenbanken sowie Informations- und Dokumentationssysteme werden z.B. behandelt von Salton (1968), Wiederhold (1977), Schlageter und Stucky (1977), Date (1975), Ullmann (1980) sowie von Lockemann und Mayr (1978).

(4) Transaktions-Motiv

Das Interesse konzentriert sich hier auf die semantisch korrekte Ausführung von Buchungsvorgängen. Die Zulässigkeit von Buchungen muß stets geprüft werden, ebenso muß das zeitliche Zusammentreffen verschiedener Buchungsaufträge korrekt aufgelöst werden. Das System ist in der Regel ein Spiegel für komplexe Beziehungen in der Außenwelt. Die Buchungsvorgänge beziehen sich stets auch auf eine gespeicherte Datenbank. Typische Beispiele für Dialogsysteme mit wesentlich ausgeprägtem Transaktions-Motiv finden sich bei kommerziellen Anwendungen wie bei der Lagerverwaltung, der Platzbuchung (z.B. Luftverkehr), der Kontoführung im Bankwesen usw. Die wichtigsten Aktivitäten solcher Systeme sind:

- Eingliedern von Objekten ("Eröffnung eines Kontos"),
- Inspektion (z.B. Kontostand lesen, Lagerbestand ermitteln usw.),
- semantisch korrekte Veränderung ("Buchung"),
- Organisationsaktivitäten (Inventur, Dokumentation, Rechnungsschluß etc.),
- Ausgliedern von Objekten (z.B. Kontolöschung).

Auf die gespeicherten Daten ("Kontostände") muß man sich in jedem Zeitpunkt verlassen können. Selbst selten auftretende Software- oder Hardware-Fehler des Systems müssen durch organisatorische Maßnahmen wie gezielte Datensicherung, Wiederaufsetzpunkte und lückenlose Aufzeichnung aller Transaktionen für Prüfungszwecke abgesichert werden. Allerdings sind auch weniger fehlerkritische Anwendungen denkbar, bei denen kleine Ungenauigkeiten in den Kontoständen für die Anwendung nicht so gravierend sind, man denke z.B. an Bestandsdaten in der Lagerverwaltung. Insbesondere bei transaktionsorientierten Systemen gewinnen Fragen der korrekten Prozeßsynchronisierung ein besonderes Gewicht, man denke z.B. an die Leser-Schreiber-Probleme von Abschnitt 2.3.2.

(5) Steuerungs-Motiv

Hier geht es um die Überwachung, Steuerung und Regelung von Prozessen, die in der Umwelt oder im Rechner selbst ablaufen. Charakteristisch ist der Wunsch, in den Prozeß (z.B. das Verkehrsgeschehen einer Stadt) eingreifen und ihn überwachen zu können. Der Prozeß entwickelt in jedem Fall eine gewisse Eigendynamik, die nie vollständig vorhergesagt oder gar vorherbestimmt werden kann. Beispiele für Systeme mit dominierendem Steuerungs-Motiv sind z.B. die industrielle Prozeßsteuerung und Regelung, der Rangierbetrieb in einem größeren Güterbahnhof, die Funkfahrzeugführung, Flugsicherung usw. Auch die heutige Gestaltung der Schiffs- und Flugzeugführung erfolgt zunehmend über Computersysteme. (Zu den spezifischen Problemen der Dialoggestaltung in solchen Anwendungen siehe z.B. Rouse (1981)). Auch beim Überwachen von Programm-Testläufen sowie überhaupt bei der rechnergestützten Überwachung von Programmläufen (Operateur-Dialoge) steht das Steuerungs-Motiv im Vordergrund, obwohl die zu überwachenden Prozesse im Rechner selbst ablaufen. Wichtige Teilfunktionen von Steuerungssystemen sind:

- Datenerfassung in Realzeit,
- Zustandsanalyse,
- Zustandsdarstellung und Alarm-Funktionen,
- Eingriff-Verarbeitung,
- selbsttätige Regelung und Steuerung (ohne Eingriffe),
- Effektoren-Betätigung, Einwirken auf das Prozeßgeschehen.

Der Realzeit-Aspekt ist unübersehbar, ebenso die Beziehungen zu dem Prozeßgeschehen, die durch den Rechner wesentlich intensiver sein können. (Insbesondere für Steuerungs-Systeme erscheint ein von Rütters (1976) formuliertes Prinzip sehr wertvoll: Über die Dialogstation eines rechnergestützten Steuerungs-Systemes sollten praktisch alle Meß- und Steuerfunktionen beeinflußt werden können, z.B. um fehlende Meßwerte eines defekten Gerätes durch Handeingabe substituieren zu können. Letztendlich führt das zu einer meist erwünschten vollständigen Kontrolle des Steuerungs-Systems durch den Bediener.)

(6) <u>Konversations-Motiv, Informationsübertragungs-Motiv</u>

Betrachten wir zunächst das <u>reine Konversationsmotiv</u>. Hier hat der Rechner ganz wesentlich die Funktion eines Gesprächspartners, während sonstige Motive zurücktreten. Wichtig sind also die strategisch geschickte Dialogführung sowie die Qualität der kommunikativen Schnittstelle insgesamt. Konversation ist - im Gegensatz zu anderen Dialogvorgängen - durch eine verhältnismäßig symmetrische Beziehung ohne deutliche Rollenspezialisierung gekennzeichnet. Typische Systeme mit Konversations-Motiv finden wir bei den Spielen sowie bei Programmen mit Unterhaltungscharakter. Aber auch bei manchen Entwicklungen im rechnergestützten Unterricht wie z.B. bei filmartigen Lehrsimulationen sowie bei rechnergestützten Interview- und Auskunftsystemen dominiert das Konversations-Motiv. Dieses Motiv kann immer dann unterstellt werden, wenn die Leistungen des Dialogsystems ohne wesentliche Einbußen auch von hinreichend vorgebildeten Gesprächspartnern unmittelbar erbracht werden könnten, man denke hier z.B. an den Spielpartner beim Schach. Charakteristische Aktivitäten des Systems lassen sich kaum angeben - allerdings muß in jedem Fall die Kommunikation nach Qualität und Strategie hochwertig und logisch befriedigend sein.

Im Gegensatz zu den anderen oben erläuterten Motiven hat das Kommunikations-Motiv bisher bei den meisten praktisch eingesetzten Dialogsystemen kaum eine Rolle gespielt, obwohl bereits mit ELIZA von Weizenbaum (1966) ein reines Konversationssystem sehr bekannt wurde. Viele Forschungsaktivitäten im Bereich der künstlichen Intelligenz und bei der natürlichen Sprache werden heute vom Konversations-Motiv geleitet, siehe z.B. Jameson, Hoeppner und Wahlster (1980). Ohne Zweifel ist das Gebiet noch sehr entwicklungsfähig, wie z.B. die hohen Verkaufszahlen für Schach- und Spielcomputer andeuten. Allerdings ist die semantisch befriedigende Konversation auf hohem Niveau technisch außerordentlich schwierig und erfordert stets einen recht hohen Implementierungsaufwand, insbesondere wenn natürliche Sprache benutzt werden soll. Technisch weniger aufwendige Methoden wurden für den rechnergestützten Unterricht entwickelt, siehe z.B. Nievergelt und Ventura (1983) und die dort angeführte Literatur sowie Schmitt und Hummel (1976).

Das Informationsübertragungs-Motiv begegnet uns z.B. fast in Reinkultur bei den Bildschirm-Text-Systemen. Das System dient vor allem der technischen Kommunikation und die beteiligten Rechner sind so programmiert, daß gegenüber der Datenübermittlungs-Funktion alle anderen Systemleistungen weniger wichtig sind. Auch Datex-P - obwohl eigentlich kein Dialogsystem - ist von diesem Hauptmotiv geprägt.

Die Liste der 6 Haupt-Motive scheint vollständig zu sein, da nicht klar ist, wie sie durch ähnlich allgemeine und verbreitete Motive ergänzt werden könnte. Praktisch jedes konkret existierende Dialogsystem ist jedoch so aufgebaut, daß neben einem Hauptmotiv noch weitere Neben-Motive eine wichtige Rolle spielen. In der Praxis beobachtet man also meistens Mischtypen. So enthalten z.B. Teilnehmer-Rechensysteme in Gestalt von eingebauten Texteditoren Elemente eines Entwurfssystems, in Gestalt von Sprachübersetzern, Bindern usw. eingebaute Dienstleistungen, in Gestalt des Datei-Systems zumindest Grundelemente von Informations- und Transaktionssystemen, in Gestalt der Überwachungsfunktionen für Programmläufe Elemente eines Steuerungssystems und schließlich durch benutzerfreundliche Hilfe- und Auskunftfunktionen sogar Rudimente eines Konversationssystems. Ein Kommando zum direkten Nachrichtenaustausch mit anderen aktiven Benutzern (über das normale Terminal) deutet auf das Informationsübertragungs-Motiv hin. Die allgemeine Struktur von Teilnehmer-Rechensystemen bilden allerdings wegen der Vielfalt der möglichen Funktionen (und auch wegen der Komplexität der Dialogumgebung) eine Ausnahme. Bei den meisten Dialogsystemen dominiert nur ein Motiv, wobei aber weitere Motive zwar wirksam sind, aber insgesamt dem Hauptmotiv gegenüber nachrangig sind.

4.2 TEXTEDITOREN

4.2.1 Texteditoren als Entwurfssysteme

Ein Texteditor ist in der Regel ein eigenständiges Dialogsystem oder manchmal auch Teil eines solchen und dient dazu,
- Texte aus der Umwelt zu übernehmen,
- neue Textteile zu erzeugen,
- Textstücke zu bearbeiten bzw. zu verändern,
- Texte zu speichern und
- Texte in bestimmter Weise an die Umwelt abzugeben.

Da Texte als solche wohl die wichtigsten Informationsträger überhaupt sind, kommt der Textbearbeitung und damit auch den zugehörigen Software-Systemen eine überragende, in Zukunft sicher noch wesentlich wachsende Bedeutung zu.

Wie in 4.1 erläutert, sprechen wir von einem Entwurfssystem, wenn der Dialog hauptsächlich dazu dient, neue Datenobjekte zu erzeugen oder bereits vorhandene Datenobjekte gezielt zu verändern. Das ist bei Texteditoren in aller Regel der Fall. Die Kommandosprache muß demgemäß die folgenden Gruppen von Aktivitäten unterstützen (vergleiche hierzu auch die allgemeine Analyse von Entwurfssystemen in Abschnitt 4.1):

- <u>Einschleusen von Texten in das System</u>
  Oft erlaubt der Editor nur die direkte zeilenweise Eingabe von Texten über die Tastatur. Wünschenswert sind jedoch auch Klarschriftleser-Eingänge, damit auf Papier gedruckt oder geschrieben vorliegende Texte ohne Tippaufwand eingegeben werden können. Ebenso sollten alle Formen von sonstigen Datenträgern - heute insbesondere Bandkassetten und Floppy Disks - lesbar sein - und zwar alle gängigen Aufzeichnungsformate.

- <u>Speichern von Texten</u>
  Hier wird in der Regel ein bereits vom Betriebssystem des Rechners speziell unterstütztes Datei-Format verwendet. Oft können nur Dateien mit dem festgeschriebenen Format verwendet werden. Technisch flexible Systeme erlauben demgegenüber Editiervorgänge in allen Arten von Dateien - z.B. auf Byte-Basis. Die Struktur der zulässigen Dateien haben oft einen erheblichen Einfluß auf die Textstruktur und auf die Adressierfunktionen.

- Verändern des Textes
  Diese Funktionen werden durch entsprechende Kommandos ausgelöst. Standard-Methoden sind die direkte Änderung, das bedingte (assoziative) Ändern von Textteilen durch Replace-Kommandos und in noch allgemeinerer Form durch Text-Makros. Da Veränderungen der Datenobjekte zum wichtigsten funktionalen Prinzip der Entwurfssysteme gehören, konzentrieren sich die Systementwickler oft auf diesen Punkt.

- Inspizieren und Verifizieren von Texten
  Hier geht es um die Darstellungsmöglichkeiten des Textes auf dem Bildschirm. Die Wiedergabe ist adäquat, wenn genau die Druck- oder Print-Anordnung mit den wichtigsten Details - also auch im richtigen (gewünschten) Typensatz - gezeigt wird. Wenn die Texte allerdings nur für Programmierzwecke verwendet werden, ist die druckgetreue Wiedergabe auf dem Bildschirm nicht so wichtig. Oft wünscht man sich die gleichzeitige Darstellung verschiedener Textstücke, evtl. sogar aus verschiedenen Textdateien auf dem Bildschirm. Das kann durch Fenstertechniken ähnlich wie bei graphischen Systemen (vergleiche z.B. Newman und Sproull (1979)) erreicht werden.

- Ausschleusen aus dem System
  Diese Funktionen sind invers zum Einschleuse-Komplex. Die Texte müssen auf Datenträger wie z.B. Bandkassetten und Disketten gebracht werden, aber auch die Druckfunktion sowie das Überspielen von Texten in andere Systeme (Datenfernübertragung) sind hier einzuordnen. Vielfach noch schlecht gelöst ist die drucktechnisch hochwertige Wiedergabe von Texten mit vielfältigem Typenvorrat.

4.2.2 Klassen von Texteditoren

Die meisten Texteditoren sind auf bestimmte Anwendungsgebiete zugeschnitten. Historisch gesehen fing alles mit dem Editieren von Programmen in frühen Teilnehmer-Rechensystemen an. Die ersten Texteditoren entstanden daher um 1960. Einen guten aus heutiger Sicht historischen Überblick über die Entwicklung in den Sechziger Jahren geben Van Dam und Rice (1971). Der heutige technische Stand ist in Meyrowitz und Van Dam (1982) ziemlich ausführlich dokumentiert. Die meisten heutigen Texteditoren werden auf folgenden Gebieten eingesetzt:

- Programmeditoren
  Es werden Programmtext und gelegentlich Kommando-Sequenzen verfaßt bzw.

entworfen. Die bei manchen Programmiersprachen wie z.B. Assembler und FORTRAN einzuhaltenden Zeilenformate werden von den Programmeditoren oft unterstützt. Gelegentlich kann durch Makrodefinitionen ganz ähnlich wie in 3.3.1 angedeutet die aus der Programmierung her bekannte Makro-Technik direkt in den Programmeditor verlagert werden.

- Korrespondenz-Editoren
  Hauptsächlich in kommerziellen und administrativen Anwendungen bestehen nur geringe typographische Probleme, allerdings werden Briefe oft aus Textbausteinen zusammengesetzt und durch gespeicherte Daten (z.B. Anschriften, Kontosalden) in bestimmten Positionen ergänzt. Die Druckausgabe sollte qualitativ mit hochwertigem Schreibmaschinen-Text vergleichbar sein.

- Technisch-wissenschaftliche Skript-Editoren
  Technische und wissenschaftliche Texte enthalten oft verschiedene Alphabete (z.B. auch griechische Buchstaben) und Formeln mit Hoch- und Tiefstellungen, was von Korrespondenz-Editoren meist nicht unterstützt wird.

- Drucksatz-Editoren
  Diese Systeme sind in bezug auf Anordnung der Zeichen, Formelsatz, Sonderzeichen und Schriftenvorrat am Buchdruck orientiert. Das korrekte Ausdrucken solcher Texte ist nur mit speziellen Geräten wie Lichtsatz oder Laserdrucker möglich.

Insbesondere die Drucksatz-Editoren sind technisch meist wesentlich anders aufgebaut und auch komplexer als die Systeme der übrigen Klassen.

4.2.3 Datenstrukturen für Texte, das Adressierungsproblem

Für den Implementierer - aber auch für den späteren Benutzer - ist es sehr wesentlich, welche Datenstruktur für die Speicherung von Texten gewählt wird. Aus logischer Sicht besteht ein Text meist aus einer Folge von Textseiten, eine Textseite aus einer Folge von Textzeilen und eine Textzeile aus einer Folge von Teztzeichen. Selbstverständlich sind auch ganz andere logische Strukturen denkbar. Anderungen, Einfügungen und Löschungen von Textteilen erfordern eine gewisse dynamische Speicherstruktur für Texte. Bevor jedoch Aussagen zur Brauchbarkeit von (physikalischen) Datenstrukturen möglich sind, müssen die Elementar-Operationen und möglichst auch ihre relativen Häufigkeiten bekannt sein. Ähnlich wie bei Operationen auf Datenstrukturen bestehen auch Kommandos von Texteditoren oft aus

a) der Spezifikation einer Operation und
b) einem Adreßteil.

Für die Adressierung von Texten sind mindestens die folgenden Verfahren wohlbekannt:

(1) Textpositionen können spezifiziert werden durch absolute Positionen (also z.B. Seiten-Nr., Zeilen-Nr. und Zeichen-Nr.), durch symbolische Positionen (vom Benutzer benannte, definierte und bewegte Zeiger in den Text, also durch Positionsvariable), durch Standard-Positionen (z.B. aktuelle Cursor-Position, aktuelle Arbeitsposition, Textbeginn, Textende, Seitenbeginn usw.) und durch assoziative Positionen (festgelegt durch Suchkriterien = assoziative Adressen). Die assoziative Adressierung von Textstellen ist typisch für Texteditoren und kommt in dieser Form bei sonstigen praktischen Anwendungen der Datenverarbeitung kaum vor. Beispiel von einfachen Kommandos:

REPLACE "Oranges" by "Grapefruits"
LIST ALL LINES WITH "Grape*"

(Selbstverständlich können neben einfachen Teilzeichenketten auch wesentlich komplexere Suchkriterien formuliert werden.)

(2) Eine Menge von Textpositionen entsteht, wenn mehrere Positionen definiert werden - im einfachsten Fall also durch ein einziges assoziatives Kriterium, das an mehreren Textstellen erfüllt ist.

(3) Textintervalle, also Textstücke, können durch Paare von Textpositionen spezifiziert werden. Letztendlich entstehen schließlich auch Mengen von Textintervallen.

Gut ausgebaute Texteditoren für das Programmeditieren verfügen über nahezu alle der angegebenen Adressierungsmethoden.

Die interne Textspeicherung sollte so gestaltet werden, daß die folgenden häufig abzuwickelnden Operationen vernünftig realisiert werden können:

(1) sequentielles durchlaufen von Textstücken,
(2) absolute Textpositionen ermitteln,
(3) assoziative Textpositionen ermitteln,
(4) Textstücke einfügen,
(5) Textstücke löschen,
(6) Textstücke verändern (ohne Längenänderung).

Das tatsächlich bei der Wahl der Datenstruktur zu verfolgende Entwurfsziel kann zu sehr unterschiedlichen Lösungen führen: Editoren für größere Mehrbenutzer-Systeme müssen CPU-zeiteffizient und speichereffizient entworfen werden, weil sonst keine guten Antwortzeiten im Mehrbenutzerbetrieb erreichbar sind. Außerdem ist es sehr wichtig, ob die Textdatei auf dem Hintergrundspeicher nur rein sequentiell, indiziert oder index-sequentiell zugreifbar ist. Schließlich wünscht man sich ein einfaches, durchsichtig strukturiertes Editor-Programm, um die Software-Kosten zu senken.

Praktisch nur noch historisches Interesse hat die rein sequentielle Organisation mit Fenster-Technik: Die Textdateien sind rein zeichenweise sequentiell organisiert, die Zeilenstruktur wird durch Zeilenendezeichen (z.B. return bzw. line feed) bestimmt. Der Benutzer verändert den Text nur in dem Teil, der aktuell im Pufferspeicher (Textfenster) enthalten ist. Einfügungen und Löschungen führen letztendlich zu kompletten Kopiervorgängen der Datei. Als Hintergrund-Speicher genügen also zwei Magnetband-Geräte. Dieses Grundverfahren kann in mancherlei Hinsicht verbessert werden, wenn indizierte Dateien zur Verfügung stehen. Viele heutige Einbenutzer-Systeme haben bereits so viel Arbeitsspeicher-Kapazität sowie CPU-Leistungsüberschuß, daß sequentiell orientierte Textdateien ganz im Arbeitsspeicher untergebracht werden können. Einfügungen und Löschungen werden dann durch simple Schiebevorgänge erledigt, für die genügend CPU-Leistung zur Verfügung steht. Eine vollständig im Arbeitsspeicher liegende Textdatei ist auch sehr günstig für alle Arten der assoziativen Textadressierung, denn ein Kommando wie z.B. REPLACE "XYZ" "ABC" kann praktisch nur so ausgeführt werden, daß die ganze Textdatei sequentiell durchsucht wird. (Wie solche String-Matching-Probleme algorithmisch effizient gelöst werden können ist in Knuth et.al. (1977) und in Hall und Dowling (1980) dargestellt.)

Wenn die CPU-Effizienz hoch getrieben werden soll, so ist die indexsequentielle Dateistruktur wohl vorzuziehen, insbesondere die Implementierung mit (ausgeglichenen) B-Bäumen und lückenbehafteten Zeilennummern als Index, wobei jede Zeile ein Daten-Satz darstellt. Denn sowohl das häufig vorkommende sequentielle Durchlaufen von Texten als auch Einfügungen und Löschungen sowie das Bestimmen absoluter Positionen werden mit sehr geringem CPU-Zeitbedarf erledigt. (Die Operationen "Satz einfügen", "Satz löschen" und "Position eines Satzes bestimmen" erfordern auch im ungünstigsten Fall einen CPU-Zeitbedarf proportional log n, wobei n die aktuelle Zeilenzahl der Textdatei symbolisiert, während sequentielles Durchlaufen benachbarter Sätze keine Indizierungsoperationen erfordert. Zu B-Bäumen vergleiche man z.B. die Original-Arbeit von Bayer und McCreight (1972) bzw. die Übersichtsarbeit von Comer (1979).)

4.2.4 Operationen und Kommandos in gängigen Texteditoren, Kommandosprachen

Die Kommandosprachen der Texteditoren sind in der Regel nach konventionellen Mustern entwickelt und sind befehlsorientiert. Formeln, natürliche Sprache, Selbsterklärung und Maskenverfahren spielen nur eine geringe Rolle. Die graphische Interaktion ist jedoch sehr geeignet, um die Adressierungsmöglichkeiten ("hinzeigen") wesentlich zu verbessern. Die zukünftig zu entwickelnden Textsysteme insbesondere für Skript- und Drucksatz-Edition werden darauf wohl nicht verzichten können. Ansonsten kann auf die Ausführungen in Kapitel 3 verwiesen werden, insbesondere auf den Abschnitt 3.3 über befehlsorientierte Kommandosprachen. Die Kommandoschnittstelle von Texteditoren wurde schon öfter für empirische Untersuchungen des Benutzerverhaltens und der Benutzerfreundlichkeit herangezogen. So vergleichen z.B. Ledgard, Whiteside, Singer und Seymour (1980) experimentell zwei semantisch äquivalente Texteditoren und finden leichte Vorteile für an natürliche Sprache angelehnte Kommandos. Der Übersichtsartikel von Embly und Nagy (1981) bringt viel weiterführende Information zu Einzelergebnissen. Auch die interessanten Resultate der Dissertation von Roberts (1979) werden kurz dargestellt: In dieser Arbeit werden 4 bekanntere amerikanische Texteditoren sorgfältig daraufhin untersucht, wie effizient sie in der tatsächlichen Benutzung sind.

Beim Entwurf eines neuen Texteditors müssen stets bestimmte vorgegebene Randbedingungen eingehalten werden. Wie groß darf der Editor höchstens werden? Welcher maximale Implementierungsaufwand ist vorgegeben? Letztendlich müssen also Kompromißformeln gefunden werden. Dennoch ist ein möglichst systematischer und orthogonaler Aufbau anzustreben. Die Grundlinien eines derartigen Entwurfs sollen kurz erläutert werden:

Für die wichtigsten, immer wieder benötigten Parameter von Kommandos werden einheitliche Strukturen festgelegt. Es sind dies z.B. <Textposition>, <Textpositionen>, <Textintervall>, <Textintervalle>, <Datei-Bezeichnung>, <Zeichenkette>. Das Prinzip der Orthogonalität fordert nun, daß z.B. bei sämtlichen Kommandos, bei denen eine Textposition als Parameter mitzuliefern ist, alle zulässigen Spezifikationsmöglichkeiten gemäß der syntaktischen Struktur von <Textposition> erlaubt sind. Das wirkt sich sowohl auf den Implementierungsaufwand (Modularität!) als auch auf die Dokumentation und Erlernbarkeit der Kommandosprache günstig aus. So kann z.B. eine <Zeichenkette> auf vielfältigen Wegen spezifiziert werden, z.B. durch konkrete Angabe der Zeichenkette ("ABC"), durch ein <Textintervall> der Arbeitsdatei oder gar durch ein <Textintervall> einer gespeicherten Textdatei (spezifiziert durch <Datei-Bezeichnung><Textintervall>).

Durch die Orthogonalität gewinnt der Benutzer rasch Vertrauen in das System, da er bereits mit der Kenntnis einiger allgemeiner Regeln das Verhalten des Systems sicher vorhersagen kann und nicht dauernd mit Ausnahmeregeln operieren muß.

Für die vergleichende Beurteilung von Texteditoren kann der folgende Merkmal- und Eigenschaften-Katalog benutzt werden:

Fragenkatalog zur Analyse der Eigenschaften von Texteditoren

1 Allgemeine Fragen

1.1 Implementierung
- Struktur der Einbettung in (Ober-)Kommandosprache
- Durchgriffsmöglichkeiten in (Ober-)Kommandosprache
- Rückmeldungen (promptings, feedback)
- Fehlermeldungen
- Aktivierung und Deaktivierung
- Effizienz, durchschnittlicher Bedarf an Betriebsmitteln (CPU-Zeit, Arbeitsspeicher)
- Spektrum der unterstützten Dialogstationen
- Eignung für Stapelbetrieb (heute kaum noch relevant)

1.2 Datei-Konzept
- Datei-Strukturen
- Umgebungsstruktur in bezug auf Dateien (zugreifbare Dateien für Eingabe, Struktur des Arbeitsbereichs, Ausgabedateien)
- Schutz vor Systemzusammenbrüchen und irrtümlichem Dateiverlust

1.3 Kommandosprache
- Struktur der Kommandos
- Dialoghilfen, Dokumentation
- Kommandobezeichnungen einprägsam, Parametrisierung
- Abkürzungen, Bedienungsaufwand und Lernaufwand
- Abstraktion vom Rechensystem
- Orthogonale Parametrisierung der Kommandos
- Definition von Kommando-Makros und Prozeduren

2 Fragen zur Textbearbeitung

2.1 Allgemeine Texteingabe
- Manuelle Texteingabe
- Einschleusen von Text durch Datenträger und Dateien
- Adressierung von Textquanten (Dateien-Seiten-Zeilen-Zeichen)
- Adressierungsmodi von Textquanten

(absolut durch Nummernangabe, relativ zu Zeigerpositionen, assoziativ durch Suchtext etc.)
- Ist die Seiten-, Zeichen- bzw. Zeilenadressierung unterstützt?
- Welche Kombinationen von Adressierungsarten sind möglich?
- Positions-Zeiger
- Manipulation von Positions-Zeigern

2.2 Dateibearbeitung
- Öffnen, Schließen, Sichern, Löschen von Dateien
- Mischen, Kopieren, Einfügen, Umbenennen von Dateien
- Vergleichen von Dateien (alte und neue Versionen, Änderungsdienst)

2.3 Seitenbearbeitung
- Adressierung von Seiten
- Numerierung von Seiten, Umnumerierung
- Einfügen, Löschen, Verschieben, Kopieren, Teilen, Vereinigen von Seiten
- Längenbegrenzung, Überlaufproblem

2.4 Zeilenbearbeitung
- Adressierung von Zeilen
- Numerierung und Umnumerierung von Zeilen
- Einfügen, Löschen, Verschieben, Kopieren, Teilen, Vereinigen von Zeilen
- Vergleich, Formatierung, Tabulatoren, Randausgleich, Silbentrennung
- Längenbegrenzung, Überlaufproblem, Leerzeichenbehandlung

2.5 Zeichenbearbeitung
- Adressierung von Zeichen
- Numerierung von Zeichen
- Zeichenvorrat, mehrere Zeichensätze
- Erweiterung des Zeichenvorrats, Zeichenüberlagerung
- Einfügen, Löschen, Verschieben, Kopieren von Zeichen
- Suchen und Ersetzen von Zeichen

2.6 Allgemeine Textausgabe
- Welche Textquanten sind durch Kommandos für die Ausgabe erzeugbar?
- Wohin kann die Ausgabe gelenkt werden?
(Dialogstation, Drucker, Datenträger, Datei usw.)
- Ist ein laufender Ausgabevorgang unterbrechbar?
- Konvertierungen zwischen verschiedenen Zeichensätzen
- Formatierung für Dialogstation, Drucker usw. einstellbar?

3 Anwendungsorientierung
- Programm-Editieren
Quelltext-Formatierung, Tabulatoren, Syntax-Prüfung
- Skript-Editieren (Sonderzeichen, Absätze, Seiten- und Zeilenumbruch, Silbentrennung, mathematische und graphische Symbole, Fußnoten, Druckspalten, Bild-Platzhalter, automatisches Erzeugen des Inhaltsverzeichnisses mit korrekten Seitenzahlen, automatisches Substituie-

ren von Literaturzitaten, automatisches Erzeugen von Stichworttabellen mit Seitenangabe, Fußnoten-Einrichtung, intelligenter Seitenumbruch)
- Änderungsdienst (Datei-Vergleiche)
- Wörterbuch erstellen
- Querverweis-Wörterbuch
- Syntaxorientiertes Suchen, Prüfen, Generieren von Text
- Textbausteine und Formular-Formatierung
- Druckbildkontrolle über Bildschirm

4.2.5 Spezialanforderungen

Die Implementierung flexibler Drucksatz-Editoren mit direkter Druckbilddarstellung auf dem Bildschirm ist recht aufwendig und erfordert leistungsfähige Bildschirmsysteme mit hoch auflösender Raster-Graphik. Daher wählt man oft einen anderen Weg, indem man die Zeichenalphabete und Details der graphischen Anordnung (z.B. bei Formeln) durch in den Text eingestreute Steuerbefehle codiert. Der so erstellte Text wird dann durch ein Formatierprogramm (Skript-Formatierer) verarbeitet und in die Druckbefehle umgesetzt. Bei diesem Verfahren kann die typographische Anordnung komplizierter Formeln erst auf der Druckerausgabe inspiziert werden. Der geringere Grad an Interaktivität bringt aber deutliche Kostenvorteile. Weitere Erläuterungen enthält der Übersichtsaufsatz von Furuta, Scofield und Shaw (1982); während Knuth (1979) ausführlich das von ihm entwickelte System TEX beschreibt. Kernighan (1982) beschreibt die Notation des EQN Systems, welches zusammen mit dem weithin bekanntgewordenen Formatiersystem TROFF (siehe Ossanna (1976)) unter UNIX betrieben werden kann.

Im Bereich der Textverarbeitung gibt es einige allgemeine Wünsche, die eher als Dienstleistungen ("Methoden") angesprochen werden müssen. Da ist zunächst die automatische Silbentrennung zu nennen, die beim Zeilenrandausgleich für Skript- und Drucksatz-Editoren benötigt wird. Das Problem wird meist so gelöst, daß zunächst einige allgemeine, lokal anwendbare Regeln aufgestellt werden, z.B. Silbenverzeichnisse zur Zerlegung aller deutschen Begriffe. Falls eine Silbentrennung wegen des Randausgleiches notwendig wird, zerlegt man das betreffende Wort in Silben. Dabei können selbstverständlich Fehler vorkommen. Diese müssen durch Hand-Eingabe korrigiert werden. Wenn das Textsystem alle tatsächlich getrennten Wörter als Liste ausgeben kann, ist eine schnelle Prüfung möglich. (Dieser Buchtext wurde mit einem Skript-Editierer mit automatischer Silbentrennung erstellt.)

Ähnliche Fragen stellen sich, wenn die Druckfehler in einem Text automatisch ermittelt werden sollen. Wenn ein weitgehend vollständiges Wörterbuch zur Verfügung steht, kann bereits durch den Vergleich der Wörter mancher Tippfehler gefunden werden. Aber auch ohne ein aufwendiges Wörterbuch können Druckfehler zum großen Teil eingekreist werden, da einzelne Begriffe in größeren Texten oft mehrfach auftreten und die Fehler dann durch geschickte Vergleiche auffallen. Man erklärt z.B. zwei Wörter W1 und W2 benachbart, wenn sie durch Einfügen, Löschen oder Ändern eines Zeichens bzw. durch Vertauschen von zwei benachbarten Zeichen ineinander übergeführt werden können. (Diese Regeln können zu einer Metrik zwischen Begriffen ausgebaut werden, man vergleiche z.B. die gute Übersicht von Hall und Dowling (1980)).

Schließlich seien noch alphabetisch geordnete Verzeichnisse von Begriffen oder Textteilen erwähnt, z.B. das KWIC-Index-Verfahren (KWIC = Key Word In Context). In vielen Fällen sind solche Listen eine große Hilfe bei der weiteren Bearbeitung des Textes, z.B. auch zum Auffinden aller Textstellen, wo ein bestimmter Begriff verwendet wird.

4.3 INTERAKTIVES PROGRAMMIEREN UND SOFTWARE-ENGINEERING

4.3.1 Historische Anmerkungen, Teilnehmer-Rechensysteme

In den fünfziger und vielfach auch noch am Anfang der sechziger Jahre waren die Dienstleistungen der Betriebssysteme noch sehr bescheiden. Es konnte nur ein Benutzer an der Anlage arbeiten, sein Programm testen und Produktionsläufe durchführen. Das geschah alles im Dialog mit der Hardware, denn Dialogsoftware gab es praktisch noch nicht. Bei größeren und daher auch teureren Rechenanlagen mußte diese Betriebsweise zugunsten von Stapelbetrieb, Multiprogramming und Time-Sharing aufgegeben werden - insbesondere auch für das Programm-Entwickeln und -Testen. Denn die beim Testen eines einzelnen Programmes unvermeidlichen hohen CPU-Stillstandszeiten sind aus ökonomischer Sicht nicht vertretbar, wenn die Hardware gegenüber der Arbeitszeit unverhältnismäßig teuer ist.

Die entscheidenden Lösungsvorschläge in Richtung Time-Sharing wurden vom Projekt MAC (Multi Access Computer) des MIT geliefert, man vergleiche den auch heute noch sehr lesenswerten Beitrag von Fano und Corbato (1966) in Scientific American. Dort wird z.B. in der Titel-Langfassung gesagt: "This technique (Time-Sharing ...), whereby a computer serves a large number of people at once, does more that save time and money. It sets up a dialogue between user and machine and allows communication among users." Bereits in diesen frühen Jahren mußte sowohl Betriebssoftware für die existierenden Rechner geschrieben werden - praktisch immer in Assembler-Sprache - und es mußten Dialog-Anwender mit meist numerischen Problemen zufriedengestellt werden. Die technischen Probleme der damaligen Zeit sind in Wilkes (1970) recht gut abgehandelt. Time-Sharing erwies sich insbesondere für die Software-Produktion als außerordentlich hilfreich, während für die Anwender mit begrenzten Numerik-Problemen neue dialogtüchtige Programmiersysteme geschaffen wurden, z.B. JOSS (näheres dazu siehe Kupka und Wilsing (1975)), BASIC (siehe z.B. Kurtz (1978) sowie Kemeny und Kurtz (1967)) und APL/360 (siehe z.B. Falkoff und Iverson (1968)). In dem Sammelwerk von Klerer und Reinfelds (1968) sind fast alle wichtigen Entwicklungen der damaligen Zeit in Richtung auf interaktives Programmieren angesprochen.

Neben den echten Teilnehmer-Rechensystemen mit einem erheblichen Software-Aufwand entstanden also schon früh die oft auf interpretativer Basis mit speziellen Dialogprogrammiersprachen wie BASIC und APL operierenden Spezialsysteme. Die APL-Systeme früherer Jahre hatten grob die in Abbildung 2.6-3 dargestellte Implementierungsstruktur und konnten somit auch auf Rechnern ohne dialogorientiertem Betriebssystem laufen.

Die Entwicklung hin zu speziellen dialogorientierten Programmiersprachen hat trotz mancher praktischer Erfolge keinen wesentlichen Einfluß auf die professionelle Programmiertechnik ausgeübt, denn ca. 90% aller heute benutzten Software ist nicht in solchen Sprachen programmiert worden. Hingegen ist es inzwischen Stand der Technik, daß jede zu implementierende Programmiersprache mit einer interaktiv nutzbaren Programmierumgebung ausgestattet wird. Interaktive Programmier- und Testhilfen können nämlich für jede Programmiersprache implementiert werden - auch dies ist eine bereits recht alte Erkenntnis. Inzwischen ist aber auch klar geworden, daß optimale Programmierer-Produktivität nur im Dialog erreichbar ist. Einzelne Großanwendungen von APL und INTERLISP belegen dies.

4.3.2 Problemanalyse, Phasen der Programm-Entwicklung

In diesem Abschnitt soll untersucht werden, wie der Vorgang der Programmentwicklung durch ein passend ausgestattetes Dialogsystem unterstützt werden kann. Einen ersten Einblick liefert eine Zusammenstellung der Benutzer-Klassen und deren spezifische Anforderungen an das System:

Benutzerklassen

Laien-Programmierer: Sie verfügen weder über besondere Programmierkenntnisse noch über Programmiererfahrung mit komplexeren Problemen. Die von ihnen zu lösenden Probleme sind von geringer algorithmischer Kompliziertheit, wie sie z.B. häufiger bei einschlägigen Ingenieur-Rechenverfahren auftreten. Daher genügen einfacher strukturierte Programmiersprachen mit kleinem Sprachumfang. Eine Anlehnung an FORTRAN bzw. ALGOL ist wegen leichter Erlernbarkeit und guter Selbstdokumentation zweckmäßig. Vielfach genügt sogar ein BASIC-Programmiersystem, denn die mangelhaften Strukturierungsmöglichkeiten innerhalb von BASIC-Programmen fallen bei Kleinprogrammen nicht ins Gewicht.

Fortgeschrittene Programmierer: Er befaßt sich mit Problemen mittlerer algorithmischer Kompliziertheit und besitzt bereits erweiterte Einsichten in das Programmieren. Die Vorzüge von systematisch aufgebauten Programmiersprachen werden bereits wegen eigener positiver oder negativer Erfahrungen eingesehen. Der fortgeschrittene Programmierer ist daher auch bereit, komplexere und logisch anspruchsvoller aufgebaute Sprachen vollständig zu erlernen.

Programmier-Spezialist: Die zu lösenden Probleme sind komplex. Oft haben die Programme sehr starke Umwelt-Bezüge (größere Zahl von Dateien und Betriebssystem-Aufrufen) und sind kritisch in Bezug auf Größe, Komplexität der Datenstrukturen, Speicherbedarf, Laufzeit. Systematisches Zerlegen in überschaubare Einheiten (Moduln) ist unerläßlich, auch wenn die verwendete Programmiersprache (z.B. Assembler) gar keine Strukturierungsleitlinien bietet. Der Könner unter den Programmierern entwickelt seine Programme gewöhnlich so, daß er sich permanent gegen mögliche Fehlerrisiken, Betriebssystemschwächen, technische Unzulänglichkeiten usw. rückversichert. (Seine Programme fangen z.B. Fehler durch Querkontrollen selber ab.)

Diese sehr unterschiedliche Ausgangssituation hat im wesentlichen zur Folge, daß der Laien-Programmierer einfachere, das Experimentieren und Testen unterstützende Programmiersprachen (zur Zeit hauptsächlich BASIC, APL, evtl. FORTRAN) bevorzugt - allerdings mit vielen Dialoghilfen. Der Programmier-Spezialist ist meistens wegen der sonstigen Randbedingungen in der Programmiersprache bereits festgelegt und fordert interaktiv nutzbare und leistungsfähige Programmeditoren, Übersetzer mit reichhaltigen Diagnosen - nicht etwa nur für Fehler, sondern für Strukturmerkmale - und was dergleichen an Hilfen für den Spezialisten sinnvoll sein kann.

Die tendenziell unterschiedliche Interessenlage des trainierten bzw. untrainierten Benutzers (vgl. 3.2.3) wird auch hier wieder deutlich.

Weitere wichtige Einblicke in die Problemstellung gewinnt man, wenn man verschiedene Aktivitäten bei der Programmentwicklung betrachtet und sich fragt, welche Phasen wohl günstiger bzw. weniger günstig für eine Dialogunterstützung sind:

a) Präzisierung der Aufgabenstellung
b) Grobplanung des Programmes, Zerlegung in Moduln, vorläufige Festlegung der Datenstrukturen, grundsätzliche Algorithmen
c) Erstellung einer Grobfassung, Flußdiagramme, Prozedur-Schnittstellen
d) Erstellung des Programmtextes
e) Überprüfen der formalen Korrektheit (statische Semantik, Syntax)
f) Überprüfung der dynamischen Semantik (Testläufe, Suche der Fehler)
g) Dokumentation, Produktion und Pflege.

Ohne weiteres ist wohl einzusehen, daß die Dienstleistungen eines Dialogsystems (beim gegenwärtigen Stand der Programmier-Technologie) eigentlich nur bei d, e und f eine wirksame Unterstützung versprechen, wobei aber auch g zunehmend interaktiv unterstützt wird. In der Tat wird die Erstellung des Programmtextes (d) häufig mit Texteditoren durchgeführt, die formale Korrektheit (e) wird durch im Dialog angestoßene Übersetzer- bzw. Binderläufe mit abgeprüft und die dynamische Semantik (f) wird dann durch interaktiv angestoßene Testläufe überprüft. Bei größeren Programmiervorhaben, wo auf die Punkte a, b, c, g oft erheblich mehr Arbeitsaufwand entfallen, kann also nur ein Teil der Aktivitäten durch Dialog unterstützt werden. Bei kleineren Problemen - insbesonder bei Kleinst-Aufgaben - können die Phasen a, b, c, g mit den restlichen drei Phasen vereinigt werden, zum Beispiel dann, wenn das Problem sehr übersichtlich und bereits von Natur aus gut strukturiert ist. In solchen Fällen kann die Bearbeitung vollständig im Dialog erfolgen.

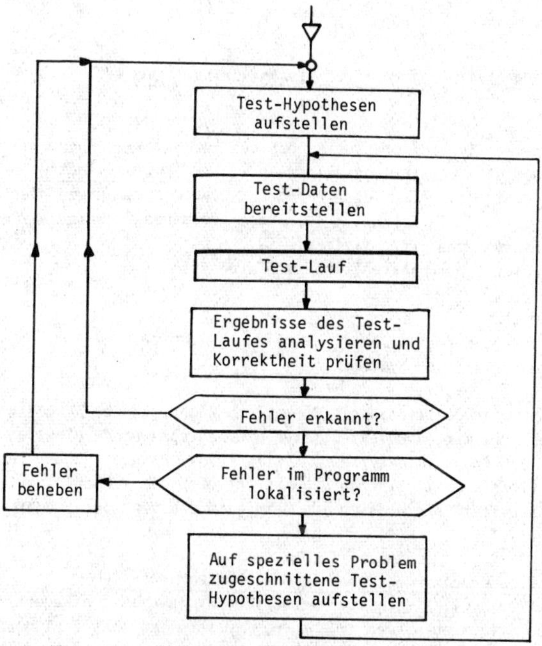

Abbildung 4.3-1:
Ablaufdiagramme beim Detail-Testen größerer, neu geschriebener Programme

Besonders beim Testen eines neu geschriebenen Programmes erweist sich der Dialog oft als wichtiges Hilfsmittel, um die noch versteckten Fehler (z.B. Tipp-Fehler) aufzudecken. Das sieht man schnell ein, wenn man sich den typischen Verlauf des Testens anhand eines groben Ablaufdiagrammes klarmacht.

Durch direkten Kontakt mit der Maschine - also durch Dialog - gelingt es, die Testzyklen mit wesentlich höherer Frequenz durchzuführen und so kostbare Arbeitszeit zu sparen. Ein weiterer Vorteil besteht darin, die meist nicht erschöpfend dokumentierte Semantik der Programmiersprache in Zweifelsfällen schnell überprüfen zu können. Beides sind sehr wichtige Motive für das interaktive Programmieren.

4.3.3 Interaktives Programmieren als Entwurfsaufgabe

Wie schon bei Texteditoren wird auch das interaktive Programmieren - mehr noch die Software-Entwicklung allgemein - vom Entwurfs-Motiv beherrscht. Das gewünschte, zu entwerfende "Produkt" sind Programme und/oder bestimmte Rechenergebnisse. In Abschnitt 4.1 wurden folgende Schwerpunkt-Aktivitäten bei Entwurfssystemen identifiziert:
- Einschleusen (von Objekten) in das Dialogsystem,
- Speichern,
- Verändern,
- Inspizieren und Verifizieren,
- Ausschleusen aus dem System.

Da Programme (in Quellfassung) in aller Regel durch Texte dargestellt werden, erkennt man, daß Texteditoren bzw. entsprechende Dienste in einem interaktiven Programmiersystem wichtig sind. Dennoch handelt es sich nur um einen Einzelaspekt. Eine gute Übersicht über die wünschenswerten Fähigkeiten des Systems ergibt sich aus der Feindiskussion der Schwerpunkt-Aktivitäten:

(a) Einschleusen von Programmen in das Programmiersystem
Es sollte möglich sein, von verschiedenartigen Datenträgern Programme in das System aufnehmen zu können. Außerdem sollten in gespeicherten Bibliotheken Programme bei Bedarf entnommen werden können. (Ideal wäre es, wenn Programmiersysteme auch Programme vom Druckerpapier bzw. aus Büchern lesen könnten, aber das ist technisch wohl noch zu schwierig.)

(b) <u>Speichern im System, Vorratshaltung</u>
Das Dialog-Programmiersystem sollte über eine eigene, auf Programmstrukturen (z.B. Block-Schachtelung, Prozeduren, Moduln) besonders zugeschnittene Datei-Führung verfügen. ("Produktgerechtes" Speichern und Bevorraten ist zwar sehr erwünscht, wird von Vielzweck-Dateisystemen naturgemäß aber nicht angeboten.)

(c) <u>Verändern (Editieren) von Programmen</u>
In erster Näherung erfüllen Text-Editoren diese Anforderungen. Jedoch ist die Tätigkeit der Programm-Veränderung semantisch mehr als nur eine Text-Veränderung. Das erkennt man z.B. an den Konsequenzen, die möglicherweise das Entfernen einer Vereinbarung wie Real X; hat. "Produktgerechtes" Verändern bedeutet, daß auch die Semantik der Produkte mit erfaßt wird. Bei einer Programmiersprache mit Blockstruktur müßte z.B. ein Kommando wie "Zeige alle Zeilen, in denen die Variable XYZ vorkommt" die Blockstruktur berücksichtigen und nur diejenigen Zeilen zeigen, die sich auf eine einzelne Vereinbarung beziehen. Beim Editieren von Programmen sollte also die syntaktische Struktur berücksichtigt und ausgenutzt werden, um z.B. Positionierungen und Text-Intervalle anzugeben. Bei FORTRAN ergeben sich z.B. durch das <u>Zeilenformat</u> (s. Abbildung 4.3-2) Anforderungen, auf die im einfachsten Fall durch Tabulatoren Rücksicht genommen werden kann. Mehr Komfort ist jedoch durch eine automatische Zeilenanalyse erreichbar, wobei die Struktur der Zeile analysiert und die notwendige Einpassung in das Zeilenformat automatisch vorgenommen wird.

C* .... → Kommentar-Zeile
173 A ..... → 173 = Sprungmarke
-3.1.A.5 → Fortsetzungszeile

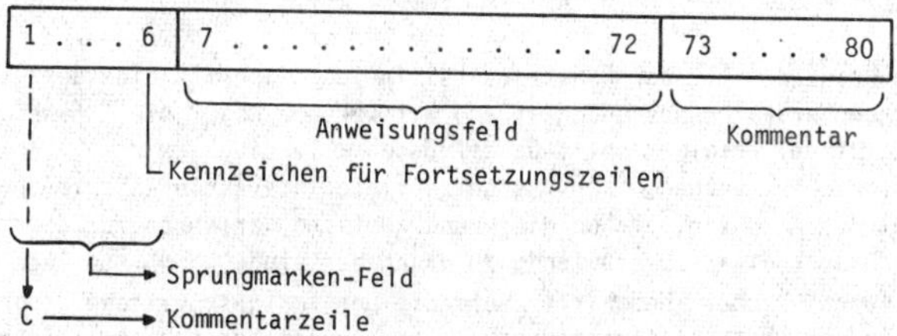

Abbildung 4.3-2:
Das Zeilenformat von FORTRAN.

Bei Pascal kann die meist ausgeprägte Schachtelungsstruktur mit Begin ..... End dazu ausgenutzt werden, um das Editieren zusätzlich zu erleichtern. Die verschiedenartigsten Hilfen wie z.B. automatisches Vereinbaren von vorkommenden Variablen, automatisches Einrücken gemäß der Schachtelstruktur (pretty printing), auf Anforderung jeweils die für eine Bezeichnung gültige Vereinbarung zeigen usw. sind denkbar.

Da Programme beim Prozeß des Editierens zumeist noch sehr unvollständig sind, kann mit normalen globalen Syntaxprüfungen nicht viel erreicht werden. Günstiger erscheint es, für einige Fragen wie "Welche Bezeichnungen sind noch nicht vereinbart?", "Welche Vereinbarungen werden nirgends benutzt?", "Welche Variablen erhalten nie einen Wert zugewiesen?" usw. Kommandos vorzusehen, außerdem kann die Syntaxprüfung auf innere Teilstrukturen eingeengt werden (lokale Syntaxprüfung).

Es hat nicht an Versuchen gefehlt, das Erzeugen syntaktisch falscher Programme vollständig zu unterbinden. Z.B. wurde an der Universität Darmstadt für diesen Zweck ein Programm-Editor entwickelt, der auf dem Prinzip beruht, daß der Benutzer nur syntaktische Variablen expandieren darf (Winkler (1977)). Dabei werden nur Expansionen im Sinne der syntaktischen Regeln (Produktionen) zugelassen, was einfach zu überprüfen ist. Um z.B. aus der syntaktischen Variablen <Anweisung> eine bestimmte Wertzuweisung zu erzeugen, sind formal mehrere Substitutionen erforderlich:

```
              <Anweisung>
                   |
            <Wertzuweisung>
                   |
      <linke Seite> := <rechte Seite>
            |                |
            A       :=     A + B
```

Im Prinzip wählt der Benutzer also in jedem Schritt eine der syntaktischen Variablen aus und gibt an, mit welcher Regel die Expansion (Substitution) erfolgen soll. Dabei müssen allerdings extreme Verkürzungen vorgesehen werden, sonst sind zu viele Interaktionen erforderlich. Es hat den Anschein, als ob diese und ähnliche Verfahren für den Anfänger doch noch etwas zu schwierig zu handhaben sind, obwohl so die Syntax-Klippen sicher umschifft werden. Der fortgeschrittene Programmierer hingegen hat erfahrungsgemäß keine nennenswerten Schwierigkeiten mit der Syntax seiner Programmiersprache, so daß ihm das Verfahren kaum Vorteile bringt.

Bei der interaktiven Eingabe von Programmen kann oft viel Tippaufwand gespart werden, wenn für die immer wieder vorkommenden Wortsymbole wie z.B. IF, THEN, ELSE, BEGIN, END, FORMAT, ... eigene Tasten bereitgestellt werden (Spezial-Tastatur für Programmiersprachen). Das Verfahren wird jedoch in der Praxis - mit Ausnahme von APL - kaum angewandt.

Bedenkt man die vielfältigen Hilfen, die ein syntaxorientierter Programmeditor insbesondere dem Programmier-Experten (durch ein Minimum an Tippaufwand) bieten kann, so überrascht es, daß diese Methoden in der Praxis so selten angewandt werden. Wahrscheinlich ist der ökonomische Gesamtnutzen nicht so eindeutig positiv, wie es zunächst erscheint.

(d) Inspizieren, Verifizieren und Testen von Programmen

Die letztendlich visuelle Überprüfung des Programmes (meist jedoch noch Programm-Fragment) ist bereits bei der Editier-Aufgabe angesprochen worden. Die zum Lesen geeignete Fassung sollte Einrückungen, Fettdruck von Wortsymbolen usw. enthalten - jedenfalls im Idealfall. Beim Verifizieren (in allgemeiner Bedeutung) ergeben sich weitreichende Forderungen, die durch die relativ komplizierten Beziehungen zwischen Syntax und Semantik verursacht werden.

Die Syntax-Prüfung und die dabei mitzuvollziehende Prüfung der statischen Semantik (Typenkorrektheit, passende Schnittstellen usw.) sind wohlverstandene Probleme. Praktisch alle Sprachübersetzer können auch als Syntaxprüfer benutzt werden. Bei interaktiver Benutzung ist die Gestaltung der Rückmeldung problematisch, da Bildschirm-Geräte nur kleinere Textausschnitte zeigen und eine Rückblätter-Mechanik meistens fehlt. Wenn die Meldungen größeren Umfang annehmen, muß der Syntaxprüfer für sie wohl eine Textdatei anlegen. Transparente Fehlermeldungen im Dialog erfordern die Ausgabe einer oder mehrerer Zeilen Programmtext, eindeutige Kennzeichnung der fehlerhaften Stelle, selbsterklärende Beschreibung des Fehlers mit Fehlerkategorie sowie eventuell Mitliefern der relevanten Vereinbarungen (bei Tippfehlern, falscher Parameterversorgung von Prozeduren etc.).

Die Komfort-Forderungen, wie sie für den Stapel-Betrieb von Übersetzern bekannt sind, gelten praktisch ohne Änderungen für den Dialogbetrieb. Jedoch muß die gelieferte Informationsmenge klein gehalten werden, weshalb nur Auffälligkeiten angezeigt werden sollen (z.B. Variable erhält Wert zugewiesen, diese wird nie benötigt ...).

Das semantische Verifizieren und Testen gilt seit eh und je als wichtiger Vorzug der interaktiven Arbeitsweise, wir kommen darauf im nächsten Abschnitt ausführlich zu sprechen.

(e) Programmausgabe (Ausschleuse-Funktion)
Hier ist zu beachten, zu welchen Anforderungen die permanente Speicherung, Installation, Routine-Nutzung führt. Das Programm muß eventuell für Veröffentlichungen oder für andere Systeme ausgegeben werden. Auch das automatische Schön-Drucken (pretty printing) sowie das Generieren unterschiedlicher Versionen muß evtl. unterstützt werden. Selbstverständlich sollten auch die unterschiedlichsten Datenträger als Zielmedium zulässig sein.

Die genannten Teilaktivitäten (a), (b) und (e) sind nicht typisch für das Programmieren, sondern kommen bei vielen Dialoganwendungen in ähnlicher Form vor. Sie sind intensiv mit der jeweiligen Gerätetechnik, also mit Ein-Ausgabe-Geräten und dem Dateisystem verbunden. Typisch für das interaktive Programmieren ist in viel stärkerem Maße der Bereich (c) Editieren und (d) Inspizieren, Verifizieren und Testen von Programmen. Beim Entwurf interaktiver Programmiersysteme geht es hauptsächlich darum, kostengünstige Interaktionstechniken zu entwickeln und zu implementieren, die dem Benutzer viel Arbeitszeit und geistige Routinetätigkeit ersparen.

4.3.4 Dialoghilfen für das interaktive Testen und Verifizieren von Programmen

Wie bereits angedeutet sind in diesem Bereich insbesondere benutzerfreundliche Methoden zu entwickeln, die einfach zu implementieren sind und kostengünstig eingesetzt werden können. Heute muß die Gesamtstrategie beim Programmtesten aus einer Kombination von Verifikation mit eher formalen Methoden und aus besonders überwachten Testläufen bestehen. Dabei hat sich (seit einigen tausend Jahren!) als Methode der Wahl das "logische Denken" herauskristallisiert. Ohne dieses sind selbst kleinste Programme nicht in Ordnung zu bringen. (So ist es trotz mancher Anstrengungen bisher nicht gelungen, brauchbare Programme selbst für sehr einfache Aufgaben durch die Methode von Versuch und Irrtum und durch zufälliges Komponieren - sprich würfeln - zu generieren. Wir folgern daraus, daß erfolgreiches Programmieren von Anfang an planvolles geistiges Arbeiten erfordert.)

Beim Testen von Programmen muß also unter anderem auch der Plan überprüft werden, nach dem ein Programm angelegt ist. Verschiedene Arten von Fehlern sind denkbar: Fehler in der Aufgabenspezifikation, Fehler im Plan des Programmes, wie ihn der Programmierer meist nur im Kopf hat, Fehler im Programmtext usw. Bei extrem dialogorientierter Arbeitsweise wird das Programm selbst Stück für Stück entwickelt und es werden die bereits entwickelten Teile sofort auch getestet und verifiziert. Dabei tastet man sich gewissermaßen systematisch an die Lösung heran und kann viele Entwurfsentscheidungen erst im letztmöglichen Zeitpunkt treffen - was insbesondere bei nicht klar umrissenen Aufgabenstellungen vorteilhaft sein kann. Eine nicht klar umrissene Aufgabenstellung kommt in der Praxis sehr häufig vor, z.B. wenn dem Softwaremann zwar das Ziel einer Aufgabenstellung vorgegeben wird, aber nicht die Einzelheiten ihrer Lösung.

Partielles Ausführen (Testen) von Programmstücken

Dies ist die Standardtätigkeit beim Programmtesten. Um ein Programm-Stück ausführen zu können, ist es notwendig, das Stück einfach zu spezifizieren und die Anfangsbedingungen (z.B. relevante Variable) geeignet vorbesetzen zu können. In FORTRAN bieten sich zur einfachen Spezifikation von Programmstücken eigentlich nur die Unterprogramme FUNCTION und SUBROUTINE an. Ansonsten muß ein bestimmter Zeilenbereich gewählt werden. In algolähnlichen Sprachen ist die Situation wegen der reichen Strukturierung günstiger, da jede Begin-End-Schachtel als Testkandidat in Frage kommen kann. Jedoch ergeben sich durch die Blockstruktur - insbesondere durch Prozeduren - erhebliche Schwierigkeiten bei der Vorbesetzung, da es zumindest theoretisch nicht genügt, alle global relevanten Variablen vorzubelegen, sondern auch eine korrekte Vorgeschichte in Gestalt einer dynamischen und statischen Verweiskette zu definieren. (Um dieser Komplikation aus dem Wege zu gehen, wird bei funktionsorientierten Dialogprogrammiersprachen auf die Blockstruktur verzichtet.) Genaugenommen müßte also eine perfekte Dialog-Implementierung von ALGOL, Pascal usw. eine genaue Konstruktion von Keller-Konfigurationen (statische und dynamische Verweiskette, globale und lokale Variable) erlauben.

Das Testen eines Programmstückes erfordert, sofern die Vorbelegungen und das Programmstück selbst bereits definiert sind, weitere Vorkehrungen zur Überwachung des Programmlaufes.

Leistungsfähige Trace-Kommandos

Das Überwachen bestimmter Ereignisse während des Programmlaufes wird im Englischen "Tracing" genannt. Dabei interessieren z.B. folgende Punkte:
- Wann werden gewisse, vorher spezifizierte Programmpunkte durchlaufen?
- Wie ändert sich der Wert von bestimmten Variablen?
- In welcher Schachtelfolge werden die Prozeduren aufgerufen?

Auch die Bedingungen zum Abbruch des Testlaufes fallen in die gleiche Kategorie. Bedingtes Tracing erlaubt die Spezifikation von Bedingungen, unter denen z.B. Variablenwerte auszudrucken sind. Ein konkretes Kommando könnte z.B. lauten:

TRACE 113, A,B < 0, I, FUNK1

Dabei wäre die Marke 113 jeweils auszugeben, wenn sie passiert wird; die Variablen A und I wären jeweils mit Wert auszudrucken, wenn dieser sich ändert; der Wert von B soll nur ausgegeben werden, sofern er negativ wird (bedingtes Tracing) und alle Aufrufe (und Returns) der Funktion FUNK1 wären zu liefern.

Nach dem Abbruch des Testlaufes sollten alle Variablen inspiziert werden können.
Das Testen von Funktionen, die sich gegenseitig rekursiv aufrufen, kann durch die Einrück- und Schachteltechnik recht gut unterstützt werden. Zwei mit dem Tischrechner "Rekursivarithmetik" erzeugte Beispiele:

```
HANOI(1,3,3)?
  HANOI(1,3,3)
   HANOI(1,2,2)
    HANOI(1,3,1)
     HANOI(1,2,0)
     TRUE
     UMS(1,3,1)
     0
     HANOI(2,3,0)
     TRUE
    2
    UMS(1,2,2)
    0
    HANOI(3,2,1)
     HANOI(3,1,0)
     TRUE
     UMS(3,2,1)
     .
     .
```

```
FAK(6)
 FAK(5)
  FAK(4)
   FAK(3)
    FAK(2)
     FAK(1)
     ...1
    ...2
   ...6
  ...24
 ...120
...720
```

Programmzusicherungen und formale Verifikation

Das bedingte Tracing von Variablen erlaubt es bereits, einfache Formen von Zusicherungen (assertions) zu überprüfen. Mit den Bereichstypen (z.B. in Pascal) sind solche Zusicherungen als Hilfsmittel in die Programmierung vorgedrungen:

<u>Var</u> Monat: 1..12; Tag: 1..31;

Eine Bereichsverletzung wird zur Laufzeit als Fehler erkannt und gemeldet, wünschenswert wäre dies bereits zur Übersetzzeit.

Komplexere Zusicherungen in Gestalt von Prädikat-Formeln stellen eine wichtige methodische Grundlage von Verfahren für Korrektheitsbeweise von Programmen dar. Zwar wird dabei angestrebt, die Korrektheit von Programmen auch ohne Testläufe nachzuweisen. Die notwendigen Beweisschritte sind aber bei realen Programmen so umfangreich, daß automatische Beweiser mit einer interaktiven Schnittstelle erforderlich sein werden. Zur Zeit ist noch nicht abzusehen, ob solche Methoden der Programmverifikation neben ihrem unbestreitbar positiven didaktischen Nutzen auch in die Routine-Programmierung eingehen werden.

In der folgenden Liste sind die wichtigsten bekanntgewordenen Test- und Trace-Möglichkeiten zusammengestellt.

Liste von Trace- und Programmtest-Kommandos

1. Variablen-Werte während Testlauf
   - Ausgabe bei verändertem Wert
     bei Verletzung von Grenzwerten, bei verbotenen Werten
     bei Verletzung von logischen Prädikaten

2. Variablenwerte vor und nach Testlauf zugreifen und verändern
   - Belegung von Variablen mit neuen Werten
   - Ausgabe aktueller Variablenwerte, selektiert oder vollständig in transparenter Druckdarstellung (Transparent-Dump),
   - Angabe von nicht veränderten, nicht benutzten Variablen bzw. nur geänderte bzw. benutzte Variable ausgeben.

3. Programmbereiche für Testläufe spezifizieren
   - Spezifikation zulässiger Bereiche, Verlassen wird angezeigt;
   - Spezifikation verbotener Bereiche, Eintreten wird angezeigt;
   - Spezifikation von zulässigen bzw. verbotenen Prozeduren und sonstigen Programmkonstrukten wie Schleifen etc.;

4. Ablaufstruktur erfassen und steuern
   - zulässige Testlauf-Startpositionen,
   - Zähler für Anzahl der Durchläufe einzelner Anweisungen,
   - Ausgabe beim Durchlaufen vorgemerkter Anweisungen,
   - Ausgabe vorgemerkter Prozedur-Aufrufe bzw. Prozeduren mit oder ohne Parameterwerte,
   - Schrittmodus (Einzelbefehl-Abarbeitung) zur Feinanalyse, Registerveränderungen usw.,

- Übergang in Schrittmodus bei bestimmten Bedingungen,
- Veränderung von Variablen und Anweisungen bei Zwischenstops von Testläufen,
- Direktrechenmodus bei Zwischenstops,
- Abarbeitungskeller inspizieren und verändern, z.B. dynamische und statische Verweiskette,
- Signalisierung impliziter Operationen, z.B. Rundung.

Beim Testen von Programmen in höheren Programmiersprachen wie z.B. Pascal, Lisp usw. scheinen manche der Testvorkehrungen etwas überzogen zu sein, aber für Assembler-Programme ist z.B. der Schrittmodus durchaus nützlich. Das Testen von Programmen wird z.B. von Barron (1971), Poole (1973) und Johnson (1977) behandelt.

4.3.5 APL, BASIC und typische Strukturen dialogorientierter Programmiersprachen

Zu den wichtigsten dialogorientierten Programmiersprachen zählen heute die funktionsorientierten Sprachen mit APL (siehe z.B. Giloi (1977)) als Hauptvertreter und LOGO (Feurzeig et.al. (1971)), PPL (Standish (1969), Taft (1972)) und neuerdings FORTH als Nebenentwicklungen. Daneben muß BASIC wegen großer Verbreitung genannt werden - es gehört aber nicht in die Klasse der funktionsorientierten Sprachen, sondern eher in die FORTRAN-Familie. Hervorragend dialogtüchtige Implementierungen von Lisp gibt es inzwischen auch durch INTERLISP (Teitelmann (1975)). Die dialogorientierten Sprachen sind so aufgebaut und implementiert, daß die schrittweise Entwicklung von Programmen wesentlich unterstützt werden kann. Dabei wird vorausgesetzt, daß der Benutzer sein spezielles Problem mehr oder weniger ausschließlich im Terminal-Dialog mit dem Rechner löst. Zu den spezifischen Dienstleistungen eines solchen Programmiersystems zählt man: Testläufe kleinerer Programmstücke (Moduln) zur Überprüfung der Richtigkeit, Inspektion der in Variablen momentan gespeicherten Werte, manuelle Veränderung von Variablenwerten, Start und Stop an vorgegebenen Programmpunkten, Ausdrucken zusätzlicher Informationen über den Programmablauf (Tracing), Zusammensetzen größerer Programme aus bereits erstellten und getesteten Einzelstücken, bequemes syntaxorientiertes Editieren von Programmstücken usw. Das System soll dem Benutzer eine schnellere und in jedem Zeitpunkt kontrollierbare Programmentwicklung ermöglichen. (Einen Vergleich interaktiver Programmiersprachen findet man z.B. in Schneider (1980).)

Im Mittelpunkt steht das menschliche Problemlösungsverhalten beim Programmieren. Es wird angenommen, daß häufig Fehler und Sackgassen zu überwinden sind, daß nur ständige Veränderungen, Analysen und Zwischenkontrollen schließlich zu einem akzeptablen Resultat führen.

Bei übersetzerorientierten Sprachen wie FORTRAN, COBOL und Pascal dominieren eher folgende Gesichtspunkte: Programmkorrektheit soll möglichst weitgehend vor dem Programmlauf überprüft werden; zur Laufzeit wird hohe Effizienz angestrebt; das Programm wird als eine evtl. in Moduln gegliederte Einheit aufgefaßt, dessen Entwicklung außerhalb des Programmiersystems erfolgt. Demgemäß gibt es kaum Testhilfen. Durch strukturiertes Programmieren, ausführliche Deklaration und statische Typenverfolgung sowie reichhaltige syntaktische Strukturierung wird der Programmierer (zu seinem eigenen Vorteil) diszipliniert, der Übersetzer kann das Programm weitgehend durchschauen und effizienten Maschinencode erzeugen. Der eigentliche Problemlösungsprozeß soll außerhalb des Programmiersystems erfolgen.

Direktrechenmodus

Die Existenz des Direktrechenmodus ist eines der wichtigsten Kriterien für dialogtüchtige Programmierumgebungen. Bei korrekter Implementierung werden nicht nur Tischrechenfunktionen sofort ausgeführt, sondern jede korrekte Anweisung der Programmiersprache wird so ausgeführt, wie wenn sie Bestandteil des aktuell bearbeiteten Programmes wäre.

Gerade diese letzte Bedingung - nämlich die Anbindung an das bearbeitete Programm - läßt sich bei blockstrukturierten (ALGOL-ähnlichen) Sprachen nur schwierig implementieren, weil die statische und dynamische Schachtelung von Vereinbarungen die Zuordnung der Variablen verkompliziert.

Ein korrekt implementierter Direktrechenmodus erlaubt es jederzeit, die Werte von Variablen abzufragen und zu verändern sowie Funktionsaufrufe elementar auszutesten. Damit sind bereits wichtige Möglichkeiten für das interaktive Testen gegeben.

Syntax von Ausdrücken

Ausdrücke in APL sind reine Operatorformeln mit der einfachst denkbaren Vorrangregelung. Die Syntax kann in BNF-Notation wie folgt spezifiziert werden:

```
<Operand>::=<Konstante>|<Variable>|
            <niladische Funktion mit Ergebnis>|
```

```
            (<Ausdruck>)
<Ausdruck>::=<Operand>| <monadischer Operator><Ausdruck>|
            <monadische Funktion mit Ergebnis><Ausdruck>|
            <Operand><dyadische Funktion mit Ergebnis><Ausdruck>|
            <Operand><dyadischer Operator><Ausdruck>
<Zeile>::=<Ausdruck>|
          <niladische Funktion ohne Ergebnis>|
          <monadische Funktion ohne Ergebnis>|
          <dyadische Funktion ohne Ergebnis>
```

Dabei muß zusätzlich festgelegt werden, daß ein Operator dyadisch anzuwenden ist, wenn dies möglich ist. Die Syntax definiert auch die für APL spezifische Vorrangsbehandlung korrekt: Die Operatoren werden entgegen den aus der Mathematik stammenden Gepflogenheiten von rechts nach links ohne Beachtung von Vorrang abgearbeitet. Also:

$$3 \times 4 + 8 = 36,$$
$$(3 \times 4) + 8 = 20.$$

Dies ergibt sich rein formal aus der Rechtsrekursion von <Ausdruck>, siehe auch Abschnitt 3.4.2. Man erreicht dadurch, daß der Interpreter sehr kompakt und effizient realisiert werden kann. Außerdem können die Wertzuweisung "←" und der Sprungbefehl "→" wie gewöhnliche Infix-Operatoren behandelt werden. Hätte man eine (für strukturiertes Programmieren erforderliche) reichhaltiger strukturierte Syntax gewählt, so wäre der Interpreter, der durch die Kommandosprache und die vielen eingebauten Operatoren schon relativ komplex ist, auf einen Umfang angewachsen, der kaum noch vertretbar gewesen wäre. LOGO in der Ur-Version löst dieses Komplexitätsproblem durch konsequente Präfix-Notation für alle Operatoren und für Prozeduraufrufe. Auch die Präfix-Notation begünstigt einen sehr kompakten Interpreter.

Wenn es bei arithmetischen Ausdrücken keine starken Traditionen geben würde, wäre die Präfix-Notation die ideale Lösung, da hier auch ohne Klammern selbst bei beliebigstelligen Operatoren bei der Evaluation keine Vorrangprobleme entstehen. FORTH geht im Interesse einer weiteren technischen Vereinfachung noch einen Schritt weiter und verwendet bereits im Quelltext reinen Postfixcode.

Funktionsdefinition und Software-Entwicklung

Bei den funktionsorientierten Sprachen (APL etc.) geschieht Software-Entwicklung dadurch, daß eine Menge aufeinander abgestimmter Funktionen (= Prozeduren, Unterprogramme) entwickelt wird. (BASIC hat wegen mangelnder Unterprogramm-Techniken hier schwere Defekte und ist allenfalls dann für Programme jenseits von etwa 100 Zeilen geeignet, wenn die Implementierung etwas ähnliches wie die Subroutines von FORTRAN erlaubt.)

Der bei Dialogsprachen angestrebte freie Wechsel zwischen Funktionsdefinition und testweiser Evaluation von Ausdrücken ist nur sinnvoll möglich, wenn Funktionen möglichst wenig mit der Umgebung zusammenhängen, also frei miteinander kombiniert werden können. Völlige Unabhängigkeit von der Umgebung liegt vor, wenn eine Funktion (Prozedur) folgenden Bedingungen genügt:

(1) Es wird keine globale Variable angesprochen oder gar verändert.

(2) Formale bzw. aktuelle Parameter haben nur Typen, die zum Standard der Sprache gehören und nicht etwa durch Typdeklaration erzeugt wurden.

(3) Es werden keine Funktionen aufgerufen, die nicht in der Sprache eingebaut sind.

(4) Es werden keine globalen Sprünge ausgelöst, alle E/A-Vorgänge nur über das Benutzerterminal abgewickelt, keine Synchronisierungen (Semaphore, Prozeßverzweigung etc.) aktiviert.

Unproblematisch sind lokale Variable sowie die (explizite) Parameterübergabe. Es zeigt sich also, daß die Blockstruktur ALGOL-ähnlicher Sprachen wegen statischer Schachtelung der Bezeichnungsebenen (globale Variable, globale Sprünge, begrenzte Gültigkeitsbereiche) im Dialog viele Probleme aufwirft. Ein weiteres Hindernis entsteht, wenn eine Dialogsprache mit benutzerdeklarierten Datentypen (z.B. Verbunde) ausgestattet werden soll.

Die genannten Probleme hat man in APL, LOGO und PPL so gelöst: Sprünge (Gotos) sind nur innerhalb des Rumpfes von Funktionen möglich. Wird eine lokale Variable mit der Bezeichnung XYZ eingerichtet, so werden alle sonstigen existierenden lokalen und globalen Variablen unzugänglich, die ebenfalls die Bezeichnung XYZ haben. Einfacher ausgedrückt: Nur die jeweils jüngste existierende Variable mit einer bestimmten Bezeichnung ist zugänglich, man spricht dabei auch von dynamischer Bezeichnerbindung (im Gegensatz zu der viel häufiger angewandten statischen Bindung).

Größere Programme werden zweckmäßigerweise so entwickelt, daß man aus bereits existierenden Teilfunktionen allgemeinere Funktionen zusammensetzt (Bottom-Up-Technik). Denn bei der Dialogführung müssen folgende Regeln beachtet werden:

(1) Bei der Programmierung neuer Funktionen sollten nur solche Funktionen benutzt werden, die bereits vorher definiert und getestet wurden. Nur bei diesem Vorgehen kann jede neu programmierte Funktion auch sofort realistisch getestet werden. Dieser hierarchische Aufbau vom Einfachen zum Komplizierten ist in der Mathematik ein beherrschendes und sehr erfolgreiches Prinzip. Im Gegensatz zum Top-Down-Vorgehen (vergleiche z.B. N. Wirth (1971)) wird dadurch garantiert, daß stets ein konsistenter Zwischenzustand vorliegt, denn jede geschaffene Funktion ist sofort evaluierbar, da es keine "offenen Stellen" in den Definitionen geben kann!

(2) Funktionen dürfen durch Neudefinition (Editieren) abgeändert bzw. völlig umgestaltet werden. An allen Stellen, wo die Funktion weiterverwendet wurde, gilt dann aber die neue und nicht etwa die alte Definition. Damit läßt sich auch der gegenseitige rekursive Aufruf von Funktionen realisieren, ohne Prinzip (1) zu verletzen.
(3) Alle einmal definierten Funktionen bleiben gültig, bis ein ausdrücklicher Widerruf erfolgt. Sie können überall ohne Einschränkungen verwendet werden, wo sie von Nutzen sind.
(4) Durch Evaluation von Ausdrücken (Direktrechenmodus) können sowohl einfache Rechnungen als auch beliebige Funktionsaufrufe mit Parametern durchgeführt werden.

Datenstrukturen und Dateien

Wichtigstes Zielkonzept dialogorientierter Sprachimplementierungen ist hier:
(1) Das Programmiersystem kann jedes vom Benutzer erzeugbare Datenobjekt transparent ausdrucken und sofort lesbar machen.
(2) Jedes erzeugbare Datenobjekt kann (ohne irgendwelche Konvertierungen) als Datensatz auf Dateien geschrieben (bzw. von Dateien gelesen) werden.

Beide Konzepte stellen also eine scharfe Absage an Oktal-, Hexadezimal- und ähnlich benutzerunfreundliche Wertedarstellungen dar. Zwar läßt sich - wie PPL demonstriert - die Typerweiterbarkeit insbesondere über Kombinationen von Record- und Reihungsstrukturen (ähnlich wie bei Pascal) so implementieren, daß die Konzepte (1) und (2) realisiert werden. Allerdings ist der Implementierungsaufwand erheblich. Es handelt sich daher eher um Forderungen für die Zukunft.

Klassische Dialogsprachen wie APL und LOGO bieten dem Benutzer ein vorgefertigtes, in der Typisierung nicht erweiterbares Konzept für Datenstrukturen. In APL sind für skalare Objekte (=unstrukturierte Datenobjekte) die Typen Boolean, Byte, Integer und Long Real vorgesehen. Als einzige Strukturierungsmöglichkeit wird die Reihung angeboten, die es dann erlaubt, Objekte der Struktur

Boolean Array [Origin:n_1, Origin:n_2,..., Origin:n_k],
Byte Array [Origin:n_1, Origin:n_2,..., Origin:n_k],
Integer Array [Origin:n_1, Origin:n_2,..., Origin:n_k],
Long Real Array [Origin:n_1, Origin:n_2,..., Origin:n_k],

zu bilden. Der Wert Origin kann durch Kommandos auf 0 oder 1 festgesetzt werden. APL wird besonders wegen der Vielzahl von Operatoren geschätzt, mit denen Matrizen ohne großen Programmieraufwand manipuliert werden können.

Im Originalentwurf von LOGO stehen String ("Word"), String-Listen ("Sentence") und dynamisch behandelte Bezeichner ("Names") zur Verfügung. Mit "Names" (verallgemeinertes Referenzprinzip) werden Variable und Geflechte realisiert. Durch das dynamische Typkonzept können Deklarationen genau wie bei APL entfallen. Gleichzeitig werden Typenbindungen bei Parametern vermieden, wodurch separates Testen von Funktionen, die aus ihrem Kontext gerissen sind, begünstigt wird. Bei kleineren Problemen bewährt sich dieses Vorgehen ganz gut, weil sehr kompakte, also wenig Tippaufwand erfordernde Funktionen bereits "viel leisten". Allerdings kann aus den Funktionen die Soll-Struktur der Daten kaum noch rekonstruiert werden, weil klärende Vereinbarungen fehlen. Die Programme werden also ziemlich unlesbar. Die Typenkorrektheit solcher Programme kann nicht mehr - auch nicht mit hohem Testaufwand - garantiert werden.

Im Falle von PPL wurde der Versuch gemacht, diesen Mangel durch Typendeklaration zu beheben. Dabei erweist sich fehlende Blockstruktur als hinderlich, weil alle Typdeklarationen globale Gültigkeit haben. Außerdem wird die für den Dialog wichtige Knappheit (Irredundanz) der Notation gefährdet und es entstehen viele statische Bindungen.

Ablaufstrukturen

Wie oben schon erläutert wurde, sind Sprachen wie APL, LOGO und auch BASIC syntaktisch einfach aufgebaut, damit sie durch einen nicht so komplexen Interpreter bewältigt werden können. Es fehlen insbesondere die für Goto-freies Programmieren wichtigen zusammengesetzten Anweisungen wie If-then-else-eif, Case-of-ecase, While-do-ewhile usw. Außerdem sollte die für Editierzwecke wichtige Zeilennumerierung bei Funktionsdefinitionen nicht mit der Programmstruktur (APL, LOGO: Sprungmarken) verknüpft sein.

Mit reichhaltigerer syntaktischer Struktur wächst die Lesbarkeit der Programme wesentlich, man vergrößert allerdings auch den Tippaufwand, wodurch der Dialogeinsatz wieder etwas leidet. Bei tief geschachtelten syntaktischen Strukturen kommt aber das Bindungsproblem (Unabhängigkeit vom Kontext) wieder ins Spiel. Funktionen sind jedoch meistens so klein, daß ihr Rumpf ohnehin nur aus wenigen Anweisungen besteht, so daß die Strukturierung weit weniger Vorteile als bei Übersetzersprachen bringt.

4.3.6 Die Interpreter-Übersetzer-Problematik

Insbesondere beim partiellen Testen von Programmen und beim Implementieren der dafür notwendigen Überwachungs- und Eingriff-Funktionen sind spezielle Techniken erforderlich. Bei interpretierender Abarbeitung der zu testenden Programme lassen sich diese Probleme am besten bewältigen. Allerdings leidet darunter die CPU-Effizienz gelegentlich sehr stark. Dieser Problemkreis soll daher etwas genauer abgehandelt werden.

Inkrementelles Übersetzen

Wenn mit Hilfe eines gewöhnlichen Übersetzers ein Programm im Dialog getestet werden soll, so muß nach jeder Änderung im Programm ein neuer Übersetzungslauf durchgeführt werden, bevor wieder ein Testlauf mit dem geänderten Programm möglich ist. Nicht geänderte Programmzeilen werden so überflüssigerweise oftmals übersetzt, obwohl man mit relativ einfacher Umorganisation den einmal erzeugten Code so lange aufheben könnte, bis tatsächlich eine neue Übersetzung notwendig wird. Dies ist die Grundidee des inkrementellen Übersetzens. Dabei wird stets nur stückweise Code für die tatsächlich auszuführenden Anweisungen und Vereinbarungen erzeugt, und die erzeugten Code-Stücke werden so lange aufgehoben, wie sie noch gültig sind. Durch Änderungen im Programm werden ja meist nur wenige Stellen im Code änderungsbedürftig. Das Verfahren setzt voraus, daß eine Symboltabelle geführt wird, in der alle explizite oder implizite vereinbarten Objekte des Programmes verzeichnet sind.

Das inkrementelle Übersetzen wird in der älteren Literatur mehr oder weniger nachdrücklich als Ideal-Lösung empfohlen, da jeder überflüssige Übersetzungsaufwand vermieden wird und eine ähnlich gute CPU-Laufzeit wie bei Code-Übersetzern erreicht werden kann. Nachteilig ist der hohe Implementierungsaufwand, mangelnde Portabilität, relativ großer Speicherbedarf wegen des umfangreichen Übersetzers. Auch ergeben sich oft prinzipielle Schwierigkeiten, bei komplexeren Betriebssystemen den Prozessor auf die kurzen Code-Stücke anzusetzen. Daher hat das Verfahren trotz mancher bestechender Eigenschaften kaum praktische Verbreitung gefunden. Eine Variante stellt das Wegwerf-Übersetzen (throw-away compiling) von Brown (1976) dar.

Zwischencode-Interpretation

Das Verfahren ähnelt dem der Übersetzung in Maschinencode, jedoch wird statt Maschinencode ein auf die Programmiersprache abgestimmter Zwischencode (Zwischensprache) erzeugt und statt des Hardware-Prozessors führt ein Programm (programmierter Prozessor) den Zwischencode aus. Für das Dialog-Programmieren muß die Methode noch modifiziert werden. Eine recht empfehlenswerte Struktur ergibt sich z.B., wenn das inkrementelle Übersetzen und die Zwischencode-Interpretation kombiniert werden können.

Durch geschickte Wahl des Zwischencodes kann der Übersetzungsteil wesentlich vereinfacht und der Speicherbedarf für Code-Stücke erheblich gesenkt werden. Sprachen mit komplizierten Operationen und dynamischen Bindungen (z.B. APL, SNOBOL) können nur auf diese Art mit vertretbarem Aufwand implementiert werden. (Eine Übersetzung in Maschinencode würde bei derartigen Sprachen ohnehin dazu führen, daß der erzeugte Code im wesentlichen aus einer Folge von Unterprogrammaufrufen bestehen würde.)

Überwachungsfunktionen zur Laufzeit (Testläufe, Tracing, Variablen-Werte usw.) sind leicht in den programmierten Prozessor einzubauen. Die Implementierung kann vollständig portabel gestaltet werden und der Implementierungsaufwand ist niedrig einzustufen, wenn z.B. der integrierte Übersetzer-Interpreter in einer weit verbreiteten Compiler-Sprache (FORTRAN, Pascal) geschrieben wird.

Das Verfahren spielt heute in der Praxis eine dominierende Rolle für portable bzw. experimentelle Programmiersysteme. Je nach Art der Übersetzung und Interpretation unterscheidet man noch die reinen (auf Maschinencode hin orientierten) Zwischencode-Systeme und die abstrakten Maschinen. Letztere sind dadurch gekennzeichnet, daß sie eine ausgefeilte innere Struktur aufweisen, also z.B. feste Registersätze, automatische Kellerorganisation, Speicherbereinigung usw.

Beispiele dieser Methode finden wir in vielen BASIC-Systemen, bei LISP, EULER (Wirth, Weber (1966)), LEKTOR (Schmitt und Hummel (1976), Hummel (1976)), Pascal-S (Wirth (1975)) usw. Das sehr bekannt gewordene Pascal-P-System (Nori, Ammann, Jensen, Nägeli (1974)) hat einen beispiellosen Siegeszug um die Welt angetreten und der Programmiersprache Pascal überall Tür und Tor geöffnet. Selbstverständlich werden Sprachimplementierungen heute fast immer mit Hilfe einer geeignet definierten Zwischensprache durchgeführt, um die wesentlichen Teile des Übersetzers von Maschinendetails freizuhalten und die Codeerzeugung einfach an unterschiedliche Hardware anpassen zu können.

Quelltext-Interpretation

Hier wird nur der Programm-Text für die interpretative Ausführung herangezogen. Der Text wird gewöhnlich intern kompaktifiziert (Wortsymbole = 1 Byte Speicherbedarf) und für die Interpretation aufbereitet, kann aber für die Ausgabe wieder mühelos expandiert werden. Übersetzung (z.B. Ausdruck-Analyse), Interpretation und Führung der Symboltabelle (Variablenlisten etc.) sind ineinander integriert. Durch den Wegfall des zu speichernden Zwischencodes ergeben sich strukturelle Vorteile wie größere Homogenität und geringer Speicherbedarf. Nachteilig ist dagegen, daß jede Anweisung, die ausgeführt werden soll, erst entschlüsselt werden muß, was in der Komplexität etwa dem Übersetzen der Anweisung entspricht. Die Quelltext-Interpretation ist hauptsächlich bei APL (Breed und Lathwell (1968)), LISP (Mc Carthy (1960)) und BASIC (Brown (1979), Basic-Interpreter der Firma Microsoft für Mikroprozessoren) in ständiger Anwendung. Selbstverständlich werden auch fast alle Kommandosprachen auf diese Art abgearbeitet.

Relative Laufzeiteffizienz

Interpreter stehen - in vielen Fällen übrigens völlig unberechtigt - im Ruf, sehr CPU-ineffizient zu sein. Die von einem Interpreter verbrauchte CPU-Rechenzeit für die Ausführung eines Programmes P setzt sich aus folgenden Anteilen zusammen:

Ü1(P) = Zeitanteil für Syntaxanalyse und Übersetzung in Zwischencode bzw. Maschinencode vor der Programmausführung,

Ü2(P) = Zeitanteil für Syntaxanalyse und Übersetzung während der Programmausführung,

E(P) = Entschlüßlungsaufwand für Zwischencode bzw. Operationen,

N(P) = Ausführungszeit der Nutz-Operationen.

Wirksame Zeitanteile bei gewöhnlicher Übersetzung in Maschinencode (einschließlich einmaliger Programmausführung) sind

$$T(P):=Ü1(P)+N(P),$$

da Ü2(P) und E(P) in diesem Falle verschwinden.

Zwischencodeübersetzer mit anschließender Interpretation liefern

$$T(P):=O1(P)+E(P)+N(P),$$

während Quelltext-Interpreter schließlich eine Zeitzerlegung gemäß

$$T(P):=Ü2(P)+E(P)+N(P)$$

verursachen. Der relative Laufzeitfaktor LZF(P) ist gemäß

$$LZF(P):=\frac{Ü2(P)+E(P)+N(P)}{N(P)} \text{ bzw. } LZF(P):=\frac{Ü1(P)+E(P)+N(P)}{N(P)}$$

definiert und liefert in der Praxis Werte von knapp über 1.0 bis ca. 1000 (in extremen Fällen).

Da die Quelltext-Interpreter ständig Syntaxanalyse- und Übersetzungsleistung erbringen müssen, ist dieser Anteil oftmals stark dominierend, z.B. bei Programmschleifen. Reine Zwischencode-Systeme sind in bezug auf Ü1(P) mit normalen Übersetzern in Maschinencode vergleichbar. Bei ihnen kommt es darauf an, ein günstiges Verhältnis zwischen E(P) und N(P) zu erreichen. Hier gilt nun folgende allgemeine Gesetzmäßigkeit: Wenn die Nutz-Operationen durch schnelle (verdrahtete) Befehle ausgeführt werden können, muß mit einem Laufzeitfaktor LZF(P) von 5 bis 15 gerechnet werden. Müssen jedoch die Nutzoperationen so oder so durch Unterprogramme, also langdauernde

Befehle, abgewickelt werden, so erreicht man leicht Werte für LZF(P) von 1 bis 1.2. Schnelle Befehle sind z.B. auf Großrechnern die Arithmetik. Aus der Tabelle 4.3-1 geht hervor, daß BASIC-Programme unter diesen Verhältnissen "nur" mit einem Laufzeitfaktor von etwa 8 interpretiert werden können. Auf heutigen Mikrorechnern sind die Gleitpunkt-Operationen durch "langsame" Unterprogramme realisiert. Daher kann BASIC auf solchen Rechnern mit einem Laufzeitfaktor von ca. LZF 1.3 interpretiert werden. Bei APL ist seit langem bekannt, daß Programme mit vielen komplexen Matrix-Operationen auch auf Großrechnern günstige Werte um 2 erreichen, daß aber z.B. eine ausprogrammierte Matrix-Multiplikation (3 geschachtelte Schleifen in mehreren Zeilen) zu einem LZF-Wert von ca. 1000 führen kann.

Programmtyp	a1 BASIC-Interpreter laden + Testprogramme in Zwischencode übersetzen	a2 BASIC-Programm interpretativ ausführen	b1 FORTRAN-Übersetzer laden + Testprogramme + übersetzen laden	b2 FORTRAN-Programm ausführen
Leeres Programm	0.527	0.008	1.447	0.003
Arithmetische Ausdrücke	0.737	57.419	1.737	15.349
Eingebaute Funktionen (Sinus, Cosinus, usw.)	0.836	0.761	1.666	0.249
DO-(FOR) Schleife	0.744	17.624	1.504	1.730
Indizierte Variable (4 Indizes)	1.067	1.002	1.834	0.071

Abbildung 4.3-3:

Ergebnisse eines Geschwindigkeitsvergleiches zwischen einem experimentellen BASIC-Interpreter (Übersetzung und Zwischencode-Interpretation) und FORTRAN-Übersetzer. Die Testprogramme waren mit Ausnahme des leeren Programmes ca. 20 bis 30 Zeilen lang, die FORTRAN-Version wurde durch äquivalente Formulierung des BASIC-Programmes gewonnen. Die angegebenen Zahlenwerte sind CPU-Sekunden auf UNIVAC 1108, gemessen 1971. Der BASIC-Interpreter ist genau in dem gleichen FORTRAN-System in Maschinencode übersetzt worden. Bei der reinen Ausführungszeit ergeben sich folgende Verhältniszahlen zwischen FORTRAN und BASIC-Interpreter:
Arithmetik 1:4, Einbaufunktionen 1:3, indizierte Variable (4 Indizes) 1:15, FOR-Schleife 1:10.

Da der FORTRAN-Übersetzer für das Laden etwa 1.4 CPU-Sekunden (vgl. leeres Programm), der BASIC-Interpreter aber nur 0.5 benötigt, ist der BASIC-Interpreter bei kurzen Programmen mit Ausführungszeiten ≤ 0.8 Sekunden schneller als das FORTRAN-System. Ganz ähnliche Beobachtungen hat Wirth (1975) bei Pascal-S gemacht.

4.3.7 Zukunft des interaktiven Programmierens

Die interaktive Arbeitsweise ist beim Programmieren inzwischen weit verbreitet, allerdings ist die Bedeutung der dialogorientierten Sprachen wie APL, PPL, LOGO eher gesunken als gestiegen. Hingegen hat sich BASIC als Einstiegssprache zur Lösung einfacherer Programmierprobleme zumindest auf kleinen Einbenutzer-Systemen durchgesetzt. Das ist auch verständlich, wenn man bedenkt, daß ein z.B. mit 50 Zeilen BASIC bequem zu lösendes Problem (ohne Dateien, ohne Durchgriff auf spezielle Hardware-Funktionen) wohl in keiner Sprache schneller als in BASIC zu schaffen ist. Der Einsatz von BASIC zur Lösung von Kleinproblemen ist kostenmäßig außerordentlich günstig, wenn die Gesamtkostensituation (also Rechner + Software + Lernaufwand + Arbeitszeit) betrachtet wird.

Trotz aller Erweiterungen ist BASIC ebenso wie APL, PPL und LOGO nicht geeignet, die professionelle Softwareerstellung wesentlich zu unterstützen. Denn es ist schwierig, sehr große Programme modular zu strukturieren, gut lesbar zu gestalten und zu dokumentieren und die unterschiedlichsten Anschlüsse an Betriebssysteme bzw. Hardware-Strukturen zu programmieren. Das liegt einerseits an mangelnder Ausdrucksfähigkeit in den Sprachen selbst und andererseits an den Interpreter-Implementierungen. Komplexere Problemlösungen werden weiterhin in gebräuchlichen übersetzerorientierten Sprachen programmiert, also in COBOL, FORTRAN, Pascal, PL/I und oft auch noch in Assembler-Code, insbesondere bei vielen Kleinsystemen. Der Programmier-Spezialist kann leicht auf Syntax-Hilfen und manche Testhilfen verzichten. Daher sind nur wenige dialogtüchtige Programmiersysteme für solche Sprachen verbreitet. Im Prinzip ist es - wenn auch mit nicht geringem Implementierungsaufwand - möglich, ein interpreterorientiertes, hoch dialogfähiges Programmiersystem auch für solche Sprachen zu erstellen. Die Zukunft wird aber eher einzelne Hilfen in der Programmierumgebung als komplette Neulösungen bringen.

Einige besonders auf Arbeitsplatzrechner bzw. kleine Einbenutzersysteme zugeschnittene Programmiersysteme - erwähnt sei besonders UCSD-Pascal - bestimmen heute die Entwicklung. Die Software-Erstellung kann in der Tat in absehbarer Zeit fast vollständig auf Arbeitsplatzrechner verlagert werden, denn bereits mit einem einfachen Betriebssystem (z.B. UNIX), einem guten Texteditor und einem Pascal-Übersetzer hat der Spezialist das notwendige Werkzeug zusammen - er benötigt dann nur noch Bildschirm und Tastatur, Datenübertragung (z.B. V24-Schnittstellen) und zeitweilig einen Drucker. Zu den Anfängen dieser Entwicklung sind z.B. auch Brinch Hansen (1976) und die LEKTOR-M-Entwicklung (Hummel (1978)) zu zählen, aber insbesondere auch die Entwicklungen bei Xerox (siehe z.B. Smith et.al. (1982)) und Wirths

LILITH (Wirth (1981) und (1982)).

Das Programmieren als geistige Tätigkeit kann aber wohl kaum für lange Zeiten auf dem heutigen, durch ADA präzise dokumentierten Stand der Ausdrucksfähigkeit verharren. Erfahrungen mit LISP und Künstlicher Intelligenz, Programmieren mit Prädikatenkalkül und z.B. auch die SETL-Entwicklung (Schonberg, Schwartz (1981)) weisen darauf hin, daß ausdrucksfähigere Sprachen kommen müssen und kommen werden. In diese Richtung weist z.B. PROLOG (Kowalski (1979), Clocksin und Mellish (1981)). Allerdings wird erst dann ein breiter Bedarf für ausdrucksfähigere Sprachen entstehen, wenn die heutigen in der Programmierung vorherrschenden Probleme (System- und Software-Entwicklung, Anwendungen ohne komplizierten algorithmischen Hintergrund) sich substantiell gewandelt haben werden.

Für die heutige Entwicklung interaktiver Programmiersysteme sind aus professioneller Sicht folgende, bereits von Rohlfing (1976, 1978) sehr gut herausgearbeiteten Konzepte unverzichtbar:

CPU-Effizienz-Konzept: Für die fertigen, im Dialog erstellten Programme muß im Einzelfall eine effiziente Übersetzung in Maschinencode möglich sein.

Modularisierungs-Konzept: Die Aufgabenstellung muß in kleine, gut überschaubare und separat testbare Moduln zerlegbar sein.

Standard-Programmiersprachen: Im Interesse der Standardisierung von Software sollten keine spezialisierten Programmiersprachen verwendet werden.

Die Zukunft des Programmierens aus neuerer Sicht wird in Wassermann und Gutz (1982) ausführlich diskutiert. Dabei wird bereits weitgehend unterstellt, daß die Programmierung in Zukunft immer stärker durch interaktiv nutzbare Werkzeuge unterstützt werden muß, um so die Kosten der Software-Entwicklung wirksam zu begrenzen. (Hierzu vergleiche als Beispiel Pernards (1981)). Werkzeuge wie Editoren, strukturierte Modul-Bibliotheken, Transparent-Debugger usw. müssen aber auf immer höherem (abstraktem) Niveau organisiert werden, um einen weiteren Produktivitätsfortschritt erzielen zu können.

Für Standard-Anwendungsgebiete wie z.B. Verwaltung strukturierter Daten-Records mit allgemeinen Methoden können Systeme entwickelt werden, die vom Anwender durch einen Anpassungsdialog auf die jeweiligen Detail-Bedürfnisse parametrisiert werden. Der Benutzer definiert also, wie sein System arbeiten und funktionieren soll, und zwar durch einen transparenten selbsterklärenden Dialog. Derartige deutlich erkennbare Entwicklungen - sie kommen in Abschnitt 4.5 ebenfalls zur Sprache - führen zu neuen abstrakteren Formen des interaktiven Programmierens: Der Dialog dient hier weniger dem Programmieren als der Spezifikation des gewünschten Systemverhaltens auf einer höheren Stufe.

4.4 RECHNERGESTÜTZTES KONSTRUIEREN (CAD)

4.4.1 Rechnerunterstützung der Konstruktionsaufgabe

Beim rechnergestützten Konstruieren (CAD) dominiert das Entwurfsmotiv, wir haben es also mit einem Entwurfssystem im Sinne unserer Klassifikation von Dialogsystemen zu tun. Die folgende Abhandlung soll verdeutlichen, wie aus recht allgemeinen Überlegungen zur Konstruktion solcher Systeme eine Vielzahl detaillierter Einsichten gewonnen werden kann.

Beim rechnergestützten Konstruieren (CAD) denkt man in erster Linie an den Dialog des Konstrukteurs mit einem dialogfähigen System. Der graphische Dialog-Arbeitsplatz spielt dabei eine wesentliche Rolle. Allerdings kommen gelegentlich auch CAD-Anwendungen vor, bei denen ein Dialog überflüssig ist. In manchen Fällen gelingt es nämlich, für die thematisch klar umrissene Konstruktionsaufgabe einen Konstruktionsalgorithmus zu implementieren, der alle Anforderungen an die Konstruktion befriedigt. Die Details der gewünschten Konstruktion werden dem Algorithmus in geeigneter Codierung mitgeteilt und der Algorithmus berechnet dann eine Lösung - im Stapelbetrieb. Dieses Verfahren ist typisch für Dienstleistungssysteme. Es ist aber nur in solchen Fällen anwendbar, wo der direkte Eingriff des Konstrukteurs in den Konstruktionsprozeß überflüssig ist, etwa bei einfachen, immer wiederkehrenden Optimierungen von Bauteilen. Beispiel: Rechnergestützte optimale Plazierung von Bausteinen auf Leiterplatten, wenn die Schaltung als solche schon gegeben ist (siehe z.B. Koller und Nett (1982)). Zwar erscheint eine Kontrolle des Plazierungsergebnisses durch den Konstrukteur nicht ganz überflüssig, aber bei genauer Festlegung der Ziele sollte die Optimierungsaufgabe in der Regel von einem guten Algorithmus besser beherrscht werden können als vom menschlichen Konstrukteur. Zu ähnlichen Anwendungen in der Architektur siehe z.B. Buchanon (1981).

Situationen wie beim optimalen Plazieren einer Vielzahl von Baugruppen oder wie beim Stundenplanentwurf für größere Schulen sind jedoch nicht typisch für CAD-Dialoge. Der Dialog ist immer dann notwendig, wenn ein Konstruktionsalgorithmus entweder nicht hinreichend präzise bekannt ist oder wenn seine Implementierung insgesamt zu teuer wäre. Da Entwicklung, Erprobung und Pflege von Spezialsoftware für die automatische Konstruktion unter Umständen kostspielig werden kann, erweist sich letztendlich der Dialog oft als die bessere Lösung.

Beim typischen CAD-Dialog sollte eine optimale, kostensparende Arbeitsteilung zwischen Rechner und Konstrukteur angestrebt werden. Da es letztendlich um den Entwurf von Produkten (zunächst nur in Datenform) geht, haben wir es grundsätzlich mit einem Entwurfssystem zu tun. Typisch für die bisherige Entwicklung solcher Systeme ist die enge Kopplung an das Anwendungsgebiet. Ein CAD-System für den Maschinenbau ist völlig ungeeignet für Architekten. Ein gutes Architektur-System erweist sich im Industrie-Anlagen-Bau möglicherweise als unzureichend. Selbst hochentwickelte, für allgemeine CAD-Anwendungen konzipierte Systeme bieten offensichtlich nicht genügend Anpassungsfähigkeit. Jedes Design-Gebiet hat eigene graphische Symbole, vielfältige Normvorschriften sollen eingehalten werden. Das alles kann nicht in ein einzelnes Software-Paket hineingesteckt werden.

Der im CAD engagierte Konstrukteur dürfte aufgrund erheblicher Sachkompetenz (Vorwissen) nach kurzer Einarbeitungszeit mit dem neuen Arbeitsstil an einem CAD-System vertraut sein. Das bedeutet aber: Er wird rasch zum trainierten Benutzer und stellt dann zunehmend die Forderung, effizienter mit dem System arbeiten zu können, wobei die Benutzerfreundlichkeit für ihn zweitrangig wird. "Effizienter arbeiten" heißt aber "semantisch mächtigere Kommandos", stärkere Abkürzungsmöglichkeiten, kürzere Antwortzeiten und insgesamt mehr intelligente Systemleistungen. Der Aufbau der Kommandosprache muß ansonsten in ihrer Terminologie und bei den Parametern an die fachspezifischen Normen und Regeln angepaßt sein, sonst - so befürchten viele Autoren - ist die Akzeptanz des CAD-Systems ernstlich gefährdet.

Das CAD-System sollte stets als ein Glied in einem weit größeren Gesamtsystem gesehen werden. Sogenannte Insel-Lösungen sollen nach Möglichkeit in integrierte Gesamtkonzeptionen umgesetzt werden. (Dieses Problem wird z.B. von Thieme (1980) besonders angesprochen.) Produktionsdaten, Fertigungswerkzeuge bis hin zu NC-Lochstreifen sowie schließlich Prüfungen bzw. Qualitätskontrollen hängen schließlich unmittelbar mit der CAD-Aufgabe zusammen. Auch hier sind selbst bei ähnlichen Aufgabenstellungen große Unterschiede im Gesamtsystem zu verzeichnen, was zu sehr unterschiedlichen Anforderungsprofilen führt. Trotz aller Unterschiede im Detail haben wir aber doch auch viele Gemeinsamkeiten vorliegen, so daß es lohnend erscheint, die Teilaktivitäten von CAD-Systemen nach dem Muster der Entwurfssysteme zu analysieren.

4.4.2 Analyse der Teilaktivitäten und Systemschwerpunkte

Bei Entwurfssystemen spielen die zu entwerfenden Datenobjekte eine zentrale

Rolle. Die Haupt-Aktivitäten sind das Einschleusen in das Dialogsystem, das Speichern, Verändern, Inspizieren und Verifizieren sowie das Ausschleusen aus dem System.

Datenobjekte hoher Komplexität

Im Vergleich zu Texteditoren werfen die Datenobjekte beim CAD einige zusätzliche Probleme auf. CAD-Objekte können oft nur dadurch wirklichkeitsnahe beschrieben werden, daß man eine Vielzahl von Attributen (=Eigenschaften) und Merkmalen in den Daten codiert. Insbesondere ist die geometrische Gestalt oft nur mit ausgefeilten Techniken zu präzisieren. Aus der graphischen Datenverarbeitung sind einige Methoden bekannt, wie die meist dreidimensionalen Körper in Datenstrukturen gefaßt werden können. Körper lassen sich z.B. durch eine einzige, ihre Oberfläche definierende Gleichung $F(x,y,z) = 0$ darstellen. Aus einzelnen Flächenstücken kann ein komplizierterer Körper zusammengesetzt werden. So definiert z.B. das folgende System von 3 Flächenstücken (2 Halbkugeln, 1 Zylindermantel) einen dicken zigarrenförmigen Körper:

$$
\begin{aligned}
&(x+1)^2 + y^2 + z^2 - 1 = 0 && \text{für } x \leq -1, \\
&y^2 + z^2 - 1 = 0 && \text{für } -1 < x < +1, \\
&(x-1)^2 + y^2 + z^2 - 1 = 0 && \text{für } x \geq 1.
\end{aligned}
$$

Die Manipulation, ja bereits die Speicherung solcher Gebilde erfordert komplizierte Verfahren, wenn beliebige stückweise zusammengesetzte Körper bewältigt werden sollen. Besser geeignet ist daher ein auf wenigen Grundbausteinen beruhendes Baukastensystem zur geometrischen Modellierung, z.B. Quader, Kugelabschnitte, Zylinder- und Paraboloid-Körper. Damit lassen sich aber nicht alle im Maschinenbau vorkommenden Teile korrekt modellieren, während in der Architektur mit solchen Grundbausteinen schon manches zu erreichen ist. Bei stetig gekrümmten Oberflächen wie z.B. bei Autokarosserien hilft nur ein Stützstellenverfahren. Dabei definiert eine größere Anzahl von Punkten im Raum nach festgelegten Regeln eine glatte Außenhaut.

Bereits die präzise Umsetzung der Geometrie in Datensätze wird also zu einem nicht zu unterschätzenden Problem. Allerdings sind noch weitere Attribute zu beachten. Eine zylinderförmige Vertiefung in einem 3D-Objekt kann z.B. ein eingeschnittenes Schrauben-Gewinde darstellen. Die Vertiefung weist also ein Gewinde-Attribut auf. Material-Attribute, zulässige Oberflächen-Rauhigkeiten, wichtige Bemaßungsstrecken sowie Hinweise auf Normen und sonstige Konstruktionsmerkmale sind möglicherweise bei einzelnen Teilen wichtige Attribute, bei anderen wiederum überflüssig. Die geschilderten Umstände führen letztendlich zu einem echten Datenproblem. Das Speichern und der gezielte Zugriff zu den Datenattributen von Objekten ist, wie deutlich geworden sein sollte, bereits ein programmiertechnisch beachtliches Problem, das mit der noch häufig eingesetzten Programmiersprache FORTRAN kaum systematisch zu lösen ist. Selbst mit den Varianten-Records von Pascal ergeben sich ernste Schwierigkeiten, die nur über starke Nutzung von Verzeigerungen (Pointer-Typen) lösbar erscheinen.

In diesem Zusammenhang darf auch an die Beziehungen der Einzelteile einer Maschine zueinander erinnert werden, wie sie z.B. in einem Explosionsbild häufig dargestellt wird. Die rein geometrischen Daten sind noch nicht ausreichend, um solche Darstellungen zu berechnen, vielmehr wird auch die Montagereihenfolge notwendig sein, um gute Explosionsbilder zu erhalten.

Einschleusen von Datenobjekten

Die verhältnismäßig komplizierten Strukturen der Datenobjekte bedingen bei allen Operationen eine gewisse logische Kompliziertheit. Wenn z.B. Datenobjekte unterschiedlicher Struktur aber mit gleichem semantischem Gehalt zwischen verschiedenen Systemen (über Datenträger) ausgetauscht werden sollen, muß ein Umsetzungsalgorithmus tätig werden. Die physikalische Lesbarkeit von Datenträgern, die z.B. bei Texteditoren fast immer ausreicht, um Texte aus Fremdsystemen einzuschleusen, ist zwar auch bei CAD-Systemen notwendig. Aber die gelesenen Rohdaten müssen zusätzlich interpretiert und umgesetzt werden, damit sie in ihrer Struktur mit dem neuen System kompatibel sind. Große Schwierigkeiten entstehen durch unzureichende Attributspezifikationen. Wenn z.B. mit Digitalisier-Einrichtung (oft Bestandteil von CAD-Arbeitsplätzen bzw. Zeichentischen) vorhandene Zeichnungen verdatet werden sollen, wobei praktisch nur 2D-Koordinatenwerte erfaßt werden können, so müssen die noch fehlenden Attribute nachgeliefert werden. Die Benutzerschnittstelle wird also nicht ohne einige ausgefeilte Kommandos zur Nachspezifikation von Attributen auskommen können. Überhaupt deuten die angesprochenen Probleme darauf hin, daß die Kommandosprache auch ohne Graphik-Interaktion - also allein durch textuelle Kommando-Formulierungen - jedes beliebige Objekt definieren können sollte. In der Praxis wäre es manchmal ein großer Vorteil, wenn CAD-Objekte durch eine Folge von rein textuell angelieferten Kommandos spezifiziert werden könnten. Bei einigen Systemen ist das auch möglich.

Speichern von Datenobjekten

Die Struktur der Daten legt es bei größeren Systemen nahe, ein Datenbank-Konzept für die langfristige Speicherung der Konstruktionsdaten zu wählen, man vergleiche etwa Grabowski und Eigner (1979). Man kann allerdings mit Hilfe eines leistungsfähigen indexsequentiellen Dateisystems und baumartig organisierter Schlüsselmenge eine für die Praxis oft völlig ausreichende einfachere Organisation der Daten wählen. Die Schlüssel der Einzelteile sind hierarchisch auf alphanumerischer Basis gezielt festgelegt, so daß sich in der Gesamtkonstruktion ein klares Ordnungsprinzip ergibt; z.B. so:

WS3000000 = Wohnsiedlung 3
WS3H50000 = Haus 5
WS3H5W800 = Wohnung 8
WS3H5W8G0 = Grundriß (2D)
WS3H5W8K0 = Küche (3D)

Die Schlüssel müssen im Dialog nicht voll angegeben werden, denn fehlende Präfixteile werden automatisch aus Standardwerten ergänzt, ebenso Mengen von Objekten, wenn z.B. mit der Schlüsselmenge WS3H5W*K0 die Lage sämtlicher Küchen in Haus 5 (dreidimensional) angeschaut werden soll. Beziehungen von Objekten untereinander sind im jeweiligen Datensatz (durch Schlüssel-Angaben) codiert. Offensichtlich entsteht bei realistischen CAD-Anwendungen recht bald auch ein Massendaten-Problem, denn die zu speichernde bzw. evtl. für Archivzwecke zugreifbare Datenmenge wächst schnell auf viele Millionen Byte an.

Verändern, Inspizieren und Verifizieren von Objekten

Gestaltsänderungen sowie Attribut-Modifikation sind zwar zunächst nur mit dem einzelnen Datensatz durchzuführen. Aber wie bei vielen komplexen Tätigkeiten dürfen dabei die Randbedingungen nicht verletzt werden. Diese sind beim typischen Konstruktionsvorgang so komplex, daß der Rechner immer nur wenige Schnittstellenbeziehungen automatisch überprüfen und gegebenenfalls korrigieren kann. Die Inspektions-Aufgabe wird in fast allen Fällen sowohl eine graphische Darstellungsfunktion der Objekte (falls 2D- oder 3D-Gestaltdaten vorliegen) als auch eine rein alphanumerische Attributwiedergabe enthalten müssen. Inspektion bedeutet aber noch erheblich mehr: Wie sieht die Konstruktionszeichnung aus, die das Zeichengerät liefert? Wie sieht das konstruierte Einzelteil in seiner relevanten Konstruktionsumgebung aus? Welche aus den Attributen ableitbaren Sekundär-Daten (z.B. Festigkeit, Schwing-Verhalten und Resonanz-Frequenzen, Gewicht, Volumen, Temperatur-Verhalten, usw.) sind von Interesse? In zukünftigen CAD-Systemen werden durch Bilderzeugungs-Software sehr realistische Halbton-Farbbilder von Einzel-Objekten und der ganzen Konstruktion möglich sein. Die weitere Verbilligung von Speicherbausteinen wird es erlauben, die Möglichkeiten des Farbraster-Bildschirms voll auch für die Inspektionsfunktion zu nutzen. Die Bilderzeugung ist natürlich auch für die Dokumentation von Interesse, im Konstruktionsprozeß selbst bringt sie aber nur in solchen CAD-Bereichen echte Vorteile, wo die Form- und Detail-Gestaltung von Objekten wichtig ist.

Es ist schon erwähnt worden, daß in manchen Fällen eine Konstruktion wegen klarer objektivierbarer Kriterien algorithmisch verifiziert werden kann. Das gilt besonders für elementare Optimierungsaufgaben mit wohlverstandenem mathematischem Hintergrund, z.B. Plazierungsprobleme. Gesamt-Verifikationen sind jedoch - das liegt in der Natur der Sache begründet - äußerst selten überhaupt möglich. Man wird daher Algorithmen für einzelne Qualitäten der Konstruktion bereitstellen. Typische Beispiele aus dem Maschinenbau sind Belastungs- und Verformungsverhalten von Maschinenteilen, zulässige bzw. für die Montage und Funktion wichtige Mindest-Passtoleranzen, Energiebedarf für Antrieb, Überhitzungsverhalten usw. Selbstverständlich steht hier ein starkes Dienstleistungsmotiv im Hintergrund. Manche Verifikation ist aber algorithmisch so umfangreich - z.B. Finite-Elemente-Methoden -, daß sie zwar im Dialog formuliert und angestoßen, aber evtl. nur im Stapelbetrieb abgewickelt werden kann.

Ausschleusen von Objekten

Diese Teilaktivität ist eine der wesentlichsten beim CAD überhaupt, hängt doch der Erfolg des CAD-Systems entscheidend davon ab, ob es gelingt, die im Rechnerdialog entwickelten Konstruktionsergebnisse in das Betriebsgeschehen umzusetzen. Diese Teilaufgabe ist z.B. deutlich schwieriger als beim Texteditieren und beim Programmieren. Denn das CAD-System ist nur ein Glied in einem komplexeren Produktionssystem und muß demnach mit den Schnittstellen dieses Systems harmonieren, während ein fertiggestellter Text nach dem Ausdrucken allenfalls für Kopie- oder Druckzwecke weiterverwendet wird. Die potentielle Komplexität der Ausschleuse-Aufgabe wird hinreichend klar, wenn die naheliegenden Anforderungen aufgezählt werden (z.B. Maschinenbau):

- technische Zeichnungen erstellen,
- Teilelisten, insbesondere Fertigteile, Zulieferteile ausweisen und Bestellungen veranlassen,
- Steuerdaten für NC, CAM (NC = numeric controled machines, CAM = computer aided manufacturing),
- Modellbau-Daten, Gußformen etc.
- Prüfpläne erstellen, Wartung und Reparatur,

usw. usf.

Zusammenfassung

Im Gegensatz zu den gut überschaubaren Problemen bei Texteditoren ergeben sich bei CAD-Systemen viele Erschwernisse: Datenstrukturen, Datenspeicherung und auch die Ausschleuse-Funktionen sind erheblich komplizierter. Dazu kommt der praktisch unverzichtbare graphische Dialog mit enormen Möglichkeiten der Handhabung von Varianten-Parametern, man vergleiche hierzu Abschnitt 3.3.5. Eine komplexe CAD-Aufgabe sollte daher stets mit leistungsfähigen, in sich geschlossenen Software-Bausteinen gelöst werden. Benötigt wird ein Kommando-Analyse-Modul wie etwa in 3.3.5 angesprochen, der die unterschiedlichsten Graphik-Eingaben mit verarbeitet. Die Kommandosprache selbst muß einen engen Bezug zur Fachterminologie haben, sollte aber auch den trainierten Benutzer durch ein Minimum an Bedienaufwand zufriedenstellen, denn CAD-Anwender sind in aller Regel trainierte Benutzer.

Neben dem Kommando-Modul sind mindestens ein Datenbank-Modul und ein Einschleuse-Ausschleuse-Modul erforderlich. Im Zentrum des Systems steht natürlich der Kommando-Abwickler, der durchaus strukturelle Ähnlichkeit mit enstprechenden Teilen von Editoren aufweist, aber ganz andere Datenstrukturen, Bildschirm-Ein-Ausgaben usw. verarbeitet. Die Dienstleistungsprogramme (Verifikation usw.) schließlich können in einer fachspezifischen Methodenbank zusammengefaßt werden. Bereits ein mittlerer Ausbau eines CAD-Systems erfordert daher eine beachtliche Rechnerkapazität. Insbesondere muß auch ein sehr gutes Antwortzeitverhalten angestrebt werden, da der trainierte Benutzer zu komplexen Aktivitäten tendieren wird, sobald dies Vorteile verspricht.

Weitere Details über CAD-Systeme und einzelne Teilprobleme findet man z.B. in Encarnacao (1980), Encarnacao und Schlechtendahl (1978), Lincke und Siepmann (1979), Seiffert und Siepmann (1980), Fritz (1977), Duus und Gulbins (1983).

4.5 INTEGRIERTE BÜROSYSTEME UND ARBEITSPLATZRECHNER

Die kostengünstigen Produktionsmöglichkeiten für logisch komplexe Hardware-Bausteine (VLSI) erlauben es, auch bei der Bilddarstellung und bei akustischen Signalen Computertechnik einzusetzen. Ein sehr beachtenswertes Einsatzfeld wird am Büro-Arbeitsplatz gesehen, denn hier kann bei erfolgreichen Entwicklungen auch mit den notwendigen großen Stückzahlen gerechnet werden. Das Vordringen der Text-Systeme und die heute bereits vielfach mit Computerleistungen aufgewerteten Schreibmaschinen bestätigen diese Tendenz. Ziel der langfristigen Entwicklung - und darin sind sich die Experten ziemlich einig - muß es sein, die neuen Datenverarbeitungsmöglichkeiten (Arbeitsplatzrechner, verteilte Netze, Datex-P, Bildschirmtext, graphischer Arbeitsplatz) mit den alten Systemen (Telefon, Anrufbeantworter, Schreibmaschine, Kopierer, Fernkopieren, Großrechner-Terminal, Diktiergerät, Aktenablage usw.) zu einem integrierten Gesamtsystem zu vereinigen. Die heutigen Bürosysteme sind noch ziemlich unzusammenhängend aufgebaut. Lösungen mit Insel-Charakter liegen z.B. vor im akustischen Bereich: Anrufbeantworter, Diktiergerät und akustisches Notiz-System könnten zusammen mit den Telefoneingängen und Nebenstellen-Verzweigungen zu einem flexiblen Akustik-Subsystem vereinigt werden. Bei neuen elektronischen Telefonzentralen ist manches davon schon marktreif, beim Diktiergerät wird intensiv an der "akustischen Schreibmaschine" entwickelt, also bei der automatischen Umsetzung gesprochener Sprache in Schrift. Bei allen digital vercodeten Daten ist es ohnehin naheliegend, diese im Arbeitsplatzrechner zu sammeln und zu puffern. Das kommt der heutigen Arbeit in Büros auch deshalb ziemlich entgegen, weil bei der praktischen Arbeit ein häufiger Wechsel zwischen den Büro-Hilfsmitteln beobachtet wird, man vergleiche z.B. Greanias (1982).

Die Schnittstellenproblematik

Aus technischer Sicht ist das integrierte Bürosystem besonders wegen der vielen unterschiedlichen Schnittstellen problematisch. Da sind zunächst die rechnerorientierten Schnittstellen wie bitserielle Datenübertragung (z.B. V24 mit ASCII und MSV II), gelegentlich auch bitparallele Lösungen (IEC-Bus z.B.). Der nächste wichtige Bereich ist die gesprochene Sprache, also Telefon-Schnittstelle, Diktiergerät, Sprachspeicherung und Generierung. Abgesehen von den juristischen Problemen (Ist der Mitschnitt eines Telefongespräches erlaubt?) ist zwar die technische Umsetzung zwischen Tonfrequenz-Signalen völlig unproblematisch. Nicht ganz so einfach ist aber die Umsetzung in digitale Signalgestalt sowie Speicherbedarfminimisierung und Rückerzeugung des akustischen Signals (siehe z.B. Sherwood (1979)). Experimentell sind bereits sogenannte Voice-Mail-Systeme im Einsatz, die gesprochene Mitteilungen digital speichern, so daß man sie jederzeit abfragen und löschen kann, siehe z.B. Lincoln (1982), Richards und Boies (1982). Große Probleme wirft noch die ästhetisch befriedigende automatische Erzeugung gesprochener Sprache aus geschriebenem Text auf sowie die inverse Umsetzung, also die automatische Übertragung von Sprachsignalen in Geschriebenes (näheres hierzu siehe Witten (1977) und Bahl (1982)). Eine fehlerfreie Übertragung läßt sich wohl auf absehbare Zeit nicht erreichen, diese ist aber auch nicht notwendig. Denn der Bildschirm-Arbeitsplatz ist bestens geeignet, um mit wenig Dialogaufwand größere Texte zu überprüfen und kleinere Fehler nachzubessern.

Schließlich sind in jedem Büro die unterschiedlichsten Dokumente zu handhaben; also Briefe, Verträge, Zeichnungen, ausgefüllte und nicht ausgefüllte Formulare, Photos, Prospekte und dergleichen, vergleiche z.B. Horak (1982). Solche Dokumente sollten in digitale Datengestalt umgewandelt werden können, um sie auf den Bildschirm zu bringen und dort editieren zu können. Statt von Texteditieren würden wir dann von Dokumenten-Editieren sprechen. Außerdem sollten Drucker mit Graphik- und Halbton-Bildwiedergabe zur begrenzten Reproduktion angesteuert werden können. Jedes Dokument erfordert zur sauberen Reproduktion ein bestimmtes Mindestauflösungsvermögen sowie Farb- und Kontrasteigenschaften. Randscharfe, gefällige und kontrastreiche Schriftzeichen, wie sie bei hochwertiger Korrespondenz anzustreben sind, können z.B. nicht mit einem Grobraster-Matrixdrucker erzeugt werden. Um schließlich Halbton-Farbbilder von einem gewöhnlichen 24 x 36 mm Diapositiv-Film ohne wesentlichen Informationsverlust reproduzieren zu können, sind etwa 2400 x 3600 Raster-Bildpunkte mit ca. 12 Bit Farb-Luminanz-Information pro Bildpunkt erforderlich. Man nimmt heute durchaus an, daß die Druck- und Reproduktionsfähigkeit von Dokumenten im integrierten Büro der Zukunft bis hin zur Reproduktion solcher hoch aufgelöster Halbton-Farbbilder reichen muß. Das Ziel scheint durch Matrix-Drucker mit sehr feinen Nadeln und programmierbarer Positionierung bzw. durch Tintenstrahltechniken mit sehr feinen Tröpfchen erreichbar zu sein, man vergleiche etwa Stucki (1982). Photo- und Kopie-Techniken scheinen für den Kleinbedarf am Büroarbeitsplatz selbst nicht so geeignet, die Kopiermaschinen stehen allerdings nicht weit vom Arbeitsplatz entfernt. Außerdem würde ein für alle Druckprobleme im Büro in gleicher Weise einsetzbares Gerät dem Integrationsgedanken sehr entgegenkommen.

Die graphische Natur der Dokumente (und Formulare) behindert auch die Einschleuse-Funktion. Schließlich müssen die Dokumente ja auch in das integrierte System eingeschleust werden können - man denke z.B. an das Fernkopieren. Das Abtasten von Bildern und graphischen Dokumenten ist technisch mit sehr verschiedenen Methoden möglich, z.B. mit Fernsehkamera, Punktabtastung mit Laserstrahl und Photodetektor oder durch Photodetektor-Arrays. Die verschiedenen technischen Verfahren sowie deren Vor- und Nachteile sind in Lennemann und Ruppert (1982) recht ausführlich beschrieben.

Wenn die erläuterten Schnittstellen und Signalumsetzer in einem integrierten Bürosystem realisiert werden, ergibt sich die Hardware-Systemstruktur von Abbildung 4.5-1.

Integrierte Bürosysteme als Dialogsysteme

Im Büro sind sehr unterschiedliche Datenverarbeitungsleistungen zu erbringen. Daher ist keines der in Abschnitt 4.1 herausgestellten Motive dominant. Um die Situation etwas zu klären, ist auch hier der Begriff des (Daten-)Objektes und insbesondere die logische Natur dieser Objekte aufschlußreich:

Daten-Objekte

Digital-Datensatz	Sprach-Datensatz	Graphik-Datensatz
z.B. Anschriften, Textdateien, Konten, Buchungen, Termin-Ereignisse, Aktivitäten, etc.	Tondokumente wie z.B. Durchsagen, Diktate, Telefongespräch-Mitschnitt etc.	Graphische Information wie Bilder, Formulare, Druckvorlagen etc.
(Digital-Records sind gewöhnlich in Dateien zusammengefaßt, heute bei allen Rechnern Standard.)	(Sie sind digital gespeichert, haben aber nur eine akustische Qualität. Begleitdaten wie Datum, Länge etc. bilden die Verpackung der akustischen Information.)	(Speicherung auch hier digital, aber graphische Wiedergabe erforderlich.)

Alle Objekte werden, sobald sie in den Rechner übernommen sind, in rein digitaler Form gespeichert. Daher wird auch ein nicht zu kleiner Massenspeicher zur geordneten Aufbewahrung benötigt. Außerdem sind für die wichtigen Einschleuse- und Ausschleuse-Funktionen Hardware-Einrichtungen wie A/D-, D/A-Umcodierung für akustische Signale, Bildausgabe (hochwertiger Drucker, Bildschirm), Bildeingabe mit Bildabtaster notwendig. Die Umsetzung von gesprochener Sprache in Text erfordert also keinerlei Hardware-Zusätze,

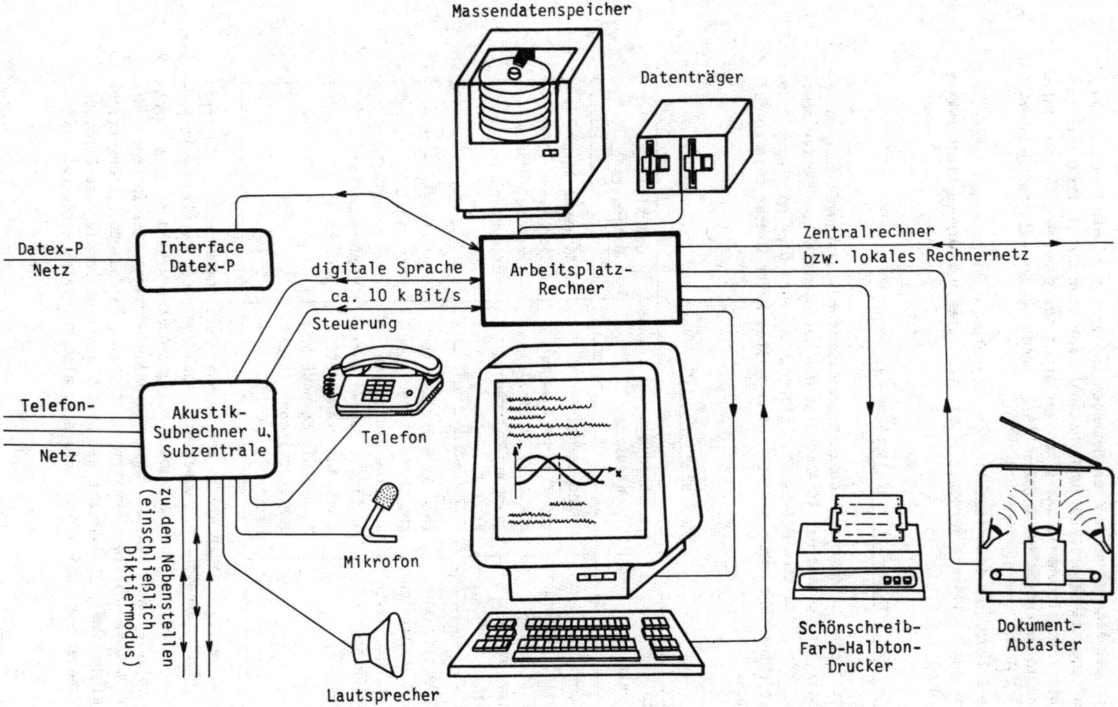

Abbildung 4.5-1:

Integriertes Bürosystem der Zukunft: Neben den konventionellen textorientierten Datenbearbeitungsmethoden (digitale Daten) sind Netzverbindungen (z.B. Datex-P, Fernschreibnetz, lokale Netze), das Telefon und Diktiersystem (Bereich gesprochener Sprache) und der Bereich der graphischen Dokumente (Bilder, Prospekte etc.) in das System integriert.

denn sie kann vollständig durch ein Programm realisiert werden. Man wird auch keineswegs eine Umsetzung in Realzeit zu fordern haben, vielmehr sind solche algorithmisch komplexen Leistungen als Hintergrundaufgaben im Sinne eines Stapelbetriebes anzulegen. Auch die Zeichenerkennung von Drucksätzen, die mit dem Dokument-Abtaster eingeschleust werden, gehört dazu.

Kommen wir nun zur Betrachtung der Hauptmotive, die bei einem integrierten Bürosystem eine Rolle spielen. Das Entwurfsmotiv ist beim Umgang mit schriftlichen und graphischen Dokumenten wirksam, der Bildschirm (mit möglichst hoher farbgraphischer Leistung) zusammen mit graphischer Eingabe (Cursor-Maus, Lichtgriffel) bietet auch für Inspizieren und Verändern von beliebigen Objekten viele Möglichkeiten. Der heutige Stand der Textbearbeitung wird in Zukunft ergänzt in Richtung auf Farbgraphik, so daß man dann wohl besser von Dokument-Verarbeitung spricht. Die heute marktreifen Entwicklungen von Arbeitsplatzrechnern wie z.B. der Star (Smith et.al. (1982)) von Xerox, die LISA von Apple und die LILITH-Maschine von Wirth (1981, 1982) sind primär auf das Entwurfsmotiv orientiert, insbesondere auf Dokument-Editieren. Für Informatiker sind besonders Arbeitsplatzrechner für die Software-Produktion von Interesse, wobei dann aber außer Skript-Editieren und Dokumentations-Tools kaum weitere eher Büro-relevante Systemfähigkeiten interessieren, man vergleiche z.B. Schmitt (1983).

Das Dienstleistungsmotiv begegnet uns in direkter Form bei den Umsetzern von Sprache und Graphik in digitale Gestalt. Ohne Zweifel gibt es neben Tischrechnerfunktionen und elementarem interaktivem Programmieren im Büroalltag noch viele weitere potentielle Dienstleistungen, die der Bürorechner beherrschen wird, z.B. Statistiken erstellen, Daten sortieren und in aufbereiteter Form ausdrucken (Report Generator) usw.

Das Informationsspeicher-Motiv gilt wahrscheinlich für viele im Massenspeicher ruhende Daten. Es gilt sicherlich für Adressenkarteien und Geschäftsvorgänge (Aufträge, Lieferungen etc.), aber es ist wahrscheinlich nicht immer das Massenproblem, das die Informationsspeicherung als Hauptmotiv lenkt, sondern auch die bequeme Zugänglichkeit aller Daten in einem integrierten System. Das gilt insbesondere für die archivierten Daten, die im Zentralrechner oder evtl. sogar durch einen Datex-Dienst zugreifbar sind.

Das Transaktionen-Motiv ist sicher bei der Führung irgendwelcher Konten (Geld, Etat, Bestand) sowie bei der Abwicklung von komplexeren Aktivitäten (Auftragsabwicklung, Mahnungswesen) wirksam. Der Rechner garantiert zwar auch hier wie im Mehrbenutzer-System die korrekte Abwicklung, allerdings dient er doch mehr als Gedächtnisstütze.

Stärker ausgeprägt ist sicher das Steuerungsmotiv. Denn die meisten Büro-

Prozesse - angefangen mit der Terminplanung und der Erinnerungsfunktion - lassen sich mit einem ständig aktiven Arbeitsplatzrechner gut überwachen. Diese vom Büro aus zu kontrollierenden Führungs- und Verwaltungsaktivitäten sind natürlich nur bedingt mit eigenaktiven technischen Prozessen vergleichbar. Aber auch die Betriebssteuerung des Arbeitsplatzrechners selbst ist eine wichtige Funktion, denn bei manchen Aktivitäten wie beim Massenversand von Werbebriefen und bei komplexeren Datenauswertungen sind mehrere, sich gegenseitig behindernde Prozesse aktiv. Der Anwender muß dann Prioritäten setzen und notfalls in den meist vollautomatischen Betrieb eingreifen. In jedem Fall sollte ein Multiprogramming-Betriebssystem mit vollständiger Verwaltung der Betriebsmittel gewählt werden, denn einige der Dienste des Systems (Telefon, Diktat, Datex-P-Netz etc.) müssen durch Zuweisung hoher Prioritäten stets voll funktionsfähig sein.

Wichtigere Anwendungen im Büro, wo das Konversations-Motiv, also die Dialogqualität an sich, im Mittelpunkt steht, sind direkt nicht zu sehen. Lediglich der für den Chef notwendige selbsterklärende Dialog (Sekretärin in Urlaub) sowie Benutzeranleitungen für neue Betriebssoftware, evtl. auch rechnergestützte Fortbildungskurse, sind denkbare Fälle. Es versteht sich von selbst, daß auf solchen Systemen - sobald sie weiter verbreitet und in der Programmierung standardisiert sind (Software z.B. in Pascal geschrieben) - auch manch interessantes bildschirmorientierte Spielprogramm verfügbar sein wird, ohne daß man dies vorher planen muß.

Software-Aufbau und Leistungen

Wenn man das integrierte Bürosystem als ein einziges Dialogsystem mit einem aber vergleichsweise breiten Leistungsspektrum betrachtet, so ergeben sich zwangsläufig folgende Konsequenzen:

(a) Die Leistungen des Systems sind in einer befehlsorientierten Kommandosprache definiert, dokumentiert und ansprechbar.

(b) Das System handhabt und verarbeitet alle Datensatz-Strukturen (=Objekt-Typen), also Datenrecords, Texte, Dokumente und Voice-Records.

(c) Der logische Kern des Systems besteht aus der Prozeßverwaltung, der Datenspeicherung, der Steuerung (und Überwachung) der Peripherie, einem allgemeinen Text- und Dokument-Editierer, einem maskenorientierten Datenverwaltungssystem und einer Programmier-Einrichtung für elementare Aufgaben (ähnlich wie Visicalc) sowie einer Systemprogrammier-Einrichtung.

Die Gestaltung der Kommandoschnittstelle muß die in Kapitel 3 erläuterten Prinzipien für befehlsorientierte Kommandosprachen berücksichtigen, damit das System auch ohne langwierige Einarbeitung (Manuals, Kurse) in Betrieb genommen werden kann. Ein Kommandoentschlüßler, der selbstverständlich die selten benutzten Subsysteme (z.B. Graphik-Editieren, Programmieren) mit beherrscht, wird wohl unerläßlich sein, um die Kommando-Integrität auch nach vielen Verbesserungen gewährleisten zu können.

Die sonstige Anwendungssoftware wird vermutlich aus dynamisch parametrisierbaren Paketen bestehen, bei denen der Anwender im Dialog zunächst die von ihm gewünschten Datenformate, Verarbeitungsverfahren, Dateiorganisation usw. spezifizieren muß. Sodann wickelt das System die Anwendung genau so ab, wie sie der Anwender spezifiziert hat. Eine sicher häufige Anwendung können Report-Generatoren finden, vergleiche z.B. Gerkens et.al. (1980). Der beachtliche Erfolg des Mikrorechner-Software-Produktes Visicalc und der aus ihm abgeleiteten Konzepte (z.B. Visidata, Visitex) wirkt weiter und hat inzwischen sogar zu Datenverwaltungssystemen auf dieser Dialogbasis geführt (siehe z.B. Beck (1982)). Selbstverständlich spielt der graphische Bildschirm und die Datentransparenz, die damit erreichbar ist, eine wesentliche Rolle bei der zukünftigen Entwicklung solcher modularer Vielzweck-Softwaresysteme. Diese Systeme werden - wie das heute schon oft zu beobachten ist - nicht mehr vom Software-Spezialisten auf die speziellen Bedürfnisse aller möglichen Anwender zugeschnitten. Mit einem selbsterklärenden Dialog wird dem Anwender quasi Unterricht darüber erteilt, wie das Anwendungssystem eingesetzt werden kann. Dabei soll der Anwender auch gleich seine speziellen Wünsche an die Software artikulieren, damit schließlich die für ihn passende Detailkonfiguration generiert werden kann.

Arbeitsplatzrechner für die Software-Produktion

Im Gegensatz zum integrierten Büro-System dienen die sogenannten Arbeitsplatzrechner im wesentlichen nur für zwei abgegrenzte Anwendungen: Skript-Editieren und Software-Entwicklung. Durch Mikroprozessorsysteme mit großem Speicherausbau (20 Millionen Byte Platte, 1 MByte Arbeitsspeicher) kann die Software-Entwicklung zusammen mit allen Teilaktivitäten wie Übersetzen, Testen, Dokumentieren usw., ja sogar Datenverwaltungs-Anwendungen, ohne nennenswerte Behinderung durch beschränkte Betriebsmittel durchgeführt werden. Die günstigen Antwortzeiten bei einfachen Kommandos erlauben eine höhere Arbeitsproduktivität als an den praktisch immer überlasteten Teilnehmer-Rechensystemen älterer Konzeption. Näheres zum gegenwärtigen Stand siehe z.B. Schmitt (1983).

5 LITERATURVERZEICHNIS

Abrams, M.D., S. Treu
A methodology for interactive computer service measurement. Comm. ACM 20(1977), 936-944.

Ada
Reference Manual for the Ada Programming Language. Draft Proposed ANSI Standard Document For Editorial Review, US Department of Defence, July 1982.

Aho, A.V., J.D. Ullmann
Principles of Compiler Design. Addison-Wesley Publishing Co., Reading (Mass.) 1977.

Anderson, G.A., E.D. Jensen
Computer interconnection structures: Taxonomy, characteristics and examples. Comp. Surveys 7(1975) 197-213.

Andler, S.
Synchronization primitives and the verification of concurrent programs. D. Lanciaux (Ed.): Operating Systems - Theory and Practice. North Holland 1979.

Bohl, L.R.
Automatic recognition of continuous speech. A. Endres, J.Reetz (Hsg.), Textverarbeitung und Bürosysteme, 295-301, R. Oldenbourg Verlag, München 1982.

Bard, Y.
Performance analysis of interactive systems. A. Blaser and C. Hackl (Ed.) Interactive Systems, Lecture Notes in Computer Science, Vol. 49, 108-124, Springer Verlag, Berlin 1977.

Barron, D.W.
Approaches to conversational FORTRAN. The Computer Journal 14(1971), 123-127.

Bauer, F.L.
Kryptologie-Verfahren und Maximen. Informatik-Spektrum 5(1982), 74-81.

Bayer, R., C. McCreight
Organization and maintenance of large ordered indexes. Acta Informatica 1(1972), 173-189.

Beck, H.
Visuell definieren statt programmieren. Notizen zum Interaktiven Programmieren, Heft 8, März 1982, 3-14.

Beech, D., H.-J. Kugler (Eds.)
The IFIP WG 2.7 reference model for command and response languages. IFIP, Draft of 20th May 1982.

Benbasat, I., A.S. Dexter, P.S. Masulis
An experimental study of the human / computer interface. CACM 24(1981), 752-762.

Benutzerhandbuch Datex-P
Fernmeldetechnisches Zentralamt, Deutsche Bundespost, Darmstadt 1979.

Bertin, J.
Graphische Darstellungen und die graphische Weiterverarbeitung der Information. W. de Gruyter, Berlin 1982.

Beth, Th.
Kryptographie als Instrument des Datenschutzes. Informatik-Spektrum 5(1982), 82-96.

Blaser, A., U. Schauer
Interactive Programming and Problem Solving Systems for Application Specialists without DP-Training. I. Kupka (Ed.): Techniken des Dialogs, C. Hanser Verlag, München 1977, 55-71.

Blaser, A., C. Hackl (Eds.)
Interaktive systems. Lecture Notes in Computer Science, Vol. 49, Springer Verlag, Berlin 1977.

Breed, L.M., R.H. Lathwell
The Implementation of APL/360. Klerer, Reinfelds (Eds.), Interactive Systems for Experimental Applied Mathematics, Academic Press 1968.

Brinch Hansen, P.
The solo operating system: A concurrent Pascal program. Job interface. Processes, monitors, and classes. Software Practice & Experience 6(1976), 141-200.

Brinch Hansen, P.
Betriebssysteme. Carl Hansen Verlag, München 1977.

Brown, P.J.
Throw-away compiling. Software Practice & Experience 6(1976), 423-434.

Brown, P.J.
Writing interactive compilers and interpreters. John Wiley & Sons, New York, 1979.

Bryant, R.E., J.B. Dennis
Concurrent programming. Research Directions in software technology, P. Wegner (Ed.), MIT Press Cambridge, Mass., 1979, 584-610.

Bublies, R., E. Jasper, S. Kreitz
Deutsch aus dem Computer - Möglichkeiten der automatischen Sprachübersetzung auf der Grundlage von SYSTRAN. Angew. Informatik, Heft 12, 1980, 510-517.

Buchanan, J.T.
Generalized allocation problem in building design. Part I: formulation. Computer-Aided Design 13(July 1981), 211-220.

Buchberger, B., G.E. Collins, R. Loos (Eds.)
Computer Algebra - Symbolic and Algebraic Computation. Computing / Supplementum 4(1982), Springer Verlag, Wien.

Buchberger, B., R. Loos
Algebraic simplification. Computing / Supplementum 4(1982), 11-43, Springer Verlag, Wien.

Burkhardt, H.J., S. Schindler
Structuring principles of the communication architecture of open systems.- A systematic approach. Computer Network 5(1981), 157-166.

Burkhart, H., J. Nievergelt
The development of editors: From utility program to the integrated interactive system. A. Endres, J. Reetz (Hsg.), Textverarbeitung und Bürosysteme, R. Oldenbourg Verlag, München 1982, 93-114.

Cakir, A., D.J. Hart, T.F.M. Stewart
Bildschirm-Arbeitsplätze: Ergonomie, Arbeitsplatzgestaltung, Gesundheit und Sicherheit, Aufgabenorganisation. Springer Verlag, Berlin 1980.

Carbonell, J.R.
On man-computer interaction: A modell and some related issues. IEEE Trans. on System Science and Cybernetics Vol SSC-5(1969) No. 1 Jan. 1969, 16-26.

Clocksin, W.F., C.S. Mellish
Programming in PROLOG. Springer Verlag, Berlin 1981.

Comer, D.
The ubiquitous B-tree. Computing Surveys 11(June 1979), 121-137.

Courtois, P.J., R. Heymans, D.L. Parnas
Concurrent control with " Readers" and "Writers". Comm. ACM 14(Oct. 1971), 667-668.

Cox, G.B., B.C. Walsh
A HELP system for the user community. Software Practice & Experience 10 (980), 219-229.

Date, C.L.
An Introduction to Database Systems. Addison-Wesley Publ. Co., Reading 1975.

Degen, W.
MASYCA - eine interaktive Kommandosprache zur symbolischen Manipulation mathematischer Formeln. Angew. Informatik, Heft 1, 1980, 18-26.

Denert, E.
Specification and design of dialogue systems with state diagrams. Proc. International Computing Symposium Liege 1977, 417-424, North Holland, Publ. Co. 1977.

Dijkstra, E.W.
The structure of the "THE"-multiprogramming system. Comm. ACM 11(May 1968), 341-346.

DIN IEC 66.22
Byteserielles bitparalleles Schnittstellensystem für programmierbare Meßgeräte. Entwurf DIN IEC 66.22, Beuthe Verlag, Berlin 1976.

Dirlewanger, W., L. Hieber, H. Rzehak
Aufbau von Datenverarbeitungsanlagen. W. de Gruyter, Berlin 1976.

Dittrich, K.R., R. Hüber, P.C. Lockemann
Methodenbanksysteme: Ein Werkzeug zum Maßschneidern von Anwendersoftware. Informatik-Spektrum 2(Okt. 1979), 194-203.

Doll, D.R.
Data Communications, Facilities, Networks, and Systems Design. J. Wiley & Sons, New York, 1978.

Duus, W., J. Gulbins
CAD-Systeme - Hardwareaufbau und Einsatz. Springer Verlag, Berlin 1983.

Dwyer, B.
A user-friendly algorithm. CACM 24(1981), 556-561.

Dzida, W., S. Herda, W.D. Itzfeld
Factors of user-perceived quality of interactive systems. Gesellschaft für Mathematik und Datenverarbeitung Bonn, Institut für Software-Technologie, Report No. 40, Jan. 1978, 60 pages.

Dzida, W., S. Herda, W.D. Itzfeld, H. Schubert
Benutzerfreundlichkeit von Dialogsystemen aus Programmierersicht. Notizen zum Interaktiven Programmieren, Heft 1, 37-60, Dez. 1978.

Earley, J.
An efficient context-free parsing algorithm. CACM 13(Febr. 1970), 94-102.

Eckert, R., G. Enderle, K. Kansy, F.-J. Prester
Graphische Datenverarbeitung: Entwicklung auf dem Weg zur Standardisierung. Informatik-Spektrum 3(1980), 246-260,

Embley, D.W., G. Nagy
Behavioral aspects of text editors. ACM Comp. Surveys 13(Mar. 1981), 33-70.

Encarnaçao, J. (Hsg.)
Computer Aided Design: Modelling, Systems Engineering, CAD-Systems. Springer Verlag, Berlin 1980.

Encarnaçao, J., E.G. Schlechtendahl
Konzepte, Probleme und Möglichkeiten von CAD-Systemen in der industriellen Praxis. GI, 8. Jahrestagung 1978.

Enderle, G., E.G. Schlechtendahl
The CAD- System REGENT. 12th Design Autom. Conference, Boston, June 1975, 231-240.

Erbe, R., G. Walch
Ein Dialogsystem zur Methodensuche. Lecture Notes in Computer Science 34(1975), 133-147, Springer Verlag, Berlin 1975.

Falhoff, A.D., K.E. Iverson
The APL/360 Terminal System. Klerer, Reinfelds (Eds.), Interactive Systems for Experimental Applied Mathematics, Academic Press 1968.

Fano, R.M., F.J. Corbató
Time-Sharing on Computers. Scientific American, Sept. 1966, 129-140.

Feurzeig, W., G. Lukas, R. Grant
LOGO Reference Manual. Bolt, Beranek and Newman Inc., Report 2165, June 1971.

Fritz, R.
Interactive Systems for computer-assisted product development and testing in small and intermediate enterprises. A. Blaser and C. Hackl (Eds.): Interactive Systems, 258-272, Springer Verlag, Berlin 1977.

Furuta, R., J. Scofield, A. Shaw
Document formatting systems: survey, concepts, and issues. ACM Computing Surveys 14(Sept. 1982), 417-472.

Gerkens, R.M., R. Kurzawski, G.Stübel, H.J. Schneider
Programmieren von Reportprogrammen durch Spezifizieren am Bildschirm. Angew. Informatik, Heft 5, 1980. 189-193.

Giloi, W.K.
Programmieren in APL. W. de Gruyter, Berlin 1977.

Glatzel, M.
Der Maskengenerator - eine interaktive Komponente des Betriebssystems OS/3. Univac Datascope 36(1981), 27-32.

Goos, G., W.M. Waite
Übersetzerbau. Springer Verlag, Heidelberg 1983 (voraussichtlich).

Grabowski, H.
Entwicklung und Integration von Verarbeitungsbausteinen in CAD-Systemen. Informatik-Fachbericht, 6. Jahrestagung der Gesellschaft für Informatik, Springer Verlag, Berlin 1976.

Grabowski, H., M. Eigner
Anforderungen an CAD-Datenbanken. VDI-Z, Bd. 121 (1979), 621-633.

Greanias, E.C.
The nature of office work. A. Endres, J. Reetz (Hsg.), Textverarbeitung und Bürosysteme, R. Oldenbourg Verlag, München 1982.

Griese, J.
Das aktuelle Schlagwort: Software-Ergonomie. Informatik-Spektrum 5(Juli 1982), 124-125.

Gunzenhäuser, R.
Mensch-Maschine-Kommunikation als Zielsetzung der Informatik. A. Endres, J. Reetz, Textverarbeitung und Bürosysteme, W. Oldenbourg Verlag, München 1982.

Haase, V., W. Stucky
BASIC Programmieren für Anfänger. Bibl. Institut Hochschultaschenbücher Band 744, Mannheim 1977.

Habermann, A.N.
Synchronization of communicating processes. Comm. ACM 15(1972), 171-176.

Habermann, A.N.
Introduction to Operating System Design. Science Research Associater, Chicago 1976.

Händler, W. (Hsg.)
Teilnehmer-Rechensysteme. Oldenbourg Verlag, München 1968.

Händler, W., J. Weizenbaum (Hsg.)
Display Use for Man-Machine Dialogue. C. Hanser Verlag, München 1971.

Hall, P.A.V., G.R. Dowling
Approximate string matching. Comp. Surveys 12(Dec. 1980), 381-402.

Hayes, P., E. Ball, R. Reddy
Breaking the man-machine communication barrier. IEEE Computers 14(March 1981), No. 3, 19-30.

Hendrix, G.G., D. Sacerdoti, D. Sagalowicz, J. Slocum
Developing a natural language interface to complex data. ACM Trans. Database Systems 3, 2(1978), 105-147.

Hoare, C.A.R.
Monitors: An operating system structuring concept. Comm. ACM 17(October 1974), 549-557.

Hoffmann, H.-J.
Betrachtungen zum Entwurf interaktiver Systeme. A. Blaser and C. Hackl (Ed.), Interactive Systems, Lecture Notes in Computer Science Bd. 49, 38-91, Springer Verlag, Berlin 1977.

Holler, E., O. Drobnik
Rechnernetze. B.I. Wissenschaftsverlag, Mannheim 1975.

Höpfner, R.
Das Konzept des virtuellen Terminals im Siemens Betriebssystem BS2000. I. Kupka (Hsg.), Techniken des Dialogs, 217-226, C. Hanser Verlag 1978.

Horak, W.
Experimental text and facsimile integrated workstation. Proc. of the 1982 Intl. Zurich Seminar on Digital Communications, IEEE, 93-100.

Huet, G.P.
Confluent reductions: Abstract properties and applications to term rewriting systems. J. ACM 27(Dec. 1980), 797-821.

Hummel, H.
Entwurf und Implementierung von LEKTOR-M, einem abgeschlossenen, anwenderbezogenen, dialogorientierten Programmiersystem für Kleinrechner. I. Kupka (Hsg.), Techniken des Dialogs, 147-161, C. Hanser Verlag 1978.

Hummel,H.
LEKTOR: A list-oriented, machine-independent programming system for conversational applications. Software Practice & Experience 6(1976), 447-462.

Hunt, J.G.
Interrupts. Software Practice & Experience 10(1980), 523-530.

ISO
Basic mode control procedures for data communication systems. First Edition - 1975-02-01, International Organization for Standardization 1975.

ISO
Graphical Kernel System (GKS). Draft International Standard ISO/DIS, Information Processing, Functional Description, Version 6.6, 1981.

Jameson, A., W. Hoeppner, W. Wahlster
The natural language system HAM-RPM as a hotel manager: Some representational prerequisites. Proc. 10. Jahrestagung der Gesellschaft für Informatik, Saarbrücken 1980, 459-473, Springer Verlag, Berlin 1980.

Johnson, M.S.
The design of a high-level, language-independent symbolic debugging system. Proc. 1977 ACM Annual Conference, ACM, New York, 1977, 315-322.

Kastens, U., B. Hutt, E. Zimmermann
GAG: A practical compiler generator. Lecture Notes in Computer Science 141, Springer Verlag, Berlin 1982.

Kemeny, J.G., Th.E. Kurtz
BASIC Programming. Wiley 1967.

Kernighan, B.W.
Typesetting mathematics, tables and diagrams. A. Endres, J. Reetz (Hsg.), Textverarbeitung und Bürosysteme, 177-192, R. Oldenbourg Verlag, München 1982.

Kimbleton, S.R., G.M. Schneider
Computer communications networks: Approaches, objectives, and performance considerations. ACM Comp. Surveys 7(1975),129-173.

Klerer, M., J. Reinfelds (Eds.)
Interactive Systems for Experimental Applied Mathematics. Academic Press 1968.

Knuth, D.E., P.B. Bendix
Simple word problems in universal algebras. J. Leech (Ed.): Computational Problems in Abstract Algebras, 263-297, Pergamon Press 1970.

Knuth, D.E.
TEX and METAFONT: new directions in type setting. Am. Mathem. Society, Providence, R.I., and Digital Press, Bedford, Mass. 1979.

Knuth, D.E., J.H. Morris, V.R. Pratt
Fast pattern matching in strings. SCAM J. of Computing 6(1977), 323-350.

Koch, H.
Man-machine interaction. Proc. of the 1982 Intl. Zurich Seminar on Digital Communications, IEEE, 195-198.

Koller, K., M. Nett
Layoutentwurf und Verifizierung. H.G. Schwärtzel (Hsg.), CAD für ULSI, Springer Verlag, Berlin 1982.

Kowalski, R.
Algorithm = logic + control. Comm. Acm 22(July 1979), 424-436.

Krägeloh, K.-D.
Ein schichtenweise aufgebautes Datenbanksystem mit natürlicher Zugriffssprache. Dissertation, Universität Karlsruhe, Fakultät für Informatik, 1976.

Krause, J.
Mensch-Maschine-Interaktion in natürlicher Sprache. Niemeyer Verlag, Tübingen 1982.

Kupka, I., N. Wilsing
Dialogsprachen. Stuttgart: Teubner 1975.

Kupka, I. (Hsg.)
Techniken des Dialoges. Berichte zur praktischen Informatik 10, C. Hanser Verlag, München 1978.

Kurtz, Th.E.
BASIC. Proc. ACM SIGPLAN history of programming languages conference, ACM, New York 1978, 101-118.

Langer, I., F. Schulz von Thun, R. Tausch
Verständlichkeit in Schule, Verwaltung, Politik und Wissenschaft. Ernst Reinhardt Verlag, München 1974.

Lang-Lendorff, G.
Mit der Datenverarbeitung konstruieren, berechnen, fertigen. VDI-Zeitschrift 121, Nr. 7, 291-296, 1979.

Ledgard, H., J.A. Whiteside, A. Singer, W. Seymour
The natural language of interactive systems. CACM 23(1980), 556-563.

Lehmann, H., A. Blaser
Query languages in data base systems. Report 79.07.004, July 1979, IBM Germany, Heidelberg Scientific Center.

Lehmann, H., A. Blaser
Query languages in data base systems. Proc. GI 9. Jahrestagung, Bonn, 1979, 64-79.

Lennemann, E., W. Ruppert
Abtastverfahren für Bildverarbeitung in integrierten Textsystemen. A. Endres, J. Reetz (Hsg.), Textverarbeitung und Bürosysteme, 213-243, R. Oldenbourg Verlag, München 1982.

Lincke, W., H.G. Siepmann
Rechnergestützte Automobilentwicklung. Von der Stylingidee zur Produktion. GI 9. Jahrestagung.

Lincoln, A.J.
User interface design for digital voice mail systems. Proc. of the 1982 Intl. Zurich Seminar on Digital Communication, IEEE, 63-67.

Lockemann, P.C., H.C. Mayr
Rechnergestützte Informationssysteme. Springer Verlag, Berlin 1978,

Loos, R.
Term reduction systems and algebraic algorithms. J.H. Siekmann (Hsg.), GWAI-81, German Workshop on AI, Informatik Fachbericht No. 47, 214-234, Springer Verlag, Berlin 1981.

Martin, J.
The Design of Man-Computer Dialogues. London 1972.

Maurer, H.
Theoretische Grundlagen der Programiersprachen. Reihe Informatik, Bibl. Institut, Mannheim 1969.

Mayer, R.E.
The psychology of how novices learn computer programming. ACM Computing Surveys 13(1981), 121-141.

McCarthy, J.
Recursive functions of symbolic expressions and their computation by machine, pt. 1. Comm. ACM 3(April 1960), 184-195.

McCarthy, J.
Lisp 1.5

Meadow, Ch.T.
Man-Machine Communication. Wiley & Sons, New York 1970.

Mertens, P.
Die technische Gestaltung von Bildschirm-Dialogen. Online-ADL-Nachrichten 9(1977), 670-677.

Meyrowitz, N., A. Van Dam
Interactive editing systems: Part I, Part II. ACM Computing Surveys 14 (Sept. 1982), 321-415.

Morris, R., K. Thompson
Password security: A case history. CACM 22(1979), 594-597.

Nagler, R.
Prozeßorientierter Entwurf von Dialogsystemen. Angew. Informatik, Heft 12, 1980, 504-509.

Needham, R.M., M.D. Schroeder
Using encryption for authentication in large networks of computers. Comm. ACM, 21(1978), 993-999.

Newmann, W.M., R.F. Sproull
Principles of Interactive Computer Graphics. Mac Graw-Hill 1973, Second revised Edition 1979.

Nievergelt, J.
Interactive systems for education - the new look of CAI. Proc. IFIP World Conf. Computers in Education, O. Lecarme and R. Lewis (Eds.), 465-471, North Holland, 1975.

Nievergelt, J.
A pragmatic introduction to courseware design. IEEE Computers 13(September 1980), No. 9, 7-21.

Nievergelt, J.
Errors in dialog design and how to avoid them. Proc. of the 1982 Zurich Seminar on Digital Communications, IEEE, 199-205, Zurich 1982.

Nievergelt, J., A. Ventura
Die Gestaltung interaktiver Programme. B.G. Teubner, Stuttgart 1983.

Nori, K.V., U. Ammann, K. Jensen, H.H. Nägeli
The PASCAL<P> Compiler: Implementation Notes. Berichte des Institutes für Informatik der ETH Zürich, No. 10, Dezember 1974.

Nösel, H.
SIDIAS - Ein Programmsystem zum Dialogisieren von Aufgabengebieten. SIEMENS Data Report 13(1978), Heft 6, 23-27.

Ossanna, J.F.
NROFF/TROFF User's Manual. Comp. Sci. Techn. Report 54, Bell Laboratories, Murray Hill, N.J., 1976.

Ott, N., M. Zoeppritz
USL - An experimental information system based on natural language. L. Bolc (Ed.): Natural Language Based Computer Systems. Carl Hanser Verlag, München 1979.

Palme, J.
A human-computer interface for noncomputer specialists. Software Practice & Experience 9(1979), 741-748.

Pernaras, P.
Der DIMPLE-Dialoggenerator. I. Kupka (Hsg.), Techniken des Dialogs, 163-173, C. Hanser Verlag 1978.

Pernards, P.
Das interaktive Programmiersystem IPDIP. Angew Informatik, Heft 8, 1981, 361-369.

Persson, I.E.
Command language features for skilled and casual users. Proc. 1982 Zurich Seminar on Digital Communications, IEEE, 199-205.

Petrick, S.R.
On natural language based computer systems. IBM J. Research and Development 20(July 1976), J. Res. Development, 314-325.

Plath, W.J.
REQUEST: A natural language question - answering system. IBM J. Res. Development 20(July, 1976), 326-335.

Poole, P.C.
Debugging and testing. Advanced course on software engineering, F.L. Bauer (Ed.), Springer Verlag, 1973.

Pouzin, L., H. Zimmermann
A tutorial on protocols. Proc. IEEE 66, 11(Nov. 1978), 1346-1370.

Rall, L.B.
Automatic Differentiation: Techniques and Applications. Springer Lecture Notes, Computer Science No. 120, Springer Verlag, Berlin 1981.

Reisner, Ph.
Human factors studies of database query languages: A survey and assessment. ACM Computer Surveys 13(March 1981), 13-31.

Richards, J.T., S.J. Boies
Speech filing. A. Endres, J. Reetz (Hsg.), Textverarbeitung und Bürosysteme, 283-294, R. Oldenbourg Verlag, München 1982.

Roberts, T.L.
Evaluation of computer text editors. Ph. D. Dissertation, Department of Computer Science, Stanford University, 1979.

Robinson, J.J.
DIAGRAM: A grammar for dialogues. CACM 25(Jan. 1982), 27-47.

Rohlfing, H.
Programmentwickung im Dialog. Dissertation, Universität Karlsruhe, Fakultät für Informatik, 1976.

Rohlfing, H.
Partielle Übersetzung im Dialog. I. Kupka (Hsg.), Techniken des Dialogs, C. Hanser Verlag, München 1978.

Rohlfs, S.
Antwortzeiten im Dialog. Online-ADL-Nachrichten 9(1977), 676-677.

Rouse, W.B.
Human-computer interaction in the control of dynamic systems. ACM Computer Surveys 13(Mar. 1981), 71-99.

Rütters, P.
Eine Dialogsprache für die Prozeß-Steuerung. Programmiersprachen, 4. Fachtagung der GI (Hsg. H.-J. Schneider und M. Nagl), Springer Verlag, Berlin 1976.

Ryska, N., S. Herda
Kryptographische Verfahren in der Datenverarbeitung. Informatik-Fachberichte Nr. 24, Springer Verlag, Berlin 1980.

Salton, G.
Automatic Information Organization and Retrieval. McGraw-Hill, New York 1968.

Saltzer, J.H., M.D. Schroeder
The protection of information in computer systems. Proc. IEEE 63(Sept. 1975), 1278-1308.

Scherr, A.L.
Interactive Systems - Product Design Consideration. A. Blaser and C. Hackl (Eds.), Interactive Systems, 12-21, Springer Verlag, Berlin 1977.

Schindler, Sigram
Offene Kommunikationssysteme - heute und morgen. Informatik Spektrum 4 (1981), 213-228.

Schlageter, G., W. Stucky
Datenbanksysteme: Konzepte und Modelle. Teubner Verlag, Stuttgart 1977.

Schmidtke, H.
Lehrbuch der Ergonomie. 2. Auflage, C. Hanser Verlag, München 1981.

Schmidt-Lademann, F.-P.
Implementierung eines Betriebs- Verwaltungs-Systems für den Rechnergestützten Unterricht auf einer abstrakten LEKTOR-Maschine. Diplomarbeit, Fakultät für Informatik, Universität Karlsruhe 1975.

Schmidt-Lademann, F.-P., A. Schmitt
Kommandoschnittstellen mit normiertem Benutzerkomfort und ihre Implementierung. Notizen zum Interaktiven Programmieren, GI, Heft 6, März 1981, 3-21.

Schmitt, A.
Arbeitsplatz - Rechner. Interner Bericht, Fakultät für Informatik, Universität Karlsruhe 1983.

Schmitt, A., H. Hummel
Konzeption und Anwendung des RGU-Systems LEKTOR. Angewandte Informatik 18(1976), 199-208.

Schmitt, A.
Simulative transfer of mathematical concepts by interactive programming. Proc. of the 2nd IFIP World Conference on Computers in Education, 811-815, North Holland Publ. Co 1975.

Schneider, H.-J.
Compiler-Aufbau und Arbeitsweise. W. de Gruyter, Berlin 1975.

Schneider, H.-J.
Problemorientierte Programmiersprachen. B.G. Teubner, Stuttgart 1981.

Schneider, H.-J.
Comparison of interactive languages. Proc. 1980 Ann. Conf. SHARE European Association, 151-163, SHARE European Association, Nijmwegen, 1980.

Schonberg, E., J. Schwartz
An automatic technique for selection of data representation in SETL programs. ACM Trans. Program. Lang. Systems 3(April 1981), 126-143.

Seegmüller, G.
Design Considerations for New Programming Languages. A. Blaser and C. Hackl (Eds.), Interactive Systems, 22-37, Springer Verlag, Berlin 1977.

Seiffert, U., H.G. Siepmann
Rechnergestützte Automobilentwicklung - Industrielle Einführung von CAD-Verfahren. R. Wilhelm (Hsg.), CAD-Fachgespräch, Informatik-Fachberichte No. 34, 66-80, Springer Verlag 1980.

Shapiro, S.C., S.C. Kwasny
Interactive consulting via natural languages. Comm. ACM 18(Aug. 1975), 459-462.

Sherwood, B.A.
The computer speeks. IEEE Spectrum 16, 8(Aug. 1979), 18-26.

Smith, D.C., Ch. Irby, R. Kimball, E. Harslem
The star user interface: an overview. AFIPS Conf. Procs 51(1982), 515-528.

Smith, L.B.
A survey of interactive graphical systems for mathematics. Computing Surveys 2(1970), 261-301.

Spaniol, O.
Modelling of local computer networks. Computer Networks 3(1979), 315-326.

Standish, T.A.
Some features of PPL, a polymorphic programming language. SIGPLAN Notices 4(Aug. 1969), 55-62.

Stucky, P.
Image processing for documentation. A. Endres, J. Reetz (Hsg.), Textverarbeitung und Bürosysteme, 245-282, R. Oldenbourg Verlag, München 1982.

Stutzman, B.W.
Data communication control procedures. ACM Comp.Surveys 4(1972), 197-220.

Swatz, G.B.
Polling in a loop system. J. ACM 27(1980), 41-59.

Taft, E.A.
PPL Users Manual. Harvard University, Cambridge, Mass. 1972.

Tanenbaum, A.S.
Computer Networks. Prentice-Hall, Englewood Cliffs, N.J. (1981).

Teitelmann, W.
Interlisp Reference Manual. Bolt, Beranek & Newmann, Xerox Corporation 1975.

Thieme, L.
CAD/CAM Einsatz in Entwurf, Konstruktion und Fertigung von Flugzeugen. Informatik-Fachberichte 34, 104-118, Springer Verlag 1980.

Thoma, H., H.C. Mayr, U. Lindenthal, K. Dürre.
BUTLER: Grundsoftware für interaktive Dienstleistungen. Angewandte Informatik, Juli 1981, 292-301.

Thurber, K.J., G.M. Masson
Distributed-Processor Communication Architecture. Lexington Books, Lexington (Mass.) 1979.

Trispel, S., G. Rau
User guidance strategies for the visual interface with virtual control elements. Proc. of the 1982 Intl. Zurich Seminar on Digital Communication, IEEE, 247-252.

Ullmann, J.D.
Principles of database systems. Computer Science Press Inc., Potomac, Md., 1980.

Vahle, D.
Ein logisches Ein-/Ausgabesystem für formularorientierte Dialoge. Notizen zum Interaktiven Programmieren, Heft 8, 1982.

Van Dam, A., D.E. Rice
On-line text editing: A survey. Comp. Surveys 3(Sept. 1971), 93-114.

Waite, W.M.
Implementing Software for Non-Numeric Applications. Series in Automatic Computation, Prentice-Hall, Englewood Cliffs, N.J 1973.

Waltz, D.L.
An english language question answering system for a large relational database. Comm. ACM 21(July 1978), 526-539.

Wassermann. A., S. Gutz
The future of programming. Comm. ACM, 25(March 1982), 196-206.

Wecker, S.
Computer network architecture. Computer 12, 9(Sept. 1979), 58-72.

Weizenbaum, J.
ELIZA - a computer program for the study of natural language communications between man and machine. Comm. ACM 9(Jan. 1966), 36-45.

Weizenbaum, J.
A Backward Look Over Compatible Time-Sharing Systems (CTSS). Teilnehmer-Rechensysteme (Hsg. W. Händler), R. Oldenbourg Verlag, München 1968.

West, C.H.
General technique for communications protocol validation. IBM J. Res. Dev. 22, 4(1978), 393-404.

Wettstein, H.
Aufbau und Struktur von Betriebssystemen. C. Hanser Verlag, München 1980.

Wiederhold, G.
Database Design. McGraw-Hill, New York 1977.

Wilkes, M.V.
Time-Sharing-Betrieb bei digitalen Rechenanlagen. C. Hanser Verlag, München 1970.

Winkler, G.
Entwurf, Implementierung und Gebrauch eines Dialogsystems zum Erstellen von Programmen unter der Steuerung von kontextfreien und kontextsensitiven Grammatiken. Dissertation, TH Darmstadt, Fachbereich Informatik 1977.

Winkler, J.F.H.
Das Prozeßkonzept in Betriebssystemen und Programmiersprachen I,II. Informatik-Spektrum 2, 219-229 und 3(1980), 31-40.

Wirth, N.
PASCAL-S: A subset and its implementation. Bericht des Instituts für Informatik, No. 12, ETH Zürich, 1975.

Wirth, N.
The personal Computer LILITH. Bericht des Instituts für Informatik, No. 40, ETH Zürich, April 1981.

Wirth, N.
Lilith: A personal computer for the software engineer. Lecture Notes in Computer Science No. 126, Microcomputer System Design, 349-397, Springer Verlag, Berlin 1982.

Wirth, N.
Compilerbau. Eine Einführung. Teubner Verlag, Stuttgart 1977.

Wirth, N.
Program development by step-wise refinement. Comm. ACM 14(1971), 221-227.

Wirth, N., H. Weber
EULER: A generalization of ALGOL and its formal definition, Part I, II. Comm. ACM 9(1966), 11-23, 89-99.

Witten, I.H.
Software for speech output. IFIP 77, 297-302,

Wood, W.A.
Transition networkgrammars for natural language analysis. Comm. ACM 13(Oct. 1970), 591-606.

STICHWORTVERZEICHNIS

Inhaltsverzeichnis

Sachgebiete

Zeichenerklärung
HTB = B.I.-Hochschultaschenbücher.
Wv = B.I.-Wissenschaftsverlag (Einzelwerke und Reihen).
M.F.O. = Mathematische Forschungsberichte Oberwolfach.
Stand: März 1984

Mathematik

Aitken, A. C.
Determinanten und Matrizen
142 S. mit Abb. 1969. (HTB 293)

Andrié, M./P. Meier
Analysis.
Eine anwendungsbezogene Einführung
257 S. 1981. (HTB 602)

Andrié, M./P. Meier
Lineare Algebra und analytische Geometrie. Eine anwendungsbezogene Einführung
243 S. 1977. (HTB 84)

Artmann, B./W. Peterhänsel/ E. Sachs
Beispiele und Aufgaben zur linearen Algebra
150 S. 1978. (HTB 783)

Aumann, G.
Höhere Mathematik
Band I: Reelle Zahlen, Analytische Geometrie, Differential- und Integralrechnung. 243 S. mit Abb. 1970. (HTB 717)
Band II: Lineare Algebra, Funktionen mehrerer Veränderlicher. 170 S. mit Abb. 1970. (HTB 718)
Band III: Differentialgleichungen. 174 S. 1971. (HTB 761)

Bandelow, Ch.
Einführung in die Wahrscheinlichkeitstheorie
206 S. 1981. (HTB 798)

Barner, M./W. Schwarz (Hrsg.)
Zahlentheorie
235 S. 1971. (M. F. O. 5)

Behrens, E.-A.
Ringtheorie
405 S. 1975. Wv.

Beth, Th./D. Jungnickel/H. Lenz
Design Theory
Approx. 600 pp. 1984. Wv.

Beutelspacher, A.
Einführung in die endliche Geometrie.
Band I: Blockpläne
247 S. 1982. Wv.
Band II: Projektive Räume
237 S. 1983. Wv.

Böhmer, K./G. Meinardus/ W. Schempp (Hrsg.)
Spline-Funktionen. Vorträge und Aufsätze
415 S. 1974. Wv.

Brandt, S.
Datenanalyse. Mit statistischen Methoden und Computerprogrammen
464 S. 2., erw. Aufl. 1981. Wv.

Brauner, H.
Geometrie projektiver Räume
Band I: Projektive Ebenen, projektive Räume. 235 S. 1976. Wv.
Band II: Beziehungen zwischen projektiver Geometrie und linearer Algebra. 258 S. 1976. Wv.

Brosowski, B.
Nichtlineare Tschebyscheff-Approximation
153 S. 1968. (HTB 808)

Brosowski, B./R. Kreß
Einführung in die numerische Mathematik
Teil I: Gleichungssysteme, Approximationstheorie. 223 S. 1975. (HTB 202)
Teil II: Interpolation, numerische Integration, Optimierungsaufgaben. 124 S. 1976. (HTB 211)

Brunner, G.
Homologische Algebra
213 S. 1973. Wv.

Cartan, H.
Differentialformen
250 S. 1974. Wv.

Cartan, H.
Differentialrechnung
236 S. 1974. Wv.

Cartan, H.
Elementare Theorie der analytischen Funktionen einer oder mehrerer komplexen Veränderlichen
236 S. mit Abb. 1966. (HTB 112)

Cigler, J./H.-C. Reichel
Topologie. Eine Grundvorlesung
257 S. 1978. (HTB 121)

Egle, K.
Graphen und Präordnungen
207 S. 2. Aufl. 1981. Wv.

Eisenack, G./C. Fenske
Fixpunkttheorie
258 S. 1978. Wv.

Eltermann, H.
Grundlagen der praktischen Matrizenrechnung
128 S. mit Abb. 1969. (HTB 434)

Engeln-Müllges, G./F. Reutter
Formelsammlung zur Numerischen Mathematik mit BASIC-Programmen
446 S. 1983. Wv.

Engeln-Müllges, G./F. Reutter
Formelsammlung zur Numerischen Mathematik mit Standard-FORTRAN-Programmen
Etwa 450 S. 1984. Wv.

Ernè, M.
Einführung in die Ordnungstheorie
306 S. 1982. Wv.

Erwe, F.
Differential- und Integralrechnung
Band I: Differentialrechnung.
364 S. mit Abb. 1962. (HTB 30)
Band II: Integralrechnung.
197 S. mit 50 Abb. 1973. (HTB 31)

Erwe, F.
Gewöhnliche Differentialgleichungen
152 S. mit 11 Abb. 1964. (HTB 19)

Erwe, F.
Reelle Analysis
(Reihe: Mathematik für Physiker, Band 5)
360 S. 1978. Wv.

Erwe, F./E. Peschl
Partielle Differentialgleichungen erster Ordnung
133 S. 1973. (HTB 87)

Ewald, G.
Probleme der geometrischen Analysis
160 S. mit ca. 110 Figuren. 1982. Wv.

Felscher, W.
Naive Mengen und abstrakte Zahlen
Band II: Die Struktur der algebraischen und der reellen Zahlen.
222 S. 1978. Wv.
Band III: Transfinite Methoden.
272 S. 1979. Wv.

Frühwirth, R./M. Regler
Monte-Carlo-Methoden. Eine Einführung
175 S. 1983. Wv.

Fuchssteiner, B./D. Laugwitz
Funktionalanalysis
(Reihe: Mathematik für Physiker, Band 9)
219 S. 1974. Wv.

Glubrecht, J.-M./A. Oberschelp/ G. Todt
Klassenlogik
467 S. 1983. Wv.

Goffmann, C.
Reelle Funktionen
331 S. Aus dem Englischen. 1976. Wv.

Gröbner, W.
Algebraische Geometrie
Band I: Allgemeine Theorie der kommutativen Ringe und Körper.
193 S. 1968. (HTB 273)

Gröbner, W.
Differentialgleichungen I. Gewöhnliche Differentialgleichungen
(Reihe: Mathematik für Physiker, Band 6)
188 S. 1977. Wv.

Gröbner, W.
Differentialgleichungen II. Partielle Differentialgleichungen
(Reihe: Mathematik für Physiker, Band 7)
157 S. 1977. Wv.

Grotemeyer, K. P./E. Letzner/ R. Reinhardt
Topologie
187 S. mit Abb. 1969. (HTB 836)

Gumm, H. P./W. Poguntke
Boolesche Algebra
95 S. 1981. (HTB 604)

Hämmerlin, G.
Numerische Mathematik I
Approximation, Interpolation, Numerische Quadratur, Gleichungssysteme.
199 S. 2., überarbeitete Aufl. 1978. (HTB 498)

Hasse, H./P. Roquette (Hrsg.)
Algebraische Zahlentheorie
272 S. 1966. (M. F. O. 2)

Heidler, K./H. Hermes/ F.-K. Mahn
Rekursive Funktionen
248 S. 1977. Wv.

Heil, E.
Differentialformen
207 S. 1974. Wv.

Hein, O.
Graphentheorie für Anwender
141 S. 1977. (HTB 83)

Hein, O.
Statistische Verfahren der Ingenieurpraxis
197 S. Mit 5 Tabellen, 6 Diagrammen, 43 Beispielen. 1978. (HTB 119)

Hellwig, G.
Höhere Mathematik
Band I/1. Teil: Zahlen, Funktionen, Differential- und Integralrechnung einer unabhängigen Variablen.
284, IX S. 1971. (HTB 553)
Band I/2. Teil: Theorie der Konvergenz, Ergänzungen zur Integralrechnung, das Stieltjes-Integral. 137 S. 1972. (HTB 560)

Heyer, H.
Einführung in die Theorie Markoffscher Prozesse
253 S. 1979. Wv.

Hirzebruch, F./W. Scharlau
Einführung in die Funktionalanalysis
178 S. 1971. (HTB 296)

Hlawka, E.
Theorie der Gleichverteilung
152 S. 1979. Wv.

Holmann, H./H. Rummler
Alternierende Differentialformen
257 S. 2., durchgesehene Aufl. 1981. Wv.

Hoschek, J.
Liniengeometrie
VI, 263 S. mit Abb. 1971. (HTB 733)

Hoschek, J.
Mathematische Grundlagen der Kartographie
Etwa 180 S. 2., überarb. und erw. Aufl. 1984. Wv.

Hoschek, J./G. Spreitzer
Aufgaben zur darstellenden Geometrie
229 S. mit Abb. 1974. Wv.

Ince, E. L.
Die Integration gewöhnlicher Differentialgleichungen
180 S. Aus dem Englischen. 1965. (HTB 67)

Joachim, E.
Einführung in die Algebra
168 S. 2. Aufl. 1980. (HTB 138)

Jordan-Engeln, G./F. Reutter
Numerische Mathematik für Ingenieure
544 S. 3., überarb. und erw. Aufl. 1982. Wv.

Kaiser, R. E./J. A. Mühlbauer
Elementare Tests zur Beurteilung von Meßdaten.
Soforthilfe für statistische Tests mit wenigen Meßdaten
102 S. 2., überarb. und erw. Aufl. 1983. (HTB 774)

Kießwetter, K.
Reelle Analysis einer Veränderlichen. Ein Lern- und Übungsbuch
316 S. 1975. (HTB 269)

Kießwetter, K./R. Rosenkranz
Lösungshilfen für Aufgaben zur reellen Analysis einer Veränderlichen
231 S. 1976. (HTB 270)

Klingbeil, E.
Tensorrechnung für Ingenieure
197 S. mit Abb. 1966. (HTB 197)

Klingbeil, E.
Variationsrechnung
332 S. 1977. Wv.

Klingenberg, W. (Hrsg.)
Differentialgeometrie im Großen
351 S. 1971. (M. F. O. 4)

Klingenberg, W./P. Klein
Lineare Algebra und analytische Geometrie
Band I: Grundbegriffe, Vektorräume.
XII, 288 S. 1971. (HTB 748)
Band II: Determinanten, Matrizen, Euklidische und unitäre Vektorräume.
XVIII, 404 S. 1972. (HTB 749)

Klingenberg, W./P. Klein
Lineare Algebra und analytische Geometrie. Übungen zu Band I–II
VIII, 172 S. 1973. (HTB 750)

Labuch, D.
Aufgaben zur Linearen Algebra für Fachhochschulen
212 S. 1982. (HTB 606)

Laugwitz, D.
Ingenieurmathematik
Band I: Zahlen, analytische Geometrie, Funktionen.
167 S. 2., überarb. und erw. Aufl. 1983. (HTB 59)
Band II: Differential- und Integralrechnung.
152 S. mit 43 Abb. 1964. (HTB 60)
Band III: Gewöhnliche Differentialgleichungen.
141 S. 1964. (HTB 61)
Band IV: Fourier-Reihen, verallgemeinerte Funktionen, mehrfache Integrale, Vektoranalysis, Differentialgeometrie, Matrizen, Elemente der Funktionalanalysis.
196 S. mit Abb. 1967. (HTB 62)
Band V: Komplexe Veränderliche.
158 S. mit Abb. 1965. (HTB 93)

Laugwitz, D./C. Schmieden
Aufgaben zur Ingenieurmathematik
182 S. 1966. (HTB 95)

Lebedew, N. N.
Spezielle Funktionen und ihre Anwendung
372 S. mit Abb. Aus dem Russischen. 1973. Wv.

Lidl, R./G. Pilz
Angewandte abstrakte Algebra
Band I: 249 S. 1982. Wv.
Band II: 242 S. 1982. Wv.

Lighthill, M. J.
Einführung in die Theorie der Fourieranalysis und der verallgemeinerten Funktionen
96 S. mit Abb. Aus dem Englischen. 1966. (HTB 139)

Lingenberg, R.
Grundlagen der Geometrie
224 S. mit 73 Abb. 3., durchgesehene Aufl. 1978. Wv.

Lingenberg, R.
Lineare Algebra
161 S. mit 21 Abb. 1969. (HTB 828)

Lorenz, F.
Lineare Algebra
Band I: 233 S. 1982. (HTB 601)
Band II: 194 S. 1982. (HTB 605)

Lorenzen, P.
Metamathematik
175 S. 2. Aufl. 1980. Wv.

Lüneburg, H.
Galoisfelder, Kreisteilungskörper und Schieberegisterfolgen
143 S. 1979. Wv.

Lüneburg, H.
Vorlesungen über Analysis
457 S. 1981. Wv.

Lutz, D.
Topologische Gruppen
175 S. 1976. Wv.

Marsal, D.
Die numerische Lösung partieller Differentialgleichungen in Wissenschaft und Technik
XXVIII, 574 S. mit Abb. 1976. Wv.

Martensen, E.
Analysis.
Für Mathematiker, Physiker, Ingenieure
Band I: Grundlagen der Infinitesimalrechnung.
IX, 200 S. 2. Aufl. 1976. (HTB 832)
Band II: Aufbau der Infinitesimalrechnung.
VIII, 176 S. 2., neu bearb. Aufl. 1978. (HTB 833)
Band III: Gewöhnliche Differentialgleichungen.
IX, 237 S. mit 52 Abb. 2., neu bearbeitete Aufl. 1980. (HTB 834)

Meinardus, G.
Approximation in Theorie und Praxis. Ein Symposiumsbericht
304 S. 1979. Wv.

Meinardus, G./G. Merz
Praktische Mathematik I.
Für Ingenieure, Mathematiker und Physiker
Band I: 346 S. 1979. Wv.
Band II: 427 S. 1982. Wv.

Meschkowski, H.
Einführung in die moderne Mathematik
214 S. mit 44 Abb. 3., verbesserte Aufl. 1971. (HTB 75)

Meschkowski, H.
Elementare Wahrscheinlichkeitsrechnung und Statistik
(Reihe: Mathematik für Physiker, Band 3)
188 S. 1972. Wv.

Meschkowski, H.
Grundlagen der Euklidischen Geometrie
231 S. mit 145 Abb. 2., verbesserte Aufl. 1974. Wv.

Meschkowski, H.
Mathematik und Realität. Vorträge und Aufsätze.
184 S. 1979. Wv.

Meschkowski, H.
Mathematiker-Lexikon
342 S. 3., überarbeitete und ergänzte Aufl. 1980. Wv.

Meschkowski, H.
Mathematisches Begriffswörterbuch
315 S. mit Abb. 4. Aufl. 1976. (HTB 99)

Meschkowski, H.
Richtigkeit und Wahrheit in der Mathematik
219 S. 2., durchgesehene Aufl. 1978. Wv.

Meschkowski, H.
Unendliche Reihen
320 S. 2., verb. und erw. Aufl. 1982. Wv.

Meschkowski, H.
Ungelöste und unlösbare Probleme der Geometrie
204 S. 2., verb. und erweiterte Aufl. 1975. Wv.

Meschkowski, H.
Zahlen
(Reihe: Mathematik für Physiker, Band 1)
174 S. mit 37 Abb. 1970. Wv.

Meschkowski, H./I. Ahrens
Theorie der Punktmengen
183 S. mit Abb. 1974. Wv.

Niven, I./H. S. Zuckerman
Einführung in die Zahlentheorie
Band I: Teilbarkeit, Kongruenzen, quadratische Reziprozität u. a.
213 S. Aus dem Englischen. 1976. (HTB 46)
Band II: Kettenbrüche, algebraische Zahlen, die Partitionsfunktion u. a.
186 S. Aus dem Englischen. 1976. (HTB 47)

Noble, B.
Numerisches Rechnen
Band II: Differenzen, Integration und Differentialgleichungen.
246 S. Aus dem Englischen. 1973. (HTB 147)

Oberschelp, A.
Elementare Logik und Mengenlehre
Band I: Die formalen Sprachen, Logik.
254 S. 1974. (HTB 407)
Band II: Klassen, Relationen, Funktionen, Anfänge der Mengenlehre.
229 S. 1978. (HTB 408)

Peschl, E.
Differentialgeometrie
92 S. 1973. (HTB 80)

Peschl, E.
Funktionentheorie
276 S. 2., durchgesehene und verb. Aufl. 1983. Wv.

Poguntke, W./R. Wille
Testfragen zur Analysis I
117 S. 2. Aufl. 1980. (HTB 781)

Preuß, G.
Grundbegriffe der Kategorientheorie
105 S. 1975. (HTB 739)

Reiffen, H.-J./G. Scheja/U. Vetter
Algebra
Etwa 270 S. 2., durchgesehene Aufl. 1984. (HTB 110)

Reiffen, H.-J./H. W. Trapp
Einführung in die Analysis
Band II: Theorie der analytischen und differenzierbaren Funktionen.
260 S. 1973. (HTB 786)

Rothstein, W./K. Kopfermann
Funktionentheorie mehrerer komplexer Veränderlicher
256 S. 1982. Wv.

Rottmann, K.
Mathematische Formelsammlung
176 S. mit 39 Abb. 1962. (HTB 13)

Rutsch, M.
Wahrscheinlichkeit I
350 S. mit Abb. 1974. Wv.

Rutsch, M./K.-H. Schriever
Wahrscheinlichkeit II
404 S. mit Abb. 1976. Wv.

Rutsch, M./K.-H. Schriever
Aufgaben zur Wahrscheinlichkeit
267 S. mit Abb. 1974. Wv.

Schmidt, J.
Mengenlehre. Einführung in die axiomatische Mengenlehre
Band I: 245 S. mit Abb. 2., verb. und erw. Aufl. 1974. (HTB 56)

Schwabhäuser, W.
Modelltheorie
Band II: 123 S. 1972. (HTB 815)

Schwartz, L.
Mathematische Methoden der Physik
Band I: Summierbare Reihen, Lebesque-Integral, Distributionen, Faltung. Aus dem Französischen.
184 S. 1974. Wv.

Schwarz, W.
Einführung in die Siebmethoden der analytischen Zahlentheorie
215 S. 1974. Wv.

Spallek, K.
Kurven und Karten
272 S. 1980. Wv.

Tamaschke, O.
Permutationsstrukturen
276 S. 1969. (HTB 710)

Tamaschke, O.
Schur-Ringe
240 S. 1970. (HTB 735)

Taschner, R. J.
Holzwege zur Mathematik I.
Eine Einführung in die höhere Mathematik
358 S. 1983. Wv.

Uhde, K.
Spezielle Funktionen der mathematischen Physik
Band I: Tafeln, Zylinderfunktionen.
267 S. 1964. (HTB 55)

Voigt, A./J. Wloka
Hilberträume und elliptische Differentialoperatoren
260 S. 1975. Wv.

Waerden, B. L. van der
Mathematik für Naturwissenschaftler
280 S. mit 167 Abb. 1975. (HTB 281)

Wagner, K.
Graphentheorie
220 S. mit Abb. 1970. (HTB 248)

Walter, R.
Differentialgeometrie
286 S. 1978. Wv.

Walter, W.
Einführung in die Theorie der Distributionen
VIII, 211 S. mit Abb. 1974. Wv.

Weissinger, J.
Numerische Mathematik für Personal-Computer
Teil I: Eine Einführung in die Theorie und die Programmierung in BASIC
Etwa 250 S. 1984. Wv.
Teil II: BASIC-Programme
Etwa 80 S. 1984. Wv.

Weissinger, J.
Vorlesungen zur höheren Mathematik
Band I: Grundlagen, Differential-rechnung
Etwa 190 S. 1984. (HTB 613)
Band II: Integralrechnung, Vektorrechnung
Etwa 260 S. 1984. (HTB 614)

Weizel, R./J. Weyland
Gewöhnliche Differentialgleichungen. Formelsammlung mit Lösungsmethoden und Lösungen
194 S. mit Abb. 1974. Wv.

Werner, H.
Einführung in die allgemeine Algebra
152 S. 1978. (HTB 120)

Werner, H. und I./P. Janßen/ H. Arndt
Probleme der praktischen Mathematik.
Eine Einführung
Band I: mathematische Hilfsmittel, Fehlertheorie, Lösung von Gleichungssystemen u. a.
159 S. 2. Aufl. 1980. (HTB 134)
Band II: Interpolation, Approximation, numerische Differentiation und Integration, gewöhnliche Differentialgleichungen u. a.
169 S. 2. Aufl. 1980. (HTB 135)

Wollny, W.
Reguläre Parkettierung der euklidischen Ebene durch unbeschränkte Bereiche
316 S. mit Abb. 1970. (HTB 711)

Wunderlich, W.
Darstellende Geometrie
Band I: 187 S. mit Abb. 1966. (HTB 96)
Band II: 234 S. mit Abb. 1967. (HTB 133)

Expositiones Mathematicae

Internationale Zeitschrift für Reine und Angewandte Mathematik

Federführender Herausgeber:
Prof. Dr. S. D. Chatterji,
École Polytechnique Fédérale
de Lausanne

Herausgeber:
S. Albeverio, Bochum
H. Bauer, Erlangen-Nürnberg
P. Cartier, Paris
R. E. Edwards, Canberra
B. Fuglede, Kopenhagen
P. J. Hilton, Seattle
R. V. Kadison, Philadelphia
D. G. Kendall, Cambridge (GB)
P. Ribenboim, Kingston (CDN)
V. S. Varadarajan, Los Angeles

Es erscheint ein Band pro Jahr. Der Jahrgang umfaßt 4 Hefte mit je ca. 100 Seiten, die in etwa vierteljährlichen Abständen erscheinen.

Jahrbuch Überblicke Mathematik

Herausgegeben von Prof. Dr. S. D. Chatterji, Eidgen. Techn. Hochschule Lausanne (seit 1979), Prof. Dr. Istvan Fenyö, Techn. Universität Budapest (seit 1982), Prof. Dr. Benno Fuchssteiner, Universität Paderborn (1975–1982), Prof. Dr. Ulrich Kulisch, Universität Karlsruhe (seit 1975), Prof. Dr. Detlef Laugwitz, Techn. Hochschule Darmstadt (seit 1968), Prof. Dr. Roman Liedl, Universität Innsbruck (seit 1975).

Die Jahrbücher 1975, 1977 und 1979 sind vergriffen.

Jahrbuch Überblicke Mathematik 1976. 204 S. mit Abb. 1976. Wv.

Jahrbuch Überblicke Mathematik 1978. 224 S. 1978. Wv.

Jahrbuch Überblicke Mathematik 1980. 214 S. 1980. Wv.

Jahrbuch Überblicke Mathematik 1981. 264 S. 1981. Wv.

Jahrbuch Überblicke Mathematik 1982. 218 S. 1982. Wv.

Jahrbuch Überblicke Mathematik 1983. 223 S. 1983. Wv.

Jahrbuch Überblicke Mathematik 1984. Etwa 200 S. 1984. Wv.

Informatik

Alefeld, G./J. Herzberger/ O. Mayer
Einführung in das Programmieren mit ALGOL 60
164 S. 1972. (HTB 777)

Bosse, W.
Einführung in das Programmieren mit ALGOL W
249 S. 1976. (HTB 784)

Breuer, H.
Algol-Fibel
120 S. mit Abb. 1973. (HTB 506)

Breuer, H.
PL/1-Fibel
106 S. 1973. (HTB 552)

Bruderer, H. E.
Nichtnumerische Datenverarbeitung
267 S. mit 60 Abb. 2. Aufl. 1980. Wv.

Dederichs, W.
APPLESOFT-BASIC
188 S. 1982. (HTB 603)

Dotzauer, E.
Einführung in APL
248 S. 1978. (HTB 753)

Haase, V.
Die Technik der neuen Medien
112 S. 1983. Wv.

Haase, V./W. Stucky
BASIC.
Programmieren für Anfänger
230 S. 1977. (HTB 744)

Händler, W./G. Nees (Hrsg.)
Rechnergestützte Aktivitäten CAD
176 S. 1980. Wv.

Hainer, K.
Numerische Algorithmen auf programmierbaren Taschenrechnern
263 S. 1980. (HTB 805)

Kaucher, E./R. Klatte/Ch. Ullrich
Programmiersprachen im Griff
Band 1: FORTRAN
310 S. 1980. (HTB 795)
Band 2: PASCAL
359 S. 1981. (HTB 796)
Band 3: BASIC
390 S. 1981. (HTB 797)
Band 4: ADA
Mit J. Wolff von Gudenberg
380 S. 1983. (HTB 607)
Band 5: FORTRAN 77
Mit Kurt Grüner
467 S. 1983. (HTB 609)
Band 6: Übungen und Tests in PASCAL
Mit J. Wolff von Gudenberg
234 S. 1984. (HTB 612)
Band 7: Übungen und Tests in FORTRAN 77
Etwa 250 S. 1984. (HTB 617)

Koren, J./W. Thaller
EDV für jedermann.
Eine Einführung in die Elektronische Datenverarbeitung
217 S. 1981. Wv.

Lawson jr., H. W./E. J. Neuhold
Verstehen Sie Computer?
180 S. 1983. Wv.

Maurer, H. (Hrsg.)
Überblicke Informationsverarbeitung 1983
Surveys in Computer Science
314 S. 1983. Wv.

Mell, W.-D./P. Preus/P. Sandner
Einführung in die Programmiersprache PL/1
304 S. 1974. (HTB 785)

Mickel, K.-P.
Einführung in die Programmiersprache COBOL
219 S. 2., verbesserte Aufl. 1980. (HTB 745)

Müller, K. H./I. Streker
FORTRAN.
Programmierungsanleitung
215 S. 2. Aufl. 1970. (HTB 804)

Rohlfing, H.
PASCAL. Eine Einführung
217 S. 1978. (HTB 756)

Rohlfing, H.
SIMULA
243 S. mit Abb. 1973. (HTB 747)

Romer, A.
50 BASIC-Programme.
Der Computer als Hilfe in Unterricht und Praxis
199 S. 1983. (HTB 608)

Schließmann, H.
Programmierung mit PL/1
206 S. 2., erweiterte Aufl. 1978. (HTB 740)

Schließmann, H.
PL/1 für Mikrocomputer.
Ein Lehr- und Übungsbuch für Studium und Praxis
332 S. 1982. Wv.

Schwald, A.
ADA.
Eine Einführung
248 S. 1984. (HTB 611)

Weber, H./J. Grami
Numerische Verfahren für programmierbare Taschenrechner I
192 S. 1980. (HTB 803)

Zimmermann, G./J. Höffner
Elektrotechnische Grundlagen der Informatik II
Wechselstromlehre, Leitungen, analoge u. digitale Verarbeitung kontinuierlicher Signale.
194 S. mit Abb. 1974. (HTB 790)

Reihe: Informatik

Band 1:
Maurer, H.
Theoretische Grundlagen der Programmiersprachen. Theorie der Syntax
254 S. Unveränderter Neudruck 1977. Wv.

Band 2:
Heinhold, J./U. Kulisch
Analogrechnen
242 S. mit Abb. 1976. Wv.

Band 7:
Kameda, T./K. Weihrauch
Einführung in die Codierungstheorie
Teil I: 218 S. 1973. Wv.

Band 8:
Reusch, B.
Lineare Automaten
149 S. mit Abb. 1969. (HTB 708)

Band 10:
Böhling, K. H./G. Dittrich
Endliche stochastische Automaten
138 S. 1972. (HTB 766)

Band 11:
Seegmüller, G.
Einführung in die Systemprogrammierung
480 S. mit 83 Abb. 1974. Wv.

Band 12:
Alefeld, G./J. Herzberger
Einführung in die Intervallrechnung
XIII, 398 S. mit Abb. 1974. Wv.

Band 13:
Duske, J./H. Jürgensen
Codierungstheorie
235 S. 1977. Wv.

Band 14:
Böhling, K. H./B. v. Braunmühl
Komplexität bei Turingmaschinen
324 S. 1974. Wv.

Band 15:
Peters, F. E.
Einführung in mathematische Methoden der Informatik
348 S. 1974. Wv.

Band 16:
Wedekind, H.
Datenbanksysteme I
325 S. 2., völlig neu bearb. Aufl. 1981. Wv.

Band 18:
Wedekind, H./T. Härder
Datenbanksysteme II
430 S. mit Abb. 1976. Wv.

Band 19:
Kulisch, U.
Grundlagen des numerischen Rechnens. Mathematische Begründung der Rechnerarithmetik
467 S. 1976. Wv.

Band 20:
Zima, H.
Betriebssysteme. Parallele Prozesse
325 S. 2. Aufl. 1980. Wv.

Band 21:
Mies, P./D. Schütt
Feldrechner
150 S. 1976. Wv.

Band 22:
Denert, E./R. Franck
Datenstrukturen
362 S. 1977. Wv.

Band 23:
Ecker, K.
Organisation von parallelen Prozessen. Theorie deterministischer Schedules
280 S. 1977. Wv.

Band 24:
Kaucher, E./R. Klatte/Ch. Ullrich
Höhere Programmiersprachen ALGOL, FORTRAN, PASCAL in einheitlicher und übersichtlicher Darstellung
258 S. 1978. Wv.

Band 25:
Motsch, W.
Halbleiterspeicher. Technik, Organisation und Anwendung
237 S. 1978. Wv.

Band 26:
Görke, W.
Mikrorechner.
Eine Einführung in ihre Technik und Funktion
251 S. 2., überarb. und erw. Aufl. 1980. Wv.

Band 27:
Mayer, O.
Syntaxanalyse
433 S. 2., durchges. und erg. Aufl. 1982. Wv.

Band 28:
Schrack, G.
Grafische Datenverarbeitung.
Eine Einführung
264 S. 1978. Wv.

Band 29:
Waller, H./P. Hilgers
Mikroprozessoren.
Vom Bauteil zur Anwendung
332 S. mit Abb. 1980. Wv.

Band 30:
Reusch, P.
Informationssysteme, Dokumentationssprachen, Data Dictionaries. Eine Einführung
216 S. 1980. Wv.

Band 32:
Koch, G.
Maschinennahes Programmieren von Mikrocomputern
274 S. 1981. Wv.

Band 33:
Stetter, F.
Softwaretechnologie.
Eine Einführung
299 S. 2., neu bearb. Aufl. 1983. Wv.

Band 34:
Balzert, H.
Die Entwicklung von Software-Systemen.
Prinzipien, Methoden, Sprachen, Werkzeuge
539 S. 1982. Wv.

Band 35:
Hotz, G./K. Estenfeld
Formale Sprachen.
Eine automatentheoretische Einführung
234 S. 1981. Wv.

Band 36:
Zima, H.
Compilerbau I.
Analyse
405 S. 1982. Wv.

Band 37:
Zima, H.
Compilerbau II.
Synthese und Optimierung
336 S. 1983. Wv.

Band 38:
Ottmann, Th./J. Albert
Automaten, Sprachen und Maschinen für Anwender
333 S. 1983. Wv.

Band 39:
Willmer, H./H. Balzert
Fallstudie einer industriellen Software-Entwicklung.
Definition, Entwurf, Implementierung
Etwa 200 S. 1984. Wv.

Band 40:
Schmitt, A.
Dialogsysteme.
Kommunikative Schnittstellen, Software-Ergonomie und Systemgestaltung
270 S. 1983. Wv.

Band 41:
Bucher, W./H. Maurer
Theoretische Grundlagen der Programmiersprachen
Etwa 300 S. 1984. Wv.

Band 42:
Reusch, P.
Aufbau und Einsatz betrieblicher Informationssysteme
Etwa 290 S. 1984. Wv.

Band 43:
Waldschmidt, E. H./H. K.-G. Walter
Grundzüge der Informatik I
Etwa 330 S. 1984. Wv.

Physik

Baltes, H. P./E. R. Hilf
Spectra of Finite Systems
116 S. In englischer Sprache. 1976. Wv.

Bethge, K.
Quantenphysik.
Eine Einführung in die Atom- und Molekülphysik
271 S. 1978. Wv. Unter Mitarbeit von Dr. G. Gruber, Universität Frankfurt.

Bjorken, J. D./S. D. Drell
Relativistische Quantenmechanik
312 S. mit Abb. 1966. Aus dem Englischen. (HTB 98)

Bjorken, J. D./S. D. Drell
Relativistische Quantenfeldtheorie
409 S. Unveränderter Neudruck 1978. Aus dem Englischen. (HTB 101)

Bleuler, K./H. R. Petry/D. Schütte (Hrsg.)
Mesonic Effects in Nuclear Structure
181 S. mit Abb. In englischer Sprache. 1975. Wv.

Bodenstedt, E.
Experimente der Kernphysik und ihre Deutung
Band I: 290 S. mit Abb. 2., durchgesehene Aufl. 1979. Wv.
Band II: XIV, 293 S. mit Abb. 2., durchgesehene Aufl. 1978. Wv.
Band III: 303 S. mit Abb. 2., durchgesehene Aufl. 1979. Wv.

Borucki, H.
Einführung in die Akustik
236 S. 2., durchgesehene Aufl. 1980. Wv.

Donner, W.
Einführung in die Theorie der Kernspektren
Band II: Erweiterung des Schalenmodells, Riesenresonanzen.
107 S. mit Abb. 1971. (HTB 556)

Eder, G.
Quantenmechanik I
273 S. 2. Aufl. 1980. Wv.

Eder, G.
Atomphysik.
Quantenmechanik II
259 S. 1978. Wv.

Gasiorowicz, S.
Elementarteilchenphysik
742 S. mit 119 Abb. 1975. Aus dem Englischen. Wv.

Groot, S. R. de/P. Mazur
Anwendung der Thermodynamik irreversibler Prozesse
349 S. 1974. Aus dem Englischen. Wv.

Haken, H.
Licht und Materie I.
Elemente der Quantenoptik
155 S. 1979. Wv.

Haken, H.
Licht und Materie II.
Laser
225 S. 1981. Wv.

Heisenberg, W.
Physikalische Prinzipien der Quantentheorie
117 S. mit 22 Abb. 1958. (HTB 1)

Henley, E. M./W. Thirring
Elementare Quantenfeldtheorie
336 S. mit Abb. 1975. Aus dem Englischen. Wv.

Hund, F.
Grundbegriffe der Physik
Teil I: Makroskopische Vorgänge.
150 S. mit Abb. 2., neu bearbeitete Aufl. 1979. (HTB 449)
Teil II: Mikroskopischer Hintergrund.
151 S. mit Abb. 2., neu bearbeitete Aufl. 1979. (HTB 450)

Källen, G./J. Steinberger
Elementarteilchenphysik
687 S. mit Abb. 2., verbesserte Aufl. 1974. Aus dem Englischen. Wv.

Kertz, W.
Einführung in die Geophysik
Band I: 232 S. mit Abb. 1969. (HTB 275)
Band II: 210 S. mit Abb. 1971. (HTB 535)

Kippenhahn, R./C. Möllenhoff
Elementare Plasmaphysik
297 S. mit Abb. 1975. Wv.

Luchner, K.
Aufgaben und Lösungen zur Experimentalphysik
Band II: Elektromagnetische Vorgänge. 150 S. mit Abb. 1966. (HTB 156)

Lüscher, E.
Experimentalphysik
Band I: Mechanik, geometrische Optik, Wärme.
Band I/1. Teil: 260 S. mit Abb. 1967. (HTB 111)
Band I/2. Teil: 215 S. mit Abb. 1967. (HTB 114)
Band II: Elektromagnetische Vorgänge. 371 S. 2., überarb. Aufl. 1981. (HTB 115)

Lüst, R.
Hydrodynamik
234 S. 1978. Wv.

Mitter, H.
Elektrodynamik
391 S. 1980. (HTB 707)

Mitter, H.
Quantentheorie
313 S. mit Abb. 2. überarb. Aufl. 1979. (HTB 701)

Møller, C.
Relativitätstheorie
316 S. 1977. Wv.

Neff, H.
Physikalische Meßtechnik
160 S. mit Abb. 1976. (HTB 66)

Neuert, H.
Physik für Naturwissenschaftler
Band I: Mechanik und Wärmelehre. 173 S. 1977. (HTB 727)
Band II: Elektrizität und Magnetismus, Optik. 198 S. 1977. (HTB 728)
Band III: Atomphysik, Kernphysik, chemische Analyseverfahren. 326 S. 1978. (HTB 729)

Nitsch, J./J. Pfarr/ E.-W. Stachow (Hrsg.)
Grundlagenprobleme der modernen Physik
319 S. 1981. Wv.

Pichler, H.
Dynamik der Atmosphäre
456 S. 1984. Wv.

Rose, M. E.
Relativistische Elektronentheorie
Band I: 193 S. mit Abb. 1971. Aus dem Englischen. (HTB 422)
Band II: 171 S. mit Abb. 1971. Aus dem Englischen. (HTB 554)

Scherrer, P./P. Stoll
Physikalische Übungsaufgaben
Band I: Mechanik und Akustik. 96 S. mit 44 Abb. 1962. (HTB 32)
Band II: Optik, Thermodynamik, Elektrostatik. 103 S. mit Abb. 1963. (HTB 33)
Band III: Elektrizitätslehre, Atomphysik. 103 S. mit Abb. 1964. (HTB 34)

Schütte, D./K. Holinde/ K. Bleuler (Hrsg.)
The Meson Theory of Nuclear Forces and Nuclear Matter
393 S. 1980. Wv.

Seiler, H.
Abbildungen von Oberflächen mit Elektronen, Ionen und Röntgenstrahlen
131 S. mit Abb. 1968. (HTB 428)

Sexl, R. U./H. K. Urbantke
Gravitation und Kosmologie. Eine Einführung in die Allgemeine Relativitätstheorie
399 S. 2., überarb. und erw. Aufl. 1983. Wv.

Teichmann, H.
Einführung in die Atomphysik
135 S. mit 47 Abb. 3. Auflage 1966. (HTB 12)

Teichmann, H.
Halbleiter
156 S. mit 55 Abb. 3. Auflage 1969. (HTB 21)

Wagner, C.
Methoden der naturwissenschaftlichen und technischen Forschung
219 S. mit Abb. 1974. Wv.

Weizel, W.
Einführung in die Physik
Band III: Optik und Atomphysik. 194 S. mit 99 Abb. 5. Auflage 1963. (HTB 5)